ROYAUME DE BELGIQUE
MINISTÈRE DE L'INDUSTRIE ET DU TRAVAIL
OFFICE DU TRAVAIL

# BIBLIOGRAPHIE GÉNÉRALE

DES

# INDUSTRIES A DOMICILE

SUPPLÉMENT A LA PUBLICATION :

LES INDUSTRIES A DOMICILE EN BELGIQUE

BRUXELLES
ALBERT DEWIT, LIBRAIRE-ÉDITEUR
Rue Royale, 53

1908

# BIBLIOGRAPHIE GÉNÉRALE

DES

# INDUSTRIES A DOMICILE

HAYEZ, IMPRIMEUR DES ACADÉMIES, BRUXELLES

# INTRODUCTION

Au cours de l'enquête sur les industries à domicile en Belgique entreprise par l'Office du travail dès sa création, des recherches furent faites à différentes reprises en vue de réunir les matériaux nécessaires à l'étude de la condition des industries de l'espèce dans les pays étrangers. Aujourd'hui que cette enquête est terminée, il a paru utile de couronner la série des monographies par un inventaire des documents ainsi rassemblés. Ces documents serviront de guide à toutes les personnes qui désirent s'orienter dans la grande variété des situations qu'offrent les industries à domicile, et se mettre au courant des tentatives des pouvoirs publics et des particuliers pour réformer, réglementer ou favoriser ce mode d'exploitation.

Sans doute, il existe des bibliographies très abondantes concernant les diverses questions que soulèvent les industries à domicile. Il convient de mettre en première ligne celle que M. le professeur Stieda a publiée en 1889 dans les *Schriften des Vereins für Sozialpolitik*, sous le titre de *Litteratur, heutige Zustände und Entstehung der deutschen Hausindustrie*, puis celle de M. le professeur Sombart, publiée en annexe à son article sur l'industrie à domicile dans le *Handwörterbuch der Staatswissenschaften* (2e édition, 1900).

L'ouvrage de M. Stieda est plus qu'une bibliographie : c'est en réalité une dissertation d'histoire économique sur une base bibliographique très étendue et d'autant plus précieuse qu'elle interprète les sources les plus anciennes au point de vue de la théorie, de la pratique et de la statistique des industries à domicile en Allemagne, en Autriche et en Suisse; mais, outre que cette étude a vu le jour à une époque où l'industrie à domicile n'attirait guère l'attention des économistes et des hommes d'État aussi fortement qu'aujourd'hui et où la littérature sur la matière était plutôt restreinte, elle va au delà de ce qu'on demande en général à un travail bibliographique d'ensemble.

La compilation de M. Sombart est remarquable par son étendue. Elle embrasse près de sept cents titres et indications bibliographiques, dont la majeure partie concernent l'Allemagne et les différents États allemands. C'est un travail de longue haleine qui, à certains égards, aurait pu suffire pendant longtemps aux besoins des chercheurs de toute catégorie.

A côté de ces travaux, les documents réunis par l'Office du travail offrent des caractères spéciaux qui sont de nature à justifier la publication qui en est faite et l'ordre dans lequel ils sont présentés. En effet, quoi qu'on fasse, une bibliographie renferme toujours des éléments subjectifs reflétant les préoccupations qui ont accompagné la recherche des matériaux. Or, les investigations de l'Office du travail n'ont pas porté seulement sur la théorie économique de l'industrie à domicile (*Verlagssystem*), mais aussi sur les conditions des industries de l'espèce dans les pays étrangers, sur la statistique de ces industries et la méthodologie, sur la réglementation du travail, l'enseignement professionnel et artistique et les autres moyens à l'aide desquels les pouvoirs publics et l'initiative privée pourraient aider au maintien ou au relèvement de la fabrique collective.

Il va de soi que la bibliographie ainsi constituée a profité des accroissements de la littérature économique au cours des dernières années. Ces accroissements ont été considérables et expliquent, en partie, le chiffre élevé des indications rassemblées, qui s'élèvent à près de deux mille trois cents.

Il semble que, dans ces conditions, la publication de la collection de l'Office du travail revêtait même un caractère de nécessité.

Elle ne fera pas double emploi avec les bibliographies publiées jusqu'à ce jour.

En effet, en dehors de celles de MM. Stieda et Sombart, il en existe assez bien d'autres, beaucoup moins étendues, qui concernent le plus souvent des points spéciaux de l'histoire d'une industrie ou d'un groupe d'industries.

Ces bibliographies conservent toute leur utilité puisqu'elles permettent aux chercheurs de descendre dans les détails les plus infimes du développement, de la condition géographique, politique, économique et surtout historique de certaines exploitations. L'inventaire qui suit n'a pas la prétention de fournir un tableau aussi minutieux de tout ce qui se rapporte indirectement à la fabrication à domicile ou au travail en chambre.

Il importe de remarquer que les divisions et subdivisions

effectuées dans la bibliographie se pénètrent mutuellement, de sorte qu'en réalité il n'y a pas de distinction absolue, nette, entre les différents chapitres. On trouvera des considérations sur la réglementation du travail, non seulement dans la section réservée aux études qui concernent expressément ce côté de la question, mais encore dans la plupart des monographies de la deuxième partie; il en est de même des renseignements statistiques : ceux-ci pénètrent pour ainsi dire toutes les études citées; aussi n'a-t-on pas cru devoir en faire l'objet d'une rubrique spéciale.

Les différentes divisions effectuées signifient donc seulement que, sous leurs rubriques, on a classé les études qui se rapportaient *plus spécialement* à un ordre d'idées déterminé.

On a indiqué, chaque fois que la chose a été possible, le format, le nombre de pages, l'éditeur et le lieu de la publication des ouvrages et brochures, le titre et la pagination des recueils périodiques ou des encyclopédies. Les ouvrages qui n'ont point passé par les mains du bibliothécaire portent l'indication de la source où ils ont été puisés.

Enfin, les indications relatives aux publications dont le titre paraissait trop peu explicite ont été accompagnées de notes sommaires destinées à en préciser le contenu.

On a cru qu'une table des industries étudiées dans les monographies et les autres travaux répertoriés dans la bibliographie, serait de nature à rendre des services à ceux qui désirent avant tout se rendre compte de la littérature concernant une industrie déterminée. Les rubriques de cette table sont nécessairement assez larges; elles se rapportent tantôt à la matière mise en œuvre, tantôt au produit manufacturé.

Il a été dressé également un index des périodiques cités dans la bibliographie, auquel on a ajouté, lorsqu'il s'agissait de périodiques spéciaux, quelques notes en vue de mettre le lecteur à même de se faire une idée de la nature des publications utilisées pour la préparation de la bibliographie et de lui faciliter son orientation dans des recherches ultérieures.

La bibliographie a été clôturée au 31 mars 1908.

Cette documentation a été élaborée à la bibliothèque de l'Office du travail, qui possède les ouvrages précédés d'un astérisque.

---

# TABLE DES DIVISIONS

DE LA

# BIBLIOGRAPHIE GÉNÉRALE

Les chiffres renvoient aux pages.

# LES INDUSTRIES A DOMICILE

## BIBLIOGRAPHIE GÉNÉRALE

### PREMIÈRE PARTIE

### Théorie économique de l'industrie à domicile. Méthodologie. Études générales sur des industries déterminées.

1799 1

*SMITH, ADAM. An inquiry into the nature and causes of the wealth of nations. London, Strahan, Cadell and Davies.

[On trouve dans le tome Ier de cette édition, pages 179-183, quelques considérations concernant les origines de l'industrie domestique, notamment chez les *Cottagers* d'Écosse.]

1854 2

*AUBRY, FÉLIX. XIXe jury. Dentelles, blondes, tulles et broderies. Paris, Imp. impériale, in-8°, 158.

[Publication de la Commission française du jury international de l'Exposition universelle de Londres en 1851. Nombreux renseignements historiques, techniques, économiques et sociaux.]

1855 3

*ROSCHER, W. Ueber Industrie im Grossen und Kleinen. Reproduit dans *Ansichten der Volkswirtschaft.* Leipzig, C.-F. Winter, 1878 (3e édition), II, ch. XI, 101-170.

1857 4

*Les ouvriers des deux mondes. Études sur les travaux, la vie domestique et la condition morale des populations ouvrières des diverses contrées. Paris, au siège de la Société internationale, 5 vol., in-8° (1857-1885).

[La 2e série comprend également 5 vol. (Paris, Firmin-Didot, 1887-1899.) Le tome Ier de la 3e série a été publié en 1904.]

1861 5

*Mill, John Stuart. Principes d'économie politique. (Traduction Dussard et Courcelle-Seneuil). Paris, Guillaumin.

[Le tome Ier de cette édition renferme (pp. 441-445) comme subdivision du chapitre XIV du livre II : « De la différence des salaires dans les diverses professions », un paragraphe 4 sur les « effets de la concurrence sur ceux qui ont des moyens d'existence », où les salaires de l'industrie domestique font l'objet de considérations spéciales.]

1861 6

*Корсакъ, А. О формахъ промышленности вообще и о значенiи домашняво производства въ Западной Европѣ и въ Россiи. Москва, Грачевъ комп. — Korsak. A. Des formes de l'industrie en général et de l'importance de la production à domicile dans l'Europe occidentale et en Russie. Moscou, Gratcheff et Cie, in-8°, 311.

1869 7

Schwarz, O. Die Betriebsformen der modernen Grossindustrie. *Zeitschrift für die gesamte Staatswissenschaft.* XXV, 535-629.

[Analyse dans Stieda, *Litteratur,* 4-6.]

1872 8

*Roscher, W. Recherches sur divers sujets d'économie politique. Paris, Guillaumin. Ch. V, 233-298 : « Étude sur l'industrie en grand et en petit. »

1873 9

*Schaeffle, Dr Albert Eberhard Friedrich. Das gesellschaftliche System der menschlichen Wirtschaft. Ein Lehr- und Handbuch der ganzen politischen Oekonomie. Tübingen, Laupp, in-8°, 2 Bde.

[Hausindustrie, II, 299.]

1875 10

Wirth, Max. Zur Statistik der Hausindustrie. *Grenzboten,* 4.

1876 11

Wirth, Max. Entwurf zur Erhebung einer Statistik der Hausindustrie. Neuvième Congrès international de statistique. Budapest, 1876, 5e section, 3-19.

1876 12

HERIČ, CHARLES. Rapport sur la statistique de l'industrie à domicile. Neuvième Congrès international de statistique à Budapest. 1876. Rapports. 5e section, 409-426.

1876 13

KERKAPOLYI, CH. La statistique de l'industrie à domicile. IXe Congrès international de statistique à Budapest. 1876. 5e section, 20-36.

1876 14

Compte rendu de la neuvième session du Congrès international de statistique. 2e partie. Travaux du Congrès, 407, 409, 413, 417, 428.

[Sur ce congrès, consulter STIEDA, *Litteratur*, 1889, 12-15.]

1878 15

*DE BARRAU, Mme CAROLINE. Étude sur le salaire du travail féminin à Paris. Neuchâtel, Bureau du Bulletin continental, in-8o, 66.

[Extrait des Actes du Congrès de Genève. — Fédération britannique, continentale et générale.]

1879 16

*LE PLAY, F. Les ouvriers européens. Tours, Mame et fils, 6 volumes.

[Les tomes II, III, IV ont été publiés en 1877, les tomes V et VI en 1878 (nouvelle édition).]

1883 17

Харизоменовъ. Значеніе кустарной промышленности. (KHARIZOMENOFF. Importance de l'industrie domestique). Юридическій Вѣстникъ. 11, 12.

1883 18

*Давыдова, С. А. Очерки кружевнаво дѣла за границей. См. Труды Коммисіи... 1879, Вып IX. — DAVIDOVA, S.-A. Aperçu de l'industrie dentellière à l'étranger. (Voir Travaux de la Commission des Koustari, 1879, IX.)

[Dentelles de Gênes, de Venise, de Silésie.]

1888 19

BRAUN, ADOLF. Zur Statistik der Hausindustrie. Wien, Selbstverlag (Freiburger Inaugural-Dissertation).

1889 20

*BRENTANO, LUJO. Ueber die Ursachen der heutigen sozialen Not. Ein Beitrag zur Morphologie der Volkswirtschaft. Leipzig, Duncker und Humblot, in-8o, 44.

1890 21
Hausindustrie und Landwirtschaft. *Zeitschrift für Agrarpolitik.*

[Cité par SOMBART, *Hausindustrie,* 1900.]

1890 22
BÜCHER, Dr KARL. Hausfleiss und Hausindustrie. *Handelsmuseum,* V, nr 31, 32, 33.

1890 23
*MARX, KARL. Das Kapital. Kritik der politischen Oekonomie. Vierte durchgesehene Auflage, herausgegeben von Friedrich Engels. Hamburg, Meissner.

[Édition en 4 volumes publiés de 1890 à 1894. Voir notamment le livre Ier « Die Production des absoluten Mehrwerths », « Die Produktion des relativen Mehrwerths », « Der Arbeitslohn », etc. Il existe une traduction française du livre Ier sous le titre « Le Capital, par Karl Marx ». Paris, Librairie du progrès (Lachatre), 1872.]

1890 24
*SCHMOLLER, GUSTAV. Die geschichtliche Entwickelung der Unternehmung. V. Die Hausindustrie. *Jahrbuch für Gesetzgebung, Verwaltung und Volkswirtschaft im deutschen Reiche,* XIV, 1053-1076.

1890 25
*SCHLOSS, DAVID, F. The sweating system. *The Fortnightly Review.* April, 532-551.

1890 26
*Le sweating system. *Association catholique.* XXX, juin, 679-691, juillet, 37-52, sept., 325-335.

1891 27
*SCHMOLLER, GUSTAV. Die geschichtliche Entwickelung der Unternehmung. VI. Das Recht und die Verbände der Hausindustrie. *Jahrbuch für Gesetzgebung, Verwaltung und Volkswirtschaft im deutschen Reiche,* XV, 1-37.

1892 28
*ROSCHER, W. Nationalökonomik des Handels- und Gewerbsfleisses. Stuttgart, Cotta, 6. Auflage.

[Hausmanufactur (§ 116-118).]

1892 29
DASZYNSKA, Dr SOPHIE. Fabrik- u. Hausarbeiterin. Ein ungehaltener Vortrag. *Deutsche Worte,* XII.

1892 30
*SCHWIEDLAND, E. Les formes d'industrie. *Revue d'économie politique,* VI, 1221-1230.

1893 31
*SCHWIEDLAND, E. Essai sur la fabrique collective. *Revue d'économie politique*, VII, 877-921.

1893 32
*DE LA VALLÉE POUSSIN. Le travail autonome au XIXe siècle. Faits et doctrine. *Revue générale*, 29e année, octobre, 546-561, novembre, 655-672.

1894 33
RIEGL, A. Volkskunst, Hausfleiss und Hausindustrie, gr. in-8°. Berlin, G. Siemens.

1894 34
*PALGRAVE, R. H. INGLIS. Dictionary of political economy. London, Macmillan C°, 3 volumes. Vol. I, 630, « Domestic system of Industry ». Vol. III, 503, « Sweating ». Vol. III, 483, « Sub-Contract ».

1894 35
*POTTER, BEATRICE. Il salario del sudore. (Sweating system.) *Riforma sociale*, 47-66.

1894 36
Мягковъ, Е. Д. Новый взглядъ на происхожденіе и характеръ кустарной промышленности. (MIAGKOFF, E.-D. Nouvelles vues sur l'origine et le caractère de l'industrie domestique.) Новое Слово, 7. 8, 9.

1894 37
*DU MAROUSSEM, PIERRE. La fabrique collective d'après l'école allemande. *La Réforme sociale*, 2e semestre, 448-451.

1896 38
*FRANKENSTEIN, Dr KUNO. Der Arbeiterschutz. Seine Theorie und Politik. Leipzig, Hirschfeld, in-8°, x-384.

[§ 5. Die Begriffe : Fabrikarbeit, Werkstättenarbeit, Hausindustrie und Familienarbeit, 17-20.]

1896 39
*VON SCHÖNBERG, GUSTAV. Handbuch der politischen Oekonomie. Tübingen, Laupp. 4e Auflage, II, 1, 487-499.

1896 40
*SCHWIEDLAND, Dr E. Hausindustrie und Sweating System. Ihre Formen und ihre socialen Schäden. Wien, Erste Wiener Zeitungs-Gesellschaft, 12.

1896 41
*ADAMS, MAURICE. The Sweating System. *The Humanitarian League's Publications*, n° 22. London, W. Reeves. 35.

1898 42
*SCHWIEDLAND, Dr EUGEN. Formen und Begriff der Hausindustrie. *Jahrbücher für Nationalœkonomie und Statistik.* III. Folge, XVI, 529-541.

1898 43
*Formen und Begriff der Hausindustrie. *Soziale Praxis*, VIII, n° 6, 144-145.

1898 44
*Il sistema del sudore. *Critica sociale*, n° 8, 121-123.

1899 45
*VON PHILIPPOVICH, Dr EUGEN. Neue Literatur über Hausindustrie. *Die Zeit.* 28. Oktober, n° 265, 52-54.

1899 46
*LIEFMANN, ROBERT. Ueber Wesen und Formen des Verlags (der Hausindustrie). Ein Beitrag zur Kenntnis der volkswirtschaftlichen Organisationsformen. Leipzig und Tübingen, Mohr, in-8°, VIII-132.
[Volkswirtschaftliche Abhandlungen der badischen Hochschule, III, 1.]

1899 47
*SOMBART, Prof. Dr WERNER. Die gewerbliche Arbeit und ihre Organisation. *Archiv für sociale Gesetzgebung und Statistik,* XIV, 1-52; 310-405.

1900 48
*BÜCHER, KARL. Gewerbe : Das Verlagssystem; Die Entstehung des Verlagssystems. — Handwörterbuch der Staatswissenschaften. Iena, Fischer, 2. Auflage, IV, 380-383.

1900 49
*SCHMOLLER, GUSTAV. Grundriss der allgemeinen Volkswirtschaftslehre. Leipzig, Duncker und Humblot. 2 Teile.
[Hausindustrie, 424-428.]

1900 50
*SOMBART, WERNER. Hausindustrie. Handwörterbuch der Staatswissenschaften, 2. Auflage, IV, 1138-1169.
[Abondante bibliographie, 1158-1169.]

1900 51
*Swaine, A. Einige Bemerkungen über das Wesen der Hausindustrie. *Jahrbuch für Gesetzgebung, Verwaltung und Volkswirtschaft im deutschen Reiche,* XXIV, 765-776.

1900 52
*du Maroussem, Pierre. Les enquêtes. Pratique et théorie. Paris, Alcan, in-8°, 328.

1901 53
*Weber, Dr Alfred. Die volkswirtschaftliche Aufgabe der Hausindustrie. *Jahrbuch für Gesetzgebung, Verwaltung und Volkswirtschaft im deutschen Reiche,* XXV, 2, 383-405.

1903 54
*Most, Dr Otto. Der Nebenerwerb in seiner volkswirtschaftlichen Bedeutung. Iena, Fischer, in-8°, VIII-134.

1903 55
*Spire, André. Le sweating system. *Pages libres*, n° 129, 20 juin, 517-544.

1903 56
*Vandervelde, Émile. L'exode rural et le retour aux champs. Paris, Alcan, in-8°, 304.

[Notamment « Le déplacement des industries vers la campagne » (245-257).]

1904 57
*Bücher, Karl. Die Entstehung der Volkswirtschaft. Vorträge und Versuche, 4. Auflage. Tübingen, Laupp, 201-202-300-311-312.

1904 58
*Allix, Edgard. L'industrie à domicile salariée. *Annales des sciences politiques,* 19e année, 469-485.

1904 59
*Cotelle, Théodore. Le « sweating system ». Étude sociale avec une préface de M. le comte d'Haussonville (2e édition). Angers, Siraudeau, in-12°, XV-288.

1904 60
*Vrouwenarbeid : II. Huisarbeid. *Katholiek Sociaal Weekblad*, n° 40, 473-474; n° 41, 485-487; n° 42, 495-496.

1905 61
*Grunzel, Dr Joseph. System der Industriepolitik. Leipzig, Duncker und Humblot.

[34-53 : Die industriellen Betriebssystem. 1. Die Hausindustrie.]

1905 62
*R. P. Die soziale Bedeutung ländlicher Hausindustrie. *Die Landindustrie*, n° 17, 275-276.

1905 63
*Flory, Charles. Étude sur le travail à domicile. Thèse pour le doctorat. Paris, Paulin et Cie, in-8°, 115.

[Avantages de la fabrique collective. La force motrice à domicile. Réglementation. Action des ouvriers, des consommateurs.]

1905 64
Louis, Paul. Le travail à domicile. *Revue politique et littéraire* (*Revue bleue*), n° du 15 avril.

1905 65
Gulliksen, G. Husflid som binaering; nogle exempler paa husflidens lønsomhed. (Le travail domestique comme industrie accessoire; quelques exemples du profit qu'on peut tirer de l'industrie à domicile.) Christiania.

1905 66
*S. — Huisarbeid. *Katholiek Sociaal Weekblad*, I, n° 43, 511-512, II, n° 45, 532-535.

1905 67
Proczek, K. Znaczenie społeczne przemysłu domowego. (L'importance sociale de l'industrie à domicile.) *Ruch chrześciańskospołeczny*. Décembre.

[Suite et fin dans le numéro de janvier 1906.]

1906 68
*Kropotkine, Prince. Fields, factories and workshops. London, Swan Sonnenschein C°, in-8°, IX-259.

[Small industries and industrial villages (126-183).

1906 69
*A short bibliography of « Sweating » and a list of the principal works upon and references to, the legal minimum wage. Prepared in the Library of the London School of economics and political science. 24.

[A short bibliography of sweating including domestic industry, 1-15.]

1906 70

*ALLEXANDRE, MARCEL. Essai sur l'industrie à domicile salariée. Caen, imp. C. Valin, in-8°, 203.

[I. Instabilité et chômage (21-27); la durée du travail (28-33); les salaires (34-59); l'hygiène (60-67): les causes du Sweating-System (68-78); II. L'avenir de l'industrie à domicile salariée. L'association (96-113); l'intervention de l'État (114-135); les petits moteurs (136-166; l'industrie à domicile salariée et l'avenir de la concentration industrielle (167-201).

1906 71

*VAN OVERLOOP, E. Musées royaux des arts décoratifs et industriels. Bibliothèque. Catalogue des ouvrages se rapportant à l'industrie de la dentelle. Bruxelles, Hayez, in-8°, x-433.

[Un grand nombre de travaux cités dans cette monographie bibliographique très complète renferment des renseignements sur le travail à domicile des dentellières dans les différents pays.]

1906 72

*VAN DER VEER, J.-K. Industrie in huis, werkplaats en fabriek. *De Nieuwe Tijd*, n° 7, 508-514.

1907 73

*BÜCHER, K. Hausindustrie. Wörterbuch der Volkswirtschaft (L. Elster). Iena, Fischer, II, 77-80.

1907 74

*CADBURY, EDWARD and SHANN, GEORGE. Sweating. London, Headley brothers, in-8°, 145.

1907 75

*SCHLOSS, D. F. Methods of industrial remuneration. London. Williams and Norgate, in-8°, XIX-446.

[Voir la table : « Sweating », « Sub-Contract », etc.]

# DEUXIÈME PARTIE

## Monographies et études spéciales concernant les industries à domicile dans les différents pays.

---

## Allemagne.

1668 76

BECHER, JOH.-JOACHIM. Politischer Diskurs.

[Cité par STIEDA, *Litteratur*, 1889, 129-130.]

1756 77

VON JUSTI, J.-H.-G. Grundsätze der Polizey-Wissenschaft.

[Cité par STIEDA, *Litteratur*, 1889. 132-134.]

1758 78

VON JUSTI, J.-H.-G. Die vollständige Abhandlung von denen Manufakturen und Fabriken.

[Cité par STIEDA, *Litteratur*, 132.]

1779 79

*BECKMANN, JOHANN. Beyträge zur Oekonomie, Technologie, Polizey und Cameralwissenschaft. Göttingen, Verlag der Wittwe Vandenhoeck.

[Douze parties. La dernière a paru en 1788. — Nebengewerbe für die Landleute (I, 81-107). — CHR.-L. ZIEGLER. Verfertigung der Spitzen im Erzgebirge (108-114). — G.-A.-H. BARON VON LAMOTTE. Abhandlung von den Spinnschulen (XII, 190-294). — Verfertigung der Feilen, der Riedte, der Orthe und Ahlen in Schmalkalden (X, 145-156), etc.]

1796 80

STEYRER, P. FRANZ. Geschichte der Schwarzwälder Uhrenmacherkunst nebst einem Anhang von dem Uhrenhandel derselben. Eine Beylage zur Geschichte des Schwarzwaldes. Freyburg, i. B.

[Cité par MEITZEN, *Uhrenindustrie*, 1900.]

1808 81
VON DANIELS, ADAM. Vollständige Beschreibung der Schwert-, Messer- und übrigen Stahlfabriken zu Solingen im Herzogthum Berg. Düsseldorf.

[Cité par STIEDA, *Litteratur,* 1889, 26-27.]

1826 82
JÄCK. Tryberg oder Versuch einer Geschichte der Industrie und des Handels auf dem Schwarzwalde. Aus *Fahnenbergs Magazin für Handlung*. Konstanz.

1827 83
[PERSCHKE.] Ueber den Schlesischen Leinwandhandel und die gegenwärtige Noth der Weber. Eine wahrhafte Darstellung, veranlasst durch die darüber erschienenen Berichte in den Breslauer und Berliner Zeitungen, von dem Magistrat und der Kaufmanns-Societät in Landeshut. Breslau, im Verlage bei Josef Max und Comp.

1828 84
MOHL, MORITZ. Ueber die württembergische Gewerbsindustrie. Stuttgart und Tübingen.

[Cité par STIEDA, *Litteratur,* 1-3.]

1838 85
Die Schwarzwälder Uhrenindustrie nach ihren Stand im Jahre 1838. Ausserordentliche Beilage zum *Gem. Wochenblatt für den Schwarzwald,* nr 50.

[Cité par LOTH, *Uhrenindustrie,* 1899.]

1840 86
POPPE, Dr A. Geschichte der Schwarzwälder Uhrenindustrie von ihren Beginn bis zum Jahre 1839. *Polytechnisches Journal,* herausgegeben von D.-J.-G. Dingler, 1840, LXXV, 273, 350, 431.

[Ibid.]

1844 87
DÜRNVALD, HEINRICH. Der Baumwollenweber am Eulenberge. Schweidnitz.

1848 88
Kommissionsberichte der I. und II. Kammer. Verhandlungen der Ständeversammlung des Grossherzogtums Baden im Jahre 1848-1849, 151-156. Achtes Beilagenheft und achtes Protokollheft. 1847-1849. 95. oeffentliche Sitzung vom 3. November 1848.

[Cité par LOTH, *Uhrenindustrie,* 1899.]

1852 89

*EINSLE, LEOPOLD. Die Leinenhandspinnerei oder Vorschlag eines einfachen Mittels den Flachsbau, die Leinenhandspinnerei und Leinweberei zu heben und dadurch Tausenden Arbeit und Verdienst zu verschaffen. Aus der *Fabricanten- und Färberzeitung* 5. Bandes, 3s Heft besonders abgedruckt. Weimar, Verlag und Druck von Bernh. Friedr. Voigt. 16.

[Mesurage du fil.]

1854 90

VOLZ. Beiträge zur Geschichte der Leinwandfabrikation und des Leinwandhandels in Württemberg von den ältesten bis auf die neuesten Zeiten. *Württembergische Jahrbücher.*

1859 91

*Das Kunstholzhandwerk im oberbayrischen Salinen-Forstamtsbezirke Berchtesgaden. *Forstliche Mittheilungen* herausgegeben vom königl. Bayer. Ministerial-Forstbureau, III, 1, 250-311. München, J. Palm.

[Boissellerie et jouets en bois : Technologie.]

1860 92

SCHNEIDER, FR. AUG. Die Spitzenfabrikation im sächsischen Erzgebirge. Vom praktischen Gesichtspunkte zur Errinnerung an das 300-jährige Bestehen derselben dargestellt. 16°. Schneeberg, Goedsche.

1862 93

WICHGRAF, A. Geschichte der Weberkolonie Nowawes bei Potsdam, und Darstellung der von der Regierung zu Aufhilfe ihrer verarmten Bewohner ergriffenen. Massregeln .... Im amtlichen Auftrag verfasst. Berlin, J. Springer, in-8°.

1863 94

DIETZ, R. Die Gewerbe im Grossherzogtum Baden, ihre Statistik, ihre Pflege, ihre Erzeugnisse. Im Auftrage des Grossherzogl. badischen Handelsministeriums bearbeitet. Karlsruhe.

[Cité par LOTH, *Uhrenindustrie,* 1899.]

1863 95

DIETZ, R. Ergebnisse der Statistik des Grossherzogtums Baden in Bezug auf die Gewerbe aus den Jahren 1852-1862. Karlsruhe.

[Ibid.]

1863 96

BORN, DAVID. Die deutsche Exportindustrie. *Jahrbücher für Nationalökonomie und Statistik,* I, 147-153.

[Sur cet article, voir STIEDA, *Litteratur,* 1889, 6-7.]

1864 97
HILDEBRAND, BRUNO. Die Wollenindustrie Apoldas. *Jahrbücher für National-ökonomie und Statistik*, II, 310-312.
[Bonneterie.]

1864 98
Ueber die Lage der Weberbevölkerung in Schlesien. *Zeitschrift des preussischen statistischen Bureaus*, 126-128.

1868 99
JACOBI. Die Arbeitslöhne in Niederschlesien. *Zeitschrift des preussischen statistischen Bureaus*, 326-351.

1868 100
SCHMIDT, JULIUS. Geschichte der Serpentinindustrie zu Zöblitz. Dresden.
[Cité par HISSERICH, *Serpentinsteinindustrie*, 1894.]

1868 101
Die Achatindustrie in Fürstentum Birkenfeld. *Das Ausland*, XLI, 464-467.

1870 102
*SCHMOLLER, GUSTAV. Zur Geschichte der deutschen Kleingewerbe im 19. Jahrhundert. Halle, Buchhandlung der Waisenhauses, in-8°, XVI-704.

1871 103
*KRONFELD, J.-C. Geschichte und Beschreibung der Fabrik- und Handelsstadt Apolda und deren nächster Umgebung. Apolda, C.-M. Teubner, in-8° [24], X, 455.
[Histoire de la bonneterie, 263-331.]

1873 104
*SCHMOLLER, G. Die Entwickelung und die Krisis der deutschen Weberei im 19. Jahrhundert. *Deutsche Zeit- und Streitfragen*, II, 25. Berlin, Habel, in-8°, 36.
[Analyse dans STIEDA, *Litteratur*, 1889, 7-9.]

1874 105
HELD, AD. Reisebriefe. *Konkordia*, pp. 61, 80.
[STIEDA, *Litteratur*, 1889, pp. 30-31. Situation des tisserands des villes saxonnes, des passementiers, dentellières et autres travailleurs à domicile dans l'Erzgebirge.]

1874 106
HIRSCHFELD. Die rheinische Hausindustrie. *Konkordia*, 140, 145, 148, 152, 160, 169, 179.
[STIEDA, id., p. 31.]

1874 107
*TRENKLE, J.-B. Geschichte der Schwarzwälder Industrie von ihrer frühesten Zeit bis auf unsere Tage. Karlsruhe, Braiunsche Hofbuchhandlung, in-8°, XVII-354.

1875 108
HIRSCHFELD. Die rheinische Hausindustrie. *Konkordia*, 6, 9, 13.

[Cité par STIEDA, *Litteratur*, 1889, 31.]

1876 109
BARTHOLD und FÜRSTENAU. Die Fabrikation musikalischer Instrumente und einzelner Bestandteile derselben im Königlich-Sächsischen Vogtlande. Leipzig, in-8°, 47.

1877 110
FLEISCHMANN, AD. Eine volkswirthschaftliche Mahnung. (Aus : Geschichte der Gewerbe, der Industrie und des Handels des Meininger Oberlandes.) Vorwort zu Heft III : Die Entstehung der Spielwaaren-Industrie in Sonneberg nach dem 30-jährigen Kriege. Lex in-8°. Hilburghausen, Kesselring.

1877 111
*NÖGGERATH, GUSTAV-ADOLPH. Die Achat-Industrie im Oldenburgischen Fürstenthum Birkenfeld. Sammlung gemeinverständlicher wissenschaftlicher Vorträge herausgegeben von Rud. Virchow und Fr. von Holtzendorff, XI, n° 264. Berlin, Habel, in-8°, 31.

1877 112
LE PLAY, F. Armurier de la fabrique demi rurale collective de Solingen (Westphalie).

[*Les ouvriers européens*, III, 153-203.]

1878 113
FLEISCHMANN, A. Gewerbe, Industrie und Handel des Meininger Oberlandes, in hrer historischen Entwickelung. Hildburghausen, Kesselringsche Hofbuchhandlung.

1878 114
ZIEGLER, ALEX. Geschichte des Meerschaums mit besonderer Berücksichtigung der betreffenden Industrie zu Ruhla. Dresden.

[2e édition en 1883.]

1878 115
*DE SAINT-LÉGER, A., et COCHIN, A. Tisserand de Godesberg (province rhénane).

[*Les ouvriers européens*, V, 60-102.]

1879 116
FLEISCHMANN, A. Die selbständige deutsche Hausindustrie und ihr Grosshandel. Eine volkswirthschaftliche Mahnung, in-8°, Hildburghausen.

1879 117
*THUN, ALPHONS. Die Industrie am Niederrhein und ihre Arbeiter. I. Die linksrheinische Textilindustrie, in-8°, x-218. II. Die Industrie des bergischen Landes, in 8°, VIII-262. Leipzig, Duncker und Humblot.

1879 118
*Исаевъ, А. Свѣдѣнія объ обработкѣ дерева въ Германіи и Швейцаріи. (ISSAÏEFF, A. Notes sur le travail du bois en Allemagne et en Suisse.) См. Труды... 1879. (Voir : Travaux de la Commission des Koustari, 1879, I.)

1879 119
*Исаевъ, А. Часовая промышленность въ Шварцвальдѣ. (ISSAÏEF, A. L'industrie horlogère de la Forêt-Noire.) См. Труды... 1879, I. (Voir : Travaux de la Commission des Koustari, 1879, I.)

1879 120
*Исаевъ, А. Игрушечній промыселъ въ Рудныхъ горахъ. (ISSAÏEFF, A. L'industrie du jouet dans l'Erzgebirge.) Труды... 1879, I. (Voir Travaux de la Commission des Koustari, 1879, I.)

1879 121
*Тунъ, А. Разведеніе ивняка и плетеніе изъ нечо корзинъ въ Аахенскомъ округѣ. См. Труды... 1879 Вып. II. THUN, A. La culture de l'osier et la vannerie à Aix-la-Chapelle.) (Voir Travaux de la Commission des Koustari, 1879, II.)

1880 122
BEBEL, AUG. Wie unsere Weber leben. 2. unveränd. Aufl., in-8°, 32. Leipzig, Selbstverlag des Verfassers.

1880 123
Der Nothstand der Sächsischen Weberbevölkerung vor dem sächsischen Landtage. Sep.-Abdr. aus dem amtl. stenogr. Berichte der Verhandlungen der 2 Kammer. 36. öffentl. Sitzung vom 27 Jan. 1880 : Debatte über die Interpellation Liebknechts, das Wahlrecht betr., und über die Nothstandspetitionen aus dem Mülsener Grunde, Glauchau-Meerane und Umgegend. Gr. in-8°. Leipzig, Fink.

1882 124
*SAX, Dr EMANUEL. Die Hausindustrie in Thüringen. *Jahrbuch für Gesetzgebung, Verwaltung und Volkswirtschaft im deutschen Reiche*, VI. 1081-1085.

[Résumé de la 1re partie de l'ouvrage du même, publié sous ce titre. Voir n° 142.]

1883 125
FLEISCHMANN, A. Die Sonneberger Spielwarenhausindustrie und ihr Handel. Zur Abwehr gegen die fahrenden Schüler des Katheder-Sozialismus in der Nationalökonomie. Berlin, Simion, in-8°, 56.

1883 126
Fleischmann (Kommerzienrath Adolf) als Nationalökonom und die Thüringer Hausindustrie. Soziale Studie in kritischen Anmerkungen von Freiwald Thüringer. Gr. in-8°, Leipzig, Ehrlich.

1883 127
*SCHNAPPER-ARNDT, Dr GOTTLIEB. Fünf Dorfgemeinden auf dem hohen Taunus. Eine socialstatistische Untersuchung über Kleinbauerthum, Hausindustrie und Volksleben. Staats- und Socialwissenschaftliche Forschungen. XIV, 2. Leipzig, Duncker und Humblot, in-8°, XIV-322.

[Clouterie. Fabrication de filets pour les cheveux, d'objets en fil métallique (épingles de sûreté, etc).]

1883 128
*SCHNAPPER-ARNDT, Dr G. Fünf Dorfgemeinden auf dem hohen Taunus. *Jahrbuch für Gesetzgebung, Verwaltung und Volkswirtschaft im deutschen Reiche*, VII, 1390-1393.

1883 129
*ST. Aus dem Gebiete der Hausindustrie. *Jahrbuch für Gesetzgebung, Verwaltung und Volkswirtschaft im deutschen Reiche*, VII, 1003-1009.

[Concerne une enquête sur le tissage à la main à Glauchau-Meerane, faite par la Chambre de commerce de Chemnitz, et une publication statistique de la Chambre de commerce de Bozen.]

1883 130
KNOTHE, HERMANN. Geschichte des Tuchmacherhandwerks in der Oberlausitz. Dresden, Burdach C°, in-8°, 140.

1883 131
Die Muschelindustrie im Voigtlande. *Berliner algemeine Gewerbezeitung*, n° 22.

1884 132
*Berufs- und Gewerbezählung vom 5. Juni 1882 : Berufsstatistik des Reichs und der kleineren Verwaltungsbezirke (mit kartographischen Darstellungen) Statistik der deutschen Reichs, Neue Folge, II; Berufsstatistik der deutschen Grosstädte, III; Berufsstatistik der Staaten und grösseren Verwaltungsbezirke (drei Teile), IV; Landwirtschaftliche Betriebsstatistik (mit kartographischen Darstellungen), V (1885); Gewerbestatistik des Reichs und der Grosstädte (zwei Teile). Teil 1. Gewerbestatistik des Reichs (mit kartographischen Darstellungen), VI (1886); Teil 2. Gewerbestatistik der Grosstädte, VI (1886); Gewerbestatistik der Staaten und grösseren Verwaltungsbezirke (zwei Abschnitte), VII (1886). Berlin, Puttkammer und Muehlbrecht, in-4°.

1884 133
Bein, Dr Louis. Die Industrie des sächsischen Voigtlandes. Leipzig, Duncker und Humblot, 2 Bde in-8°, 99 et xii-556.

[Cf. Stieda, *Litteratur*, 1889, 36-38.]

1884 134
*Fleischmann, A. Die Arbeiter-Agitatoren des Katheder-Sozialismus und die Sonneberger Spielwaarenindustrie und ihr Handel. Berlin, L. Simion, in-8°, 80.

[Brochure à tendances politiques. Voir les nos 125, 126.]

1884 135
Quarck, M. Die Musikinstrumentenindustrie des sächsischen Voigtlandes. *Neue Zeit*. II, 366-371.

1884 136
Sax, Emanuel. Zur Litteratur der Hausindustrie. *Jarhbücher für National-ökonomie und Statistik*. Neue Folge, IX, 45-57.

1884 137
*Schanz, G. Zur Geschichte der Kolonisation und Industrie in Franken. Erlangen, Deichert, in-8°, xviii-428-x-356. (Urkunden.)

[Bonneterie. Fabrication d'aiguilles.]

1884 138
Schönlank, Dr Bruno. Die Hausindustrie im Kreise Sonneberg « Socialpolitischen Zeit- und Streitfragen ». 8. München, in-8°, 32.

1884 139
Stieda, W. Die Hausindustrie im deutschen Reiche. *Annalen des deutschen Reichs*, 10.

1885 140

QUARCK, MAX. Die Thüringer Hausindustrie. *Neue Zeit*, 351-361.

[Avec un *addendum* de la rédaction de cette revue : la socialdémocratie et l'industrie à domicile.]

1885 141

*SAX, EMANUEL. Die Hausindustrie in Thüringen. *Jahrbuch für Gesetzgebung, Verwaltung und Volkswirtschaft im deutschen Reiche*, IX, 345-346.

1885 142

*SAX, EMANUEL. Die Hausindustrie in Thüringen. I. Das Meininger Oberland, in-8°, XII-164. II. Ruhla und das Eisenacher Oberland (1884), IX-100. III. Die Korbflechterei in Oberfranken und Coburg, etc. (1888), VIII-152. Jena, Fischer.

[Boissellerie et jouets. Crayons et ardoises. Verrerie, clouterie (Ruhla), fabr. de pipes. Travail de l'écume de mer, du bois, du liège; vannerie. Fabr. d'allumettes. Poterie.]

1885 143

SCHLIEBEN, VON. Untersuchungen über das Einkommen und die Lebenshaltung der Handweber im Bezirk der Amtshauptmannschaft Zittau. *Zeitschrift des Kgl. sächsischen statistischen Bureaus*, 1885, 156-190.

1885 144

*ZIMMERMANN, Dr ALFRED, Blüte und Verfall des Leinengewerbes in Schlesien, Gewerbe- und Handelspolitik dreier Jahrhunderte. Oldenburg und Leipzig, Schulzesche Hof-Buchhandlung, in-8°, XVII-473, 2. Auflage.

1885 145

Fabrik- und Hausindustrie. *Grenzboten*, 1885, 2.

1886 146

*KAERGER, KARL. Die Lage der Hausweber im Weilerthal. Strassburg, Trübner, in-8°, VI-192.

1886 147

STIEDA, W. Die Hausindustrie im deutschen Reiche. *Preussische Jahrbücher*, LVII.

1887 148

BRAUN, JOSEPHINE. Ein Streiflicht auf die Hausindustrie. *Neue Zeit*, V, 122-127.

1887 149

*BÜCHER, KARL. Von den Produktionsstätten des Weihnachtsmarktes. Vortrag gehalten am 1. Februar 1887 in der Aula zu Basel. Oeffentliche Vorträge gehalten in der Schweiz, IX, 9. Basel. B. Schwab, in-8°, 37.

[Industrie des jouets.]

1887 150

*Frankenstein, Kuno. Bevölkerung und Hausindustrie im Kreise Schmalkalden seit Anfang dieses Jahrhunderts. Ein Beitrag zur Sozialstatistik und zur Wirthschaftsgeschichte Thüringens. (Beiträge zur Geschichte der Bevölkerung in Deutschland, 2.) Tübingen, Laupp, in-8°, xi-283.

[Clouterie et. en général, petite métallurgie. Voir analyse dans *Schmoller's Jahrbuch*, XII (1888), 339.]

1887 151

Frankenstein, Kuno. Die jugendlichen Arbeiter der als Klein- oder Hausgewerbe betriebenen Eisenwaren-Industrie und Metallschleiferei. *Zeitschrift für deutsche Volkswirthschaft.*

1887 152

*Herkner, Dr Heinrich. Die Oberelsässische Baumwollindustrie und ihre Arbeiter. Strassburg, Trübner, in-8°, vii-411.

1887 153

Petersilie, A. Zur Statistik des Kleingewerbes in Preussen. *Zeitschrift des K. Statistischen Bureaus*, 249-260.

1887 154

*Schmoller, Gustav. Die Hausindustrie und ihre ältere Ordnungen und Reglements. *Jahrbuch für Gesetzgebung, Verwaltung und Volkswirtschaft im deutschen Reiche*, XI, 369-375.

[A propos des ouvrages de *Schanz* : « Kolonisation und Industrie in Franken » et de *Bein* : « Industrie des Sächsischen Voigtlandes ». Nos 133 et 137.]

1887 155

Strauss, Karl. Die Hausindustrie im deutschen Reiche. *Jahrbücher für Nationalökonomie und Statistik.* Neue Folge, XIV, 51-65.

1887 156

*Ergebnisse der Ermittlungen über die Lohnverhältnisse der Arbeiterinnen in der Wäschefabrikation und der Konfektionsbranche, sowie über den Verkauf oder die Lieferung von Arbeitsmaterial (Nähfaden u. s. w.) seitens der Arbeitgeber an die Arbeiterinnen und über die Höhe der dabei berechneten Preise. Stenographische Berichte über die Verhandlungen des Reichstages. VII. Legislaturperiode. I. Session 1887. Erster Anlageband. N° 83, 698-749.

1887 157

Lage der Handweberei in Glauchau-Meerane. *Jahresbericht der Handels- und Gewerbekammer zu Chemnitz.*

1888 158

DIETRICH, Dr B. Die Gewerbethätigkeit des weiblichen Geschlechts in den deutschen Grossstädten. *Die Frau im gemeinnützigen Leben.* III. 1. Vierteljahrsheft, 1-9.

1888 159

*FRANKENSTEIN, KUNO. Die Lage der Arbeiterinnen in den deutschen Grossstädten. *Jahrbuch für Gesetzgebung, Verwaltung und Volkswirtschaft im deutschen Reiche.* XII, 571-617.

1888 160

KOLLMANN, PAUL. Die Verbreitung und Lage der deutschen Hausindustrie. *Deutsches Wochenblatt*, nr. 32 u. 33.

1888 161

*SCHOENLANK, Dr BRUNO. Die Fürther Quecksilber-Spielbeleger und ihre Arbeiter. Stuttgart, Dietz, in-8°, 256.

1888 162

SCHOENLANK, Dr BRUNO. Zur Lage der in der Wäschefabrikation und der Konfektionsbranche Deutschlands beschäftigten Arbeiterinnen. *Neue Zeit.* VI, 116.

1888 163

*SCHÖNE, MORITZ. Die moderne Entwickelung des Schuhmachergewerbes in historischer, statistischer und technischer Hinsicht. Ein Beitrag zur Kenntnis unseres Gewerbewesens. Iena, Fischer, in-8°, VIII-130.

1888 164

*STAELIN, Dr PAUL FRIEDRICH. Geschichte der Stadt Calw. Calw und Stuttgart, Verlag der Vereinsbuchhandlung, in-8°, 132.

[Histoire de la compagnie appelée « Calwer Färber- oder Zeughandlungs-Compagnie » (56-72).]

1889 165

*VON ARMANSPERG, MAX GRAF. Das Berchtesgadener Holzhandwerk als Hausindustrie. Nach Koch-Sternfelds Geschichte des Fürstentums Berchtesgaden und amtlichen Quellen bearbeitet. *Schriften des Vereins für Socialpolitik.* XLI. Die deutsche Hausindustrie. III, 1-34.

1889 166

*BÖHMERT, Dr JUR. KARL. Die Uhrenindustrie des Schwarzwaldes. *Arbeiterfreund.* 27. Jahrgang, 290-302.

1889 167

*OLDENBERG, Dr K. [Analyse de l'ouvrage de M. Schöne : Die moderne Entwicklung des Schuhmachergewerbes]. *Jahrbuch für Gesetzgebung, Verwaltung und Volkwirtschaft im deutschen Reiche.* XIII, 696-698.

1889 168

*GAU, M. Die Hausindustrie in Eisenacher Oberland des Grossherzogtums Sachsen. *Schriften des Vereins für Socialpolitik*, XL. Die deutsche Hausindustrie, 2, 75-116.

[Tissage de la laine (78-89). Boissellerie (89-96). Industrie du liège (96-102). Cordonnerie (102-106). Sellerie (106-108). Saboterie (108-111). Coutellerie (111).

1889 169

KAMPFMEYER, PAUL. Die Hausindustrie in Deutschland. Ihre Entwicklung, ihre Zustände und ihre Reformen. Berlin, « Volkstribüne ». 32.

1889 170

*GOTHEIN, EBERHARD. Pforzheims Vergangenheit. Ein Beitrag zur deutschen Städte- und Gewerbegeschichte. Leipzig, Duncker und Humblot, in-8°, 85.

[Histoire de la bijouterie.]

1889 171

*HÜBBUCH, F. ANTON. Die Uhrenindustrie des Schwarzwaldes. *Schriften des Vereins für Socialpolitik*, XLI. Die deutsche Hausindustrie, III, 79-102.

1889 172

*STIEDA, W. Die Kalwer Zeughandlungs-Compagnie. *Jahrbuch für Gesetzgebung, Verwaltung und Volkswirtschaft im deutschen Reiche.* XIII, 659-665.

1889 173

*LEHMANN, Dr HERMANN. Die Wollphantasiewaren-Industrie im nordöstlichen Thüringen. *Schriften des Vereins für Socialpotitik*, XL. Die deutsche Hausindustrie, II, 1-74.

1889 174

*MÖSER, L. W. Mitteilungen über Hausindustrie im Handelskammerbezirk Darmstadt. *Schriften des Vereins für Socialpolitik.* XLI. Die deutsche Hausindustrie, III, 113-118.

[Coupage des poils de lièvres. Fabrication de boîtes d'allumettes.]

1889 175

*MUTH. Die häusliche Bürstenfabrikation im badischen Schwarzwalde. *Schriften des Vereins für Socialpolitik*, XLI. Die deutsche Hausindustrie, III, 65-78.

1889 176

*NEUBERT, E. Die Hausindustrie in den Regierungsbezirken Erfurt und Merseburg. *Schriften des Vereins für Socialpolitik*, XL. Die deutsche Hausindustrie, II, 117-137.

[Tissage. Bonneterie (118-120). Fabrication de cigares (120 et 130). Tressage de la paille. Peinture sur porcelaine (124). Ganterie (124 et 136). Confection (126). Fabrication de cure-dents (130). Cordonnerie (128 et 134).]

1889 177

*SOMBART, Dr W. Die deutsche Zigarrenindustrie und der Erlass des Bundesrats vom 9. Mai 1888. *Archiv für soziale Gesetzgebung und Statistik*, II, 107-128.

1889 178

*NEUBURG, Dr C. Die Hausindustrien des Bezirksamtes Garmisch (Oberbayern). *Schriften des Vereins für Socialpolitik*, XLI. Die deutsche Hausindustrie, III, 35-64.

[Boissellerie. Fabrication d'instruments de musique (violons, etc.).]

1889 179

*SCHLOSSMACHER. Die Hausindustrie im Handelskammerbezirk Offenbach a. M. *Schriften des Vereins für Socialpolitik*, XLI. Die deutsche Hausindustrie, III, 119-124.

[Passementerie. Cordonnerie. Diverses industries du cuir (fabrication de portefeuilles, etc.). Confection d'effets militaires.]

1889 180

*SCHOTT. Die Holzschnitzerei des Schwarzwaldes. *Schriften des Vereins für Socialpolitik*, XLI. Die deutsche Hausindustrie, III, 103-112.

1889 181

*STIEDA, Dr WILHELM. Litteratur, heutige Zustände und Entstehung der deutschen Hausindustrie. Leipzig. Duncker und Humblot, in-8°, VI-158. *Schriften des Vereins für Socialpolitik*, XXXIX. Die deutsche Hausindustrie, I.

[Exposé critique de la littérature jusqu'en 1889, 1-55. Statistique, 44-49. Situation de l'industrie à domicile à cette époque. Répartition géographique, durée du travail, salaires, alimentation, etc., 56-107. Origines de l'industrie à domicile, 108-154.]

1889 182
*Schriften des Vereins für Socialpolitik : XXXIX. Die deutsche Hausindustrie. I, Litteratur, heutige Zustände und Entstehung der deutschen Hausindustrie. Von W. Stieda, VII-158. — XL. Die deutsche Hausindustrie. II, Das nördl. Thüringen, XII-137. — XLI. Die deutsche Hausindustrie. III, Aus der Hausindustrie im südwestlichen Deutschland, V-124. — XLII. Die deutsche Hausindustrie. IV, Die Hausindustrie in Berlin, Osnabrück, im Fichtelgebirge und Schlesien, X-161 (1890). — XLIII. Die deutsche Hausindustrie. V, Die Hausindustrie in der Stadt Leipzig und ihrer Umgebung. Von A. Lehr (1891), V-130.

1889 183
Die deutsche Hausindustrie. *Grenzboten*, 4.

1890 184
KIRCHNER, K. Hausindustrielle Zustände. *Grenzboten*, 3.

1890 185
*LANGE, Dr GUSTAV. Die Hausindustrie Schlesiens. *Schriften des Vereins für Socialpolitik*, XLII. Die deutsche Hausindustrie, IV, 51-161.

[Sérançage et filage du lin, tissage de toiles, filage et tissage du coton. Confection (vêtements et chapeaux de femmes). Ganterie. Bonneterie. Fabrication de dentelles. Chapitres spéciaux : Travail des enfants (82-86). Salaires et durée du travail (93-106). Alimentation, vêtement, habitation (113-124).]

1890 186
*MORGENSTERN, Dr FRIEDRICH. Die Fürther Metallschlägerei. Eine mittelfränkische Hausindustrie und ihre Arbeiter. Tübingen, Laupp, in-8°, VIII-289.

[Batteurs d'or et de bronze.]

1890 187
*VON RECHENBERG, Dr CARL. Die Ernährung der Handweber in der Amtshauptmannschaft Zittau. Leipzig, Hirzel, in-8°, V-80.

1890 188
*SCHLUMBERGER, C. Die Hausweberei im Fichtelgebirge. (Bezirk Wunsiedel-Wissenstadt.) *Schriften des Vereins für Socialpolitik*, XLII. Die deutsche Hausindustrie, IV, 45-49.

[Draps de lit, nappes, mouchoirs, etc.]

1890 189
*VON STÜLPNAGEL. Ueber Hausindustrie in Berlin und den nächstgelegenen Kreisen. *Schriften des Vereins für Socialpolitik,* XLII. Die deutsche Hausindustrie, IV, 1-24.

[Tissage (2-8); lingerie (8-12); confection de vêtements de femmes (12-15) et d'hommes (15-16); articles de fantaisie; châles, fichus, bonnets (16-17); passementerie (18); fabrication de cigares (18-20).

1890 190
*Die Hausindustrie des Bezirks der Handelskammer Osnabrück in der Erzeugung von Leinen- Woll- und Baumwollwaren. *Schriften des Vereins für Socialpolitik,* XLII. Die deutsche Hausindustrie, IV, 35-44.

1890 191
*Die Hausindustrie des Bezirks der Handelskammer Osnabrück in der Erzeugung von Cigarrenfabrikaten. *Schriften des Vereins für Socialpolitik,* XLII. Die deutsche Hausindustrie, IV, 24-35.

1891 192
*CORVEY, JOH. Aus dem sächsischem Erzgebirge. *Arbeiterfreund,* XXIX, 363-367.

1891 193
*GOTHEIN, GEORG. Die Lage der Handweber im Eulengebirge. *Arbeiterfreund* XXIX, 16-24.

1891 194
*LEHR, Dr ADOLF. Die Hausindustrie in der Stadt Leipzig und ihrer Umgebung. *Schriften des Vereins für Socialpolitik,* XLVIII. Die deutsche Hausindustrie, V, 1-130.

[Fabr. de lanternes vénitiennes, ballons, cerfs-volants et autres jouets en papier (22-28). Vannerie (28-39). Garnissage; tapissiers garnisseurs (39-41). Fleurs artificielles (41-45). Articles en caoutchouc (45-46). Chapeaux de paille (46-47). Parapluies et parasols (47-52). Souliers et pantoufles en feutre (52-54). Ganterie (54-58). Ruches et plissés (58-62). Bonneterie (62-72). Confection (72-83). Lingerie (83-93). Apprêtage de pelleteries (93-104). Fabr. de cigares (104-130).

1891 195
*SOMBART, Prof. Dr W. Die Hausindustrie in Deutschland. *Archiv für Sociale Gesetzgebung und Statistik,* IV, 103-156.

1891 196
STEGEMANN, Dr R. Die Kleinindustrie der Stadt Kieferstädtel. Eine Monographie, in-8°. Oppeln.

1891 197
STEGEMANN, Dr. Studien auf dem Gebiete der Bergischen Klein- und Hausindustrie. *Zeitschrift für Handel und Gewerbe*, IV, nr 5 (Mai), 129-142; 6 (Juni), 161-175; 7 (Juli), 193-206; 8 (August), 225-241; 9 (September), 260-277; 10 (Oktober), 289-304; 12 (Dezember), 353-364.

[Serrurerie. Bonneterie. Rubanerie. Couture. Quelques budgets ouvriers.]

1891 198
Das Weberelend in Schlesien. *Preussische Jahrbücher*, LXVII, 173-190.

1891 199
CAZAJEUX, J. La crise des tisserands silésiens. *Réforme sociale*, 11e année, I, 568-570.

1892 200
*Jahresbericht der Handelskammer zu Schweidnitz für das Jahr 1891. Schweidnitz, Otto Maisel's Nachf.

[Renferme une partie intitulée « Statistische Zusammenstellung der im Bezirk der Handelskammer im Jahre 1891 vorhandenen Handweber », publiée ensuite chaque année.]

1892 201
*GERSTENBERG, Dr A. Die neuere Entwicklung des deutschen Buchdruck-Gewerbes in statistischer und sozialer Beziehung. Iena Fischer, in-8°, IX-192.

[Hausindustrie, p. 17.]

1892 202
*GOTHEIN, EBERHARD. Wirtschaftsgeschichte des Schwarzwaldes und der angrenzenden Landesteile. Strassburg, Trübner, in-8°, LXVI-896.

[Analyse de GEORG KUNTZEL, dans « Jahrbuch für Gesetzgebung, Verwaltung und Volkswirtschaft », 1892, XVI, 1274-1282.]

1892 203
*QUARCK, MAX. Zur Entwicklung der Hausindustrie in Preussen. *Socialpolitisches Centralblatt*, I, n° 28, 11. Juli, 347-349.

1892 204
*SCHMOLLER, GUSTAV. Die preussische Seidenindustrie im 18. Jahrhundert und ihre Begründung durch Friedrich den Grosse. *Beilage zur Allgemeinen Zeitung*. München. Nr 117, 1-5; 120, 1-5.

1892 205
SIEGEL, EDUIN. Zur Geschichte des Posamentiergewerbes mit besondere Rücksichtnahme auf die erzgebirgische Posamentenindustrie. Nach zahlreichen gedruckte und handschriftliche Quellen bearbeitet. Annaberg, H. Graeser's Verlag, gr. in-8°.

1892 206
*SOMBART, WERNER. Zur Lage der schlesischen Hausweber. *Socialpolitisches Centralblatt*, I, nr 14, 175-177.

1892 207
*SOMBART, WERNER. Statistik der Hausweberei im schlesischen Eulengebirge. *Socialpolitisches Centralblatt*, nr 32, 391-393.

1892 208
STEGEMANN, Dr R. Untersuchungen über die Lage der hausindustriellen Korbmacherei in Oberschlesien. Oppeln, in-8°.

1892 209
BROOKS, J. G. Sweating in Germany. *Journal of Social Science*, October.

[Cité dans *A short bibliography*,... n° 69.]

1893 210
*BRENTANO, LUJO. Ueber den grundherrlichen Charakter des hausindustriellen Leinengewerbes in Schlesien. *Zeitschrift für Social- und Wirthschaftsgeschichte*, I, 318–340.

1893 211
*ELKAN, Dr EUGEN. Ueber einige Fabricationszweige in Oesterreich. 2. Die Strohhutfabrication zu Bomschale und Mannsburg, in Krain. *Zeitschrift für Volkswirtschaft, Socialpolitik und Verwaltung*, II, 617-619.

1893 212
*SOMBART, WERNER. Zur neueren Litteratur über Hausindustrie (1891-1893). *Jahrbücher für Nationalökonomie und Statistik*, 3. Folge, 6, 736-781; 894-936.

1893 213
FAULHABER, HERMANN. Drei sociale Fragen, unser Landvolk betreffend : Landesversorgungsämter, Armenbeschäftigung, Krankenpflege auf dem Lande, aus dem Leben beantwortet. 4. Auflage. Schw. Hall, Buchhandlung für innere Mission, in-8°, 42.

[Fabr. de bourses en fil métallique.]

1893 214
*FRANCKE, Dr ERNST. Die Schuhmacherei in Bayern. Ein Beitrag zur Kenntnis unsrer gewerblichen Betriebsformen. Stuttgart, Cotta, in-8°, XIV-250. (Münchener volkswirtschaftliche Studien, I.)

1893 215
*GRÜNHAGEN, C. Der Anlass des Landeshuter Webertumultes am 23. März 1793. *Zeitschrift des Vereins für Geschichte und Altertum Schlesiens*, XXVII, 291-309.

1893 216
*HINTZE, OTTO. Die preussische Seidenindustrie im 18. Jahrhundert. *Jahrbuch für Gesetzgebung, Verwaltung und Volkswirtschaft im deutschen Reiche*, XVII, 23-60.

1893 217
MEYER, CHR. Die schlesische Leinenindustrie und ihr Notstand. *Vierteljahrschrift für Volkswirtschaft*, XXIX, III, 58-66.

1893 218
*SINZHEIMER, LUDWIG. Ueber die Grenzen der Weiterbildung des fabrikmässigen Grossbetriebes in Deutschland. Stuttgart, Cotta, in-8°, x-197. (Münchener volkswirtschaftliche Studien, III.)

[Widerstände gegen den fabrikmässigen Grossbetrieb in Kampf gegen das Handwerk und die Hausindustrie, 87-125.]

1893 219
*SOMBART, W. Hausweberproblem und « Ueber den grundherrlichen Charakter des hausindustriellen Leinengewerbes in Schlesien ». *Jahrbücher für Nationalökonomie und Statistik*, 3. Folge, VI, 750, 756.

1893 220
*Hausindustrielle Thätigkeit der Frauen in Baden. *Socialpolitisches Centralblatt*, II, nr 43, 24. Juli.

[Couture. Tissage du coton et de la soie. Tressage de la paille.]

1893 221
*Aussenarbeiter und Hausindustrielle. *Socialpolitisches Centralblatt*, II, nr 49, 4. September, 589-590.

1894 222
*BRENTANO, L. Ueber den Einfluss der Grundherrlichkeit und Friedrichs des Grossen auf das schlesische Leinengewerbe. Eine Antwort an meine Kollegen Grünhagen und Sombart in Breslau. *Zeitschrift für Sozial- und Wirtschaftsgeschichte*, II, 295-376.

1894 223
*ELKAN, Dr EUGEN. [Analyse de l'ouvrage de Francke, Ernst : Die Schuhmacherei in Baiern. Stuttgart, 1893.] *Zeitschrift für Volkswirtschaft, Socialpolitik und Verwaltung*, III, 482-487.

1894 224
*GRÜNHAGEN, C. Ueber den angeblich grundherrlichen Charakter des hausindustriellen Leinengewerbes in Schlesien und die Webernöthe. *Zeitschrift für Social- und Wirtschaftsgeschichte*, II, 241-261.

1894 225
*HERZBERG. Das Schneidergewerbe in München. Ein Beitrag zur Kentniss des Kampfes der gewerblichen Betriebsformen. Stuttgart, Cotta, in-8°, x-135. (Münchener volkswirtschaftliche Studien, V.)

1894 226
HEYMANN, BERTHOLD. Die Berliner Damenmäntelkonfektion. *Neue Zeit*, XII, 2, 401-404.

1894 227
*HISSERICH, Dr L.-TH. Die Zöblitzer Serpentinsteinindustrie. *Jahrbuch für Gesetzgebung, Verwaltung und Volkswirtschaft im deutschen Reiche*, XVIII, 229-255.

1894 228
HISSERICH, Dr L.-TH. Die Hausindustrie im Gebiete der Schmuck- und Ziersteinverarbeitung, die Idar-Obersteiner Industrie. Im Anschlusse an die Veröffentlichungen des Vereins für Socialpolitik bearbeitet. Diss., gr. in-8°, Oberstein, R. Grub.

1894 229
*TIMM, JOH. Soziale Bilder aus der Berliner Konfektion. *Soziale Praxis*, IV, n° 9, 102-104, n° 11, 128-130, n° 21, 249-250, n° 25, 291-294, n° 29, 389-392.

1895 230
*J.-E. Die Zither und ihre Herstellung. *Die Gartenlaube*, nr 7, 107-109.

1895 231
*KERN, ARTHUR. Noch einiges zur Geschichte der Weber in Schlesien. *Zeitschrift für Social- und Wirtschaftsgeschichte*, III, 476-480.

1895 232
*KRIELE, M. Statistik der Handweber in Schlesien. *Soziale Praxis*, V, n° 1. 3. Oktober. Col. 14-19.

1895 233
HEYMANN, B. Die Lohnbewegung in der Konfektions-Industrie. *Neue Zeit*, XIV, I, 698-700; 722-725; 788-792.

1895 234
LANGE, HELENE. Die Frau in der Konfektion. *Die Frau*, II.

1895 235
MEHRING, F. Der Lohnkampf in der Konfektions-Industrie. *Neue Zeit*, XIV, I, 641.

1895 236
*SCHEVEN, PAUL. Die Uhrenindustrie in Glashütte und ihr Begründer Ferdinand Adolf Lange. *Der Arbeiterfreund*, 437-485.

1895 237
*TIMM, JOHANNES. Das Sweating-System in der deutschen Konfektions-Industrie. Flensburg, Holzhäusser, in-8°, 31.

1895 238
*Untersuchungen über die Lage des Handwerks in Deutschland mit besonderer Rücksicht auf seine Konkurrenzfähigkeit gegenüber der Grossindustrie. I. Königreich Preussen. I. Teil. 1895. (XVIII-459.) II. Königreich Sachsen. I. Teil. 1895. (VI-424.) III. Süddeutschland. I. Teil. 1895. (VII-572.) IV. Königreich Preussen. II. Teil. 1895. (XIV-562.) V. Königreich Sachsen. II. Teil. 1896. (XIV-624.) VI. Königreich Sachsen. III. Teil. 1897. (XI-705.) VII. Königreich Preussen. III. Teil. 1896. (XII-603.) VIII. Süddeutschland. II. Teil. 1897. (XI-550.) IX. Verschiedene Staaten. 1897. XIV-734.) *Schriften des Vereins für Socialpolitik*, LXII-LXX. Leipzig, Duncker und Humblot, in-8°.

1895 239
*E.-S. De toestand der arbeiders in de heeren- en kinderconfectie te Berlijn. *Sociaal Weekblad*, 15-16.

1896 240
*F. Die Arbeiterbewegung in der Konfektionsindustrie und die öffentliche Meinung. *Ethische Kultur*, IV, 15. Februar, nr 7, 49-51.

1896 241
*FEIG, Dr JOHANNES. Hausgewerbe und Fabrikbetrieb in der Berliner Wäsche-Industrie. *Staats- und Socialwissenschaftliche Forschungen*, XIV, 2, in-8°, XI-149. Leipzig, Duncker und Humblot.

1896 242
*GRANDKE, H. Die Entstehung der Berliner Wäsche-Industrie in 19. Jahrhundert. *Jahrbuch für Gesetzgebung, Verwaltung und Volkswirtschaft im deutschen Reiche*, XX, 587-607.

1896 243
*LANGE, HELENE. Die Lage der Arbeiterinnen in der Wäsche- und Konfektionsindustrie. *Die Frau. Monatsschrift für das gesamte Frauenleben*, März, 356-360.

1896 244
*OLBERG, ODA. Das Elend in der Hausindustrie der Konfektion. Leipzig, Grünow, in-8°, 94.

1896 245
REESE, R. Die historische Entwickelung der Leinenindustrie Bielefelds. *Hansische Geschichtsblätter*, XXIII, 79-104.

1896 246
SCHEICHER, Dr. Soziale Zukunftsmusik. *Monatsschrift für christliche Sozialreform*, 137-146.
[Hausindustrie der Konfektion in Berlin.]

1896 247
*STEIN, Dr PH. Zur Lage der Arbeiter im Schneider- und Schuhmachergewerbe in Frankfurt a. M. Frankfurt a. M. Gebrüder Knauer, in-8°, 116.

1896 248
*WEIGERT, O. Bericht über die Erhebungen in der Berliner Herren- und Knabenkonfektionsindustrie. *Das Gewerbegericht*, I. Beilage zu nr 6, col. 80-88.

1896 249
*Drucksachen der Kommission für Arbeiterstatistik. Erhebungen, nr X. Zusammenstellung der Ergebnisse der Ermittelung über die Arbeitsverhältnisse in der Kleider- und Wäsche-Konfektion. Berlin, Heymann, in-4°, 110.

1896 250
*Drucksachen der Kommission für Arbeiterstatistik. Verhandlungen, nr 10 ... Vernehmung von Auskunftspersonen über die Verhältnisse in der Kleiderkonfektion. Berlin, Heymann, in-4°, 208.

1896 251
*Drucksachen der Kommission für Arbeiterstatistik. Verhandlungen, nr 11 ... Vernehmung von Auskunftspersonen über die Verhältnisse in der Wäschekonfektion. Berlin, Heymann, in-4°, 67. — Nachtrag (1897), 13.

1896 252
*Une grève dans l'industrie de la confection. Berlin 1896. *Musée social*, série A, circulaire n° 10, 169-184.

1897 253
*Berufs- und Gewerbezählung vom 14. Juni 1895 : Berufsstatistik für das Reich im ganzen, Statistik des deutschen Reichs, Neue Folge, Bd 102-103; Berufsstatistik der Bundesstaaten, Teil 1-3, Bd 104-106; Berufsstatistik der Grossstädte, Teil 1-2, Bd 107-108; Berufsstatistik der kleineren Verwaltungsbezirke, Bd 109; Berufsstatistik nach Ortsgröszenklassen, Bd 110; Die berufliche und soziale Gliederung des Deutschen Volkes nach der Berufszählung v. 14. Juni 1895 (mit 9 Diagrammtafeln und 19 Karten), Bd 111 (1889); Gewerbestatistik für das Reich im ganzen, Bd 113 (1889); Gewerbestatistik der Bundesstaaten, Teil 1-2, Bd 114-115 (1898); Gewerbestatistik der Grossstädte, Bd 116 (1898); Gewerbestatistik der Verwaltungsbezirke, Teil 1-2, Bd 117-118 (1898); Gewerbe und Handel im Deutschen Reich nach der gewerblichen Betriebszählung vom 14. Juni 1895 (mit 14 Karten), Bd 119 (1899). Berlin, Puttkammer und Muehlbrecht, in-4°.

1897 254
*Mattutat, H. Betriebs-Werkstätte in der Augsburger Konfektionsindustrie. *Soziale Praxis*, VI, n° 45, 5. August, 1100-1101.

1897 255
*Schüller, Dr Ludwig. Die Wiener Enquête über Frauenarbeit. *Archiv für Soziale Gesetzgebung und Statistik*, 379-416.

1897 256
*Thurneyssen, Fritz. Das Münchener Schreinergewerbe, Stuttgart, Cotta, in-8°, x-163. (Münchener volkswirtschaftliche Studien, XXI.)

1897 257
*Timm, Johannes. Die Konfektionsindustrie und ihre Arbeiter. Flensburg, Holzhäusser, in-8°, 78.

1897 258
*Voigt, Paul. Die hausindustriellen Arbeiterinnen in der Berliner Blusen-, Unterrock-, Schürzen und Trikotkonfektion. *Soziale Praxis*, VII, n° 32, 840-841.

1898 259
*Dyhrenfurth, Gertrud. Die hausindustriellen Arbeiterinnen in der Berliner Blusen-, Unterrock-, Schürzen- und Trikotkonfektion. *Staats- und Sozialwissenschaftliche Forschungen*, XV, 4. Leipzig, Duncker und Humblot, in-8°, 121.

1898 260
WEBER, A. [Analyse de l'ouvrage de G. Dyhrenfurth : Die hausindustriellen Arbeiterinnen... (Voir nº 259.)] *Jahrbuch für Gesetzgebung, Verwaltung und Volkswirtschaft im deutschen Reiche,* XXII, 409-411.

1898 261
*ROSENOW, E. Die Holzspielwarenhausindustrie im oberen Erzgebirge. *Neue Zeit,* XVII, 1, 548.

1898 262
TIMM, J. Neuere Untersuchungen über die Lage der deutschen Konfektionsarbeiter. *Neue Zeit,* XVII, I, 171-178.

1898 263
*WIEDFELDT, O. Statistische Studien zur Entwickelungsgeschichte der Berliner-Industrie von 1720-1890. *Staats- und Sozialwissenschaftliche Forschungen,* XVI, 2, in-8º, 408. Leipzig, Duncker und Humblot.

1898 264
Die Lage der Schwarzwälder Uhrenarbeiter nach den Erhebungen der Agitations-Kommission in Schwenningen im März 1898. Stuttgart.

1898 265
*RULAND, W. Soziale Lage der Heimarbeiter. *Annalen des deutschen Reichs für Gesetzgebung, Verwaltung und Volkswirtschaft;* 608-617.

1898 266
*Schuhwaarenhausindustrie in Mittelfranken. *Soziale Praxis,* VII, nr 27, 701.

1898 267
*VAN DER VEEN, MARGRIETA. Home work in Berlin. *The Economic Journal,* VIII, 143-146.

1899 268
*BAER, ALBERT. Die Kartonnageindustrie zu Lahr i. B. mit besonderer Berücksichtigung der Heimarbeit. *Schriften des Vereins für Sozialpolitik,* LXXXIV. Hausindustrie und Heimarbeit in Deutschland und Oesterreich, I, 143-154.

1899 269
*VON BENDA, LUISE. Die Entwicklung der Berliner Damenmassschneiderei. *Schriften des Vereins für Sozialpolitik,* LXXXV, 53-69.

1899 270

*BERNHEIM, HEINRICH. Die Hausindustrien des südlichen Schwarzwaldes. *Schriften des Vereins für Sozialpolitik*, LXXXIV. Hausindustrie und Heimarbeit in Deutschland und Oesterreich. I, 357-440.

[Boissellerie, 359-384; tissage du coton, 385-399; de la soie, 400-427; de la gaze de soie, 434; tressage de garnitures de sabots, 435; vannerie, 436-437.]

1899 271

BORGIUS, W. Die Hausindustrie. *Die Hilfe*, 47.

1899 272

BRENTANO, L. Ein klassisches Gebiet der Arbeitswilligen (Berliner Konfektion). *Beilage zur Münchner allgemeinen Zeitung*, Nr 78.

1899 273

*DIX, ARTHUR. Hausindustrie der Frauen in Danzig. *Schriften des Vereins für Socialpolitik*, LXXXV, 597-616.

1899 274

*EHRENBERG, Dr PAUL. Die Spielwarenhausindustrie des Kreises Sonneberg. *Schriften des Vereins für Sozialpolitik*, LXXXVI. Hausindustrie und Heimarbeit in Deutschland und Oesterreich, III, 215-278.

1899 275

*FRANCKE, Dr ERNST. Die Hausindustrie in der Schuhmacherei Deutschlands. *Schriften des Vereins für Sozialpolitik*, LXXXVII. Hausindustrie und Heimarbeit in Deutschland und Oesterreich. IV, 21-53.

1899 276

*FEIG, JOHANNES. Die Betriebsformen und Arbeitsverhältnisse in der Berliner Wäsche-Industrie. *Schriften des Vereins für Socialpolitik*, LXXXV, 391-411.

1899 277

*FUCHS, WILHELM. Ueber Hausindustrie und verwandte Unternehmungsformen auf dem Taunus. *Schriften des Vereins für Socialpolitik*, LXXXIV. Hausindustrie und Heimarbeit in Deutschland und Oesterreich, 103-142.

[Fabriques de ferrures, clouterie, etc., filetage, couture de gants, tressage de couronnes garnies de perles, d'objets en fil métallique, tissage, fabr. de boutons, d'œillets; vannerie.]

1899 278

*Glücksmann, Alfred. Die Hausweberei im schlesischen Eulengebirge. *Schriften des Vereins für Socialpolitik*, LXXXIV. Hausindustrie und Heimarbeit in Deutschland und Oesterreich, I, 465-506.

[Tissage de lin, coton, laine.]

1899 279

*Grandke, Hans. Berliner Kleiderkonfektion. *Schriften des Vereins für Socialpolitik*, LXXXV, 129-389.

1899 280

*Hohn, Wilhelm. Hausindustrie und Heimarbeit in den Regierungsbezirken Koblenz und Trier. *Schriften des Vereins für Socialpolitik*, LXXXVI. Hausindustrie und Heimarbeit in Deutschland und Oesterreich. III, 1-97.

[Clouterie, poterie. Fabrication d'objets en fils métalliques.]

1899 281

*Irmer, Alois. Das Magazinsystem in der Breslauer Möbeltischlerei. *Schriften des Vereins für Socialpolitik*, LXXXIV. Hausindustrie und Heimarbeit in Deutschland und Oesterreich. I, 441-463.

1899 282

*Jaffé, E. Die westdeutsche Konfektionsindustrie mit besonderer Berücksichtigung der Heimarbeit. *Schriften des Vereins für Socialpolitik*, LXXXVI. Hausindustrie und Heimarbeit in Deutschland und Oesterreich. III, 99-180.

1899 283

*Jaffé, E. Hausindustrie und Fabrikbetrieb in der deutschen Cigarrenfabrikation. *Schriften des Vereins für Socialpolitik*, LXXXVI. Hausindustrie und Heimarbeit in Deutschland und Oesterreich. III, 279-341.

1899 284

*Kieseritzky, Dr E. Die Formen der Hausindustrie in Köln. *Schriften des Vereins für Socialpolitik*, LXXXVI. Hausindustrie und Heimarbeit in Deutschland und Oesterreich. III, 189-214.

[Confection. Lingerie. Fabrication de corsets, de passementerie, bonneterie, etc.]

1899 285

*Liefmann, Dr Robert. Die Hausweberei in Elsass. *Schriften des Vereins für Socialpolitik*, LXXXIV. Hausindustrie und Heimarbeit in Deutschland und Oesterreich. I, 191-247.

[Tissage de laines (étoffes pour robes).]

1899 286
*LIPSZYC, MARIE-AMALIE. Die Betriebsformen der Berliner Damenmassschneiderei. *Schriften des Vereins für Socialpolitik*, LXXXV, 71-87.

1899 287
*LOTH, HERMANN. Die Uhrenindustrie im badischen Schwarzwald. *Schriften des Vereins für Socialpolitik*, LXXXIV. Hausindustrie und Heimarbeit in Deutschland und Oesterreich. I, 249-348.

1899 288
*LOTH, HERMANN. Die Reste kleinerer Hausindustrien auf dem badischen Schwarzwald. *Schriften des Vereins für Socialpolitik*, LXXXIV. Hausindustrie und Heimarbeit in Deutschland und Oesterreich. I, 349-356.
[Fabrication de brosses. Tressage de la paille.]

1899 289
*MÜNSTER, Dr THEODOR. Die Fabrikation von Kravatten, Schirmen, Handschuhen, Hosenträgern und Korsetts in Berlin. *Schriften des Vereins für Socialpolitik*, LXXXV, 423-457.

1899 290
*NEUHAUS, Dr GEORG. Die Putzindustrie in Berlin. *Schriften des Vereins für Socialpolitik*, LXXXV, 27-52.
[Fleurs artificielles. Plumes. Chapeaux de paille.]

1899 291
*NEUHAUS, GEORG. Das Zwischenmeistersystem in der Berliner Holzbearbeitungsindustrie. *Soziale Praxis*, VIII, nr 45, 1195-1198.

1899 292
*NEUHAUS, Dr GEORG. Die Kostüm- und Weisswarenkonfektion in Berlin. *Schriften des Vereins für Socialpolitik*, LXXXV, 412-422.

1899 293
*NEUHAUS, Dr GEORG. Die Frauenarbeit in der Berliner Textil-Hausindustrie. *Schriften des Vereins für Socialpolitik*, LXXXV, 1-25.
[Bonneterie.]

1899 294
*WEBER, Dr A., und VON PHILIPPOVICH, Dr E. *Schriften des Vereins für Socialpolitik*, LXXXVI. Hausindustrie und Heimarbeit in Deutschland und Oesterreich. Vorwort I, v-xiv.

1899 295
NEUHAUS, G. Die moderne Hausindustrie. *Germania. Wissenschaftliche Beilage*, nr 51-52.

1899 296
*RAUCHBERG, Dr HEINRICH. Die Hausindustrie des deutschen Reichs nach der Berufs- und Gewerbezählung vom 14. Juni 1895. *Schriften des Vereins für Socialpolitik,* LXXXVII. Hausindustrie und Heimarbeit in Deutschland und Oesterreich. IV, 77-138.

1899 297
*REINHARD, O. Die württembergische Trikot-Industrie mit specieller Berücksichtigung der Heimarbeit in den Bezirken Stuttgart (Stadt und Land) und Balingen. *Schriften des Vereins für Socialpolitik,* LXXXIV, Hausindustrie und Heimarbeit in Deutschland und Oesterreich. I, 1-77.

1899 298
*REINHARD, O. Die Feinmechanik in Oberamt Balingen. *Schriften des Vereins für Socialpolitik,* LXXXIV. Hausindustrie und Heimarbeit in Deutschland und Oesterreich. I, 79-103.

1899 299
*VON RICHTHOFEN, ELISABETH. Die Perlenstickerei im Kreise Saarburg in Lothringen *Schriften des Vereins für Socialpolitik,* LXXXVI. Hausindustrie und Heimarbeit in Deutschland und Oesterreich. III, 343-353.

1899 300
*ROEHL, Dr HUGO. Die Hausindustrie in der Berliner Ledergalanteriewaren-industrie. *Schriften des Vereins für Socialpolitik,* LXXXV, 459-497.

1899 301
*ROSENBERG, CURT. Die Kürschnerei und Mützenmacherei. *Schriften des Vereins für Socialpolitik,* LXXXV. Die Hausindustrie der Frauen in Berlin, 89-128.

1899 302
*IRMER, ALOIS. Das Magazinsystem in der Breslauer Möbeltischlerei. *Schriften des Vereins für Socialpolitik,* LXXXIV. Hausindustrie und Heimarbeit in Deutschland und Oesterreich. I, 441-463.

1899 303
*SIMON, HELENE. Das Stickereigewerbe in Berlin. *Schriften des Vereins für Socialpolitik,* LXXXV, 499-596.

1899 304
*SIMON, HELENE. Die Bandwirkerei in und um Schwelm. *Soziale Praxis,* VIII, nr 32, 873-875, nr 33, 896-898.

1899 305
*STILLICH, Dr OSKAR. Die Spielwaren-Hausindustrie des Meininger Oberlandes. Iéna, Fischer, VIII-100.

1899 306
*UHLFELDER, WILHELM. Die Zinnmalerinnen in Nürnberg und Fürth. Eine wirtschaftliche Studie über Heimarbeit. *Schriften des Vereins für Social-politik*, LXXXIV. Hausindustrie und Heimarbeit in Deutschland und Oesterreich, I, 155-189.

1899 307
*VOIGT, Dr PAUL. Die Hausindustrie in der deutschen Möbelfabrikation. *Schriften des Vereins für Socialpolitik*, LXXXVII. Hausindustrie und Heimarbeit in Deutschland und Oesterreich. IV, 55-76.

1899 308
*WEBER, ALFRED. Die Entwicklungsgrundlagen der grossstädtischen Frauenhausindustrie. *Schriften des Vereins für Socialpoiltik*, LXXXV. Hausindustrie und Heimarbeit in Deutschland und Oesterreich. II, XIII-LX.

1899 309
*WERNSDORF, JULIUS. Das kapitalistische Konzentrationgesetz in der Pforzheimer Bijouterieindustrie. Stuttgart, Kohlhammer, in-8°, V-133.

1899 310
*ZAHN, F. Die deutsche Spielwarenindustrie. *Jahrbücher für Nationalökonomie und Statistik*, III. Folge, XVII, 673-677.

1899 311
Die Hausindustrie vor hundert Jahre. *Gemeinnützige Blätter für Gross-Frankfurt*, 102-104.

1899 312
*Ein klassisches Gebiet der Arbeitswilligen. *Soziale Praxis*, VIII, nr 28, 754-755.

[Industrie de la confection à Berlin, d'après un article du professeur BRENTANO, dans *Allgemeine Zeitung*, de Münich. Voir n° 272.]

1899 313
**Schriften des Vereins für Sozialpolitik*. 84. Hausindustrie und Heimarbeit in Deutschland und Oesterreich. I, Süddeutschland und Schlesien. XX-506. — 85. Id. II. Die Hausindustrie der Frauen in Berlin. LX-616. — 86. Id. III. Mittel- und Westdeutschland. Oesterreich. VII-550. — 88 Id. IV. Gesetzgebung. Statistik und Uebersichten. VIII 277. Leipzig, Duncker und Humblot, in-8°.

1899 314
*BLONDEL, GEORGES. L'ouvrier allemand. *Musée social*, n° 9, septembre, 453-456.

1900 315
*Gewerbliche Kinderarbeit ausserhalb der Fabriken auf Grund der Erhebung vom Jahre 1898. *Vierteljahrshefte zur Statistik des deutschen Reichs*. III, 97-147.

1900 316
*KRIEGEL, Dr FRIEDRICH. Das Haushaltungsbudget zweier Heimarbeiterinnen. *Zeitschrift für Socialwissenschaft*, V, 747-748.

1900 317
*MEITZEN, AUGUST. Ueber die Uhrenindustrie des Schwarzwalds. Freiburg i. B. Fehsenfeld, in-8°, 78.

[Première édition en 1849.]

1900 318
*RAUSCH, ERNST. Die Sonneberger Spielwarenindustrie und die verwandten Industrien der Griffel- und Glasfabrikation unter besonderer Berücksichtigung der Verhältnisse in der Hausindustrie. Sonneberg S. M. Gräbe und Hetzer. VIII-170.

1900 319
*ROBERT, ALBERT. Die sociale Lage der Buchbinder und verwandter Berufsgenossen in Deutschland. *Neue Zeit*, nr 18, 20-25.

1900 320
*SCHALHORN, Dr. Die Lohnbewegung der Berliner Handweber. *Soziale Praxis*, X, nr 4, 76-78.

1900 321
WINTER, FR. Die Arbeiterin der Konfektionsindustrie. *Dokumente der Frauen*, II, nr 23.

1900 322
**Schriften des Vereins für Socialpolitik*. LXXXVIII. Verhandlungen der 1899 in Breslau abgehaltenen Generalversammlung (über Hausindustrie, Hausiergewerbe, Entwicklungstendenzen im modernen Kleinhandel). In-8°, v-310. Leipzig, Duncker und Humblot.

1901 323
*BERNSTORFF, GRÄFIN. Die Hausindustrie der Frauen in Berlin. *Hefte der freien Kirchlichsocialen Konferenz*. XVII, 22-41. Berlin, Berliner Stadtmission.

1901 324
BROD, B. Frauen und Kinder in der Heimarbeit. *Dokumenten der Frauen*, IV, 756-761.

1901 325
DIETRICH und TILLE. Antrag des Fabrikantenvereins der Stickerei- und Spitzenindustrie in Plauen um Unterstützung gegen den Antrag Heyl und Genossen auf Beschränkung der Hausindustrie. *Verhandlungen, Mittheilungen und Berichte des Centralverbandes deutscher Industrieller*, nr 91, 210-220.

1901 326
*KOLLMANN, Dr PAUL. Die gewerbliche Entfaltung im deutschen Reiche nach der Gewerbezählung vom 14. Juni 1895. *Jahrbuch für Gesetzgebung, Verwaltung und Volkswirtschaft im deutschen Reiche*. XXV, 41-61.

1901 327
*HEISS, CL. Die Zustände in der Sonneberger Spielwarenindustrie. *Soziale Praxis*, X, nr 21, 511-515.

1901 328
*MAASS, LUDOLF. Der Einfluss der Maschine auf das Schreinergewerbe in Deutschland. Ein Beitrag zur Kenntnis des Kampfes der gewerblichen Betriebsformen. Stuttgart, Cotta, in-8°, x-122. *Münchener volkswirtschaftliche Studien*, 44.

1901 329
*MAIER, Dr ADAM-CARL. Der Verband der Glacéhandschuhmacher und verwandten Arbeiter Deutschlands 1869-1900. Leipzig, Deichert, VIII-392. *Wirtschafts-und Verwaltungsstudien*, XII.

[Il n'y est question qu'accessoirement de l'industrie à domicile. (Voir p. 151.)]

1901 330
*MAY, MAX. Die sociale Lage der Pforzheimer Bijouteriearbeiter. *Der Arbeiterfreund*, 44-49.

1901 331
*RAUCHBERG, Prof. Dr HEINRICH. Gewerbe und Handel im deutschen Reich. Auf Grund der Gewerbezählung. V, Hausindustrie. *Archiv für soziale Gesetzgebung und Statistik*, 196-203.

1901 332
STOBOY, E. Mutter und Kind in der Hausindustrie. *Die Frau*, 745-749.

1901 333
*ZIEGLER, Dr FRANZ. Wesen und Wert kleinindustrieller Arbeit gekennzeichnet in einer Darstellung der Bergischen Kleineisenindustrie. Berlin, Bruer C°, in-8°, VIII+490+89, carte.

1902 334
BERNSTORFF, CLARA. Aus der Arbeit der kirchlich- sozialen Frauengruppe unter Berliner Heimarbeiterinnen in der Konfektionsindustrie. *Neue Christoterpe,* 251-261.

1902 335
*HARMS, B. Zur Entwicklungsgeschichte der deutschen Buchbinderei in der zweiten Hälfte des 19. Jahrhundert. Tübingen, J.-C.-B. Mohr, in-8°, VIII-184.

1902 336
*REISSHAUS, P. Die Kinderarbeit in der Sonneberger Spielwarenindustrie. *Die Neue Zeit,* I, 531-533.

1902 337
*WEYERMANN, Dr M.-R. Das Verlagssystem der Lauschaer Glaswarenindustrie und seine Reformierung. Leipzig, Deichert, in-8°, X-154.

[Ein Wort über den Begriff Hausindustrie, 1-29. Geschichte der Lauschaer Glaswarenindustrie. 30-52. Heutige Verhältnisse in der Lauschaer Glaswarenindustrie (Der Heimarbeiter in wirtschaftlicher und sozialer Beziehung, in physischer Beziehung. Intellektuelle und moralische Verhältnisse), 53-111 Der Heilprozess der analogen Hausindustrie im böhmischen Bezirk Gablonz (Die Produktivgenossenschaft der Hohlperlenerzeuger), 112-134. Anwendung dieses Heilverfahrens auf das Verlagssystem der Lauschaer Glaswarenindustrie, 135-150.]

1902 338
*WUTTKE, ROBERT. Untersuchungen über die Heimarbeit der Frauen in Dresden. Dresden, O.-V. Böhmert, in-8°, 41.

1902 339
*Untersuchungen über die Heimarbeit der Frauen in Dresden. *Sociale Praxis,* XII, nr 4, 97-98.

1902 340
*HARRIS, HENRY-J. Present conditions of the handworking and domestic industries of Germany. *Bulletin of the Department of Labor.* May, n° 40, 509-548.

1902 341
FÜRTH, HENRIETTE. Die sociale Lage der Pforzheimer Bijouteriearbeiter. *Socialistische Monatshefte*, VI (VIII), 462-466.

1902 342
*Les abus dans l'industrie du vêtement (pétition de la Fédération des tailleurs et couturières chrétiens de l'Allemagne). *Questions pratiques de législation ouvrière et d'économie sociale*, III, 220.

1902 343
*Een eigenaardige industrie (Het griffel-maken). *Sociaal Weekblad*, nr 61, 635.

1903 344
*BAUDERT, A. Die Heimarbeit im Textilgewerbe. *Neue Zeit*, 1903-1904, I, nr 17, 581-584.

1903 345
*BAUM, JOHANN-PETER. Die wirtschaftliche Entwickelung des Obereichsfeldes in der Neuzeit mit besonderer Berücksichtigung der Hausindustrie. Inaugural-Dissertation. Berlin, Druckerei Germania, in-8°, 31.
[Shoddywarenindustrie.]

1903 346
*KAHLE, RICHARD. Ueber Hausindustrie und Heimarbeit in Deutschland und Oesterreich. Halle a. S. Wischau et Burkhardt, in-8°, 145.

1903 347
*OSBORN, C. The handworking and domestic industries in Germany. *The Economic Journal*, 133-136.

1904 348
*BARTHEL, PAUL. Zum Plane einer Ausstellung von Heimarbeiter. *Neue Zeit*, nr 16, 527-528.

1904 349
*HEISS, Dr CL. Nochmals die Ausstellung des Heimarbeiterschutzkongresses. *Soziale Praxis*, XIII, nr 26, 673-674.

1904 350
*SCHMALBACH, RICHARD. Die Entwicklung der Heimarbeit in Bürstenindustrie. *Die Gleichheit*, XIV, nr 23.

1904 351
SCHLEKER, K. Ausstellungserzeugnisse der Heimarbeit. *Die Frauenbewegung*, 59.

1904 352
Erster allgemeiner Heimarbeiterschutzkongress zu Berlin am 7. bis 9. März 1904. *Reichs-Arbeitsblatt*, 743-744.

1904 353
*SCHLENKER, Dr. Die Schwarzwälder Uhrenindustrie, und insbesondere die Uhrenindustrie auf dem württembergischen Schwarzwald. Stuttgart, Grüninger, in-8°, 96.

1904 354
GOLDSTEIN, J. [Analyse de l'ouvrage de E. Gottheiner : Studien über die Wupperthaler Textilindustrie, 1903.] *Archiv für Sozialwissenschaft und Sozialpolitik*, XIX, 500-502.

1904 355
SCHOLTZ, A. Die Lage der Heimarbeiterinnen in Görlitz. *Die Gleichheit*, XIV, nr 27-29.

1904 356
*SEEFRIED, ERNST. Kaschubische Hausindustrie. *Das Land*, nr 20, 320-322. Ill.

1904 357
*STOBOY, ERICH. Zur Heimarbeiterfrage. *Soziale Praxis*, XIV, nr 9, 218-219.
[Salaires.]

1904 358
WACKWITZ, M. Hausindustrie in Dresden und der Umgegend. *Die Gleichheit*, XIV, nr 6.

1904 359
WILBRANDT, R. Bilder aus der Hausindustrie. *Tägliche Rundschau*. Beilage. 8. und 9. März.

1904 360
*W. Z. Eine Heimarbeitsausstellung. *Soziale Praxis*, XIII, nr 25, 646-648.

1904 361
*Die Hausindustrie. *Die Gleichheit*, XIV, nr 3-4.

1904 362
*Winter-Saison-Hausindustrie. *Die Landindustrie,* 42-43.

1904 363
*Kähler, W. Die Lage der Blumen- und Blätterarbeiterinnen von Dresden und Umgegend. *Die Gleichheit,* XIV, nr 11.

1904 364
*Wulff, Frida. Heimarbeit in der Strassenbahn. *Die Gleichheit,* XIV, nr 12. [Fabr. de souliers en feutre pour enfants.]

1904 365
*Dyhrenfurth, Gertrud. Die weibliche Heimarbeit. Verhandlungen des 15. Evangelisch-sozialen Kongresses in Breslau am 25. und 26. Mai 1904. Göttingen, Vandenhoeck und Ruprecht, 143-164.

1904 366
*Die württembergische Harmonikaindustrie. *Soziale Praxis*, XIII, nr 26, 674-675.

1904 367
Aus der Berliner Heimarbeit. Berlin, Hoffmann, 27.

1904 368
*Protokoll über die Verhandlungen des 8. ordentlichen Verbandstages des Verbandes der Schneider, Schneiderinnen und verwandten Berufsgenossen Deutschlands... sowie über die Verhandlungen der 4. internationalen Schneider-Konferenz... 1904 zu dresden. Berlin, H. Stühmer, 290.

[Voir 210 et *passim.* Les congrès précédents renferment également des données sur l'industrie à domicile dans la confection. Le premier Congrès s'est tenu à Erfurt en 1888. Les Congrès se sont alors succédé de deux en deux années.]

1904 369
*Adamski, St. Płace u przemyśle domowym (Les salaires dans l'industrie à domicile). *Ruch chrześtiańskospołeczny.* Juin.

1905 370
Baginski, Max. Gerhart Hauptmann unter den schlesischen Webern. *Sozialistische Monatshefte,* IX(XI), 150-157.

1905 371
*Bredt, Victor. Die Lohnindustrie dargestellt an der Garn- und Textilindustrie von Barmen. Berlin, Bruer C°, x-202.

1905 372
*BRICKWEDEL, C. Weidenkultur und Korbflechterei im Dienste der Landindustrie. *Das Land,* XIII, nr 10, 180-182.

1905 373
*DYHRENFURTH, GERTRUD. Die weibliche Heimarbeit. *Jahrbücher für Nationalökonomie u. Statistik.* III. Folge, XXIX, 21-42.

1905 374
KLEINWÄCHTER, F. Die Konfektion. *Die Zukunft,* 52, 349-355.

1905 375
*ENGELMANN, Dr HUGO. Die wirtschaftliche Entwicklung des Kreises Worbis (Eichsfeld). Wirtschaftliche Monographie. Halle a. S. Kaemmerer C°, in-8°, v-223.

[Hausweberei, 104-148. Tissage du coton, de la laine, etc.]

1905 376
*HELLER, M. Flachsindustrie. *Die Landindustrie*, nr 19, 295-297.

1905 377
*HORNUNG, Dr ERICH. Entwicklung und Niedergang der hannoverschen Leinwandindustrie. Hannover, Helwingsche Verlagsbuchhandlung, in-8°, VIII-147.

[Hülfsmittel gegen den Verfall der Industrie, 119-126. Bibliographie, VII-VIII.]

1905 378
*KOCH, HEINRICH, S.-J. Die deutsche Hausindustrie. Gladbach, Zentralstelle des Volksvereins, in-8°, IV-112.

1905 379
*OHORN, ANTON. Eine deutsche Hausindustrie. Die Spitzenklöppelei in Erzgebirge. *Die Gartenlaube,* nr 14, 264-267.

1905 380
*SCHNEIDER, FRITZ. Die Leinenhausindustrie im Kreise Sorau N.-L. *Die Landindustrie,* nr 4, 143-145.

1905 381
*WOLFF, Dr HELLMUTH. Die Perlenstickerei im Spessart. *Das Land,* 13. Jahrg., nr 9, 166-168.

1905 382
*WOLFF, Dr HELLMUTH. Die Perlenstickerei im Spessart. *Die Landindustrie,* nr 3, 127-129.

1905 383
*Wolff, Dr Hellmuth. Die Zigarrenindustrie im Spessart. *Die Landindustrie,* nr 2, 109-111.

1905 384
*Wolff, Dr Hellmuth. Der Spessart, sein Wirtschaftsleben. Aschaffenburg, Krebsche Buchhandlung, in-8°, xi-482. Carte.

[Broderie de perles. Industrie du tabac. Confection, 329-386.]

1905 385
Die Heimarbeiterfrage. *Historisch-politische Blätter für das katholische Deutschland,* 338-354; 436-447.

1905 386
*Bei den Hausbandwirkern des bergischen Industriebezirkes. *Die Landindustrie,* nr 10, 212.

1905 387
*La survivance de l'atelier de famille; les industries de Nuremberg. *L'Économiste français,* I, n° 19, 682-684.

1905 388
*Onder de Silezische wevers. *Sociaal weekblad,* n° 28, 223; n° 29, 230-231.

1906 389
*Barthel, Paul. Die Heimarbeit im Lithographiegewerbe. Herausgegeben vom Hauptverstand des deutschen Senefelder-Bundes. Berlin, Druck von G. Eichler, 8.

[Publié à l'occasion de l'Exposition des industries à domicile à Berlin, en 1906.]

1906 390
*Brauns, Heinrich. Der Uebergang von der Handweberei zum Fabrikbetrieb in der Niederrheinischen Samt- und Seidenindustrie und die Lage der Arbeiter in dieser Periode. *Staats- und Sozialwissenschaftliche Forschungen,* XXV, 4. Leipzig, Duncker und Humblot, in-8°, xii-256.

[Einleitung : Die Periode der Handweberei. I. Die Rohmaterialien der niederrheinischen Seidenindustrie und ihre Beziehungen zur Entwicklung des mechanischen Betriebes. II. Die Weberei von Samt- und Seidenwaren und ihre Anforderungen an die maschinelle Technik. III. Einführung der mechanischen und Rückgang der Handweberei. IV. Die Lage der hausindustriellen Arbeiter in der Uebergangsperiode. V. Die Weber-Innungsbewegung der achtziger Jahre. VI. Massnahmen zur Erhaltung der Hausweberei vermittelst betriebstechnischer Neuerungen. VII. Die gegenwärtige Lage der Handweberei. VIII. Die niederrheinische Samt- und Seidenweberei nach Einführung des Fabrikbetriebes und die Lage ihrer Fabrikarbeiter.]

1906 391
*BEHM, MARGARETA. Frauen-Heimarbeit in der Bekleidungsindustrie. S. l. n. d., 8.

[Se trouvait encarté dans le journal *Die Heimarbeiterin*, VI, 2; février 1906.]

1906 392
*BERNHARD, MARGARETE. Die Holzindustrie in der Grafschaft Glatz. Berlin, R.-L. Prager, VIII-144.

[Fabrication d'allumettes, de boites d'allumettes, de chevilles, etc. (Industrie à domicile, *passim*.)]

1906 393
*STÜHMER, H. Die Heimarbeit in Berlin. *Correspondenzblatt der Generalkommission der Gewerkschaften Deutschlands*, 15. Dezember, 890-895.

1906 394
*BILLER, Dr CARL. Der Rückgang der Hand-Leinwandindustrie des Münsterlandes. Leipzig, Hirschfeld, in-8°, 169.

1906 395
*DIETENBERGER, E. Heimarbeit und Volksgesundheit. *Soziale Revue*, 318-325.

1906 396
*DYHRENFURTH, GERTRUD. Die Blusen, Schürzen- und Unterrockkonfektion. In *Bilder aus der deutschen Heimarbeit*, 1906, 8-10.

1906 397
*EPSTEIN, Dr M. Die Enquête im Schneidergewerbe, 18.

[Annexe à la publication intitulée : « Bericht der Kommission für Arbeiterhygiene und -Statistik der Abteilung für freie Artzwahl 1904-1906. München, Seitz und Schauer (1906). »]

1906 398
*Die Heimarbeit-Ausstellung und die Arbeitgeber. *Die Heimarbeiterin*, VI, nr 4.

1906 399
*FRANCKE, Prof. Dr E. Die deutsche Heimarbeit-Ausstellung in Berlin. *Soziale Praxis*, XV, nr 15, 370-372.

1906 400
*FR(ANCKE), E. Ein Gang durch die deutsche Heimarbeit-Ausstellung. *Soziale Praxis*, XV, nr 17, 432-433.

1906 401
GÖHRE, PAUL. Die Heimarbeit im Erzgebirge und ihre Wirkungen. Chemnitz, Landgraf C°, 23.

1906 402
*GRANDKE, Dr H. Die Konfektionsarbeiterin. In *Bilder aus der deutschen Heimarbeit,* 1906, 5-8.

1906 403
*GULGOWSKI. Kassubische Bauernstickereien, ein neuer Zweig der Landindustrie in Westpreussen. *Die Landindustrie,* nr 24, 234-235.

1906 404
*HEISS, Dr Cl. Die deutsche Heimarbeit-Ausstellung. Berlin, Januar-Februar 1906. *Soziale Praxis,* XV, nr 19, 477-481; nr 20, 509-513; nr 21, 535-539; nr 22, 566-570.

1906 405
*SCHRÖDER, WILHELM. Gedanken zur Heimarbeit-Ausstellung. *Sozialistische Monatshefte,* X(XII), März, 221-229.

1906 406
*HEISS, Dr CL., und KOPPEL, Dr A. Heimarbeit und Hausindustrie in Deutschland, ihre Lohn- und Arbeitsverhältnisse. Herausgegeben im Zusammenhange mit der deutschen Heimarbeit-Ausstellung 1906 in Berlin vom Bureau für Socialpolitik. Berlin, Puttkammer und Muehlbrecht, in-8°, 232 + Auskunftsbogen.

[Le formulaire placé à la fin du volume indique les points sur lesquels a porté l'enquête.]

1906 407
*HEUCKE, KARL. Die Heimarbeit in der Schuhmacherei am Niederrheim. *Jahrbücher für Nationalökonomie und Statistik,* 3. Folge, XXXII, 229-246.

1906 408
*IHRER, EMMA. Die Kunstblumen- und Federn-Industrie. In *Bilder aus der deutschen Heimarbeit,* 1906, 28-31.

1906 409
*KAPPUS, PFARRER. Die Erhebungen über die Heimarbeit in Württemberg. *Soziale Praxis,* XV, nr 43, 1115-1116.

1906 410
*KOCH, Dr HEINRICH, S. J. Die Heimarbeit in der Plauener Stickereiindustrie. *Soziale Praxis,* XV, nr 52, 1345 1350.

1906 411
*KUCKUCK, Dr JULIUS. Die Uhrenindustrie des württembergischen Schwarzwaldes. *Zeitschrift für die gesamte Staatswissenschaft.* Ergänzungsheft XXI. Tübingen, Laupp, in-8°, x-168.

[Transformation d'une industrie rurale en industrie à domicile et en fabrique.]

1906 412
*LINZEN-ERNST, CLARA. Die Tischlerei als Hausindustrie. In *Bilder aus der deutschen Heimarbeit.* (Voir n° 443.) 22-26.

[1906] 413
*LOEB, MORITZ. Berliner Konfektion. (*Grosstadt-Dokumente,* herausgegeben von Hans Ostwald, XV.) Berlin, Seemann, in-8°, 92.

[Heimarbeiterinnen (86-91); Die Fabrikanten (49-58); Der Konfektionär (67-71); Zwischenmeister (78-85).]

1906 414
*LUDERS, ELSE. Die Heimarbeit in Berlin. *Soziale Praxis,* XVI, nr 8, 204-208.

1906 415
MAEHR, A. Zur Frage der Heimarbeit in Berlin. *Die neue Gesellschaft,* II, nr 11.

1906 416
*MAY, MAX. Heimarbeit auf dem Lande. *Das Land,* XIV, nr 12, 225.

1906 417
*MEERWARTH, Dr RUDOLF. Untersuchungen über die Hausindustrie in Deutschland. *Schriften der Gesellschaft für soziale Reform,* II, 8. Iena, Fischer, in-8°, 73.

[Tissage. Jouets. Confection et lingerie. Cigares. Fleurs artificielles. Broderie.]

1906 418
*MEISTER. Thüringer Hausindustrie auf dem Lande. *Das Land,* XIV, nr 16, 291-293.

1906 419
*REIMERS, CHARLOTTE-ENGEL. Die Berliner Filzschuhmacherei. *Staats- und Sozialwissenschaftliche Forschungen,* XXI, 4. Leipzig, Duncker und Humblot, in-8°, 84.

[Travail en fabrique et à domicile.]

1906 420
*SCHNAPPER-ARNDT, Dr GOTTLIEB. Vorträge und Aufsätze. Herausgegeben von Dr LEON ZEITLIN. Tübingen, Laupp'sche Buchhandlung.

[« Nährikele ». Ein socialstatistisches Kleingemälde aus dem schwäbischen Volksleben. 190-256. — Zum Strike der Strohflechterinnen bei Florenz, 272-281.]

1906 421
*SCHRÖDER, W. Die Klein-Eisenindustrie. In *Bilder aus der deutschen Heimarbeit.* (Voir no 443.) 15-19.

1906 422
*SCHRÖDER, W. Cigarrenhausarbeit. In *Bilder aus der deutschen Heimarbeit.* (Voir no 443.) 19-22.

1906 423
*SCHRÖDER, W. Wäschekonfektion. In *Bilder aus der deutschen Heimarbeit.* (Voir no 443.) 11-14.

1906 424
*THIEDE, PAULA. Die Spielwarenarbeiter und Arbeiterinnen in Sonneberg und Umgegend. In *Bilder aus der deutschen Heimarbeit.* (Voir no 443.) 26-28.

1906 425
*TIEMANN, H. Steinhude und seine Leinenindustrie. *Die Landindustrie,* nr 19, 185-186.

1906 426
*Beiträge zur Frage der Heimarbeit. III. Die Heimarbeit in der Berliner Industrie. Reichs-Arbeitsblatt, nr 12, 1112-1117.

1906 427
Ein Nachwort zur deutschen Heimarbeitausstellung. *Wochenschrift des niederösterreichischen Gewerbevereins,* LXVII, nr 11.

1906 428
*WILBRANDT, Dr ROBERT. Die Weber in der Gegenwart. Sozialpolitische Wanderungen durch die Hausweberei und die Webfabrik. Iena, Fischer, in-8o, VI, 209.

[Tissage à domicile, spécialement 42-119.]

1906 429
*WILBRANDT, Dr Robert. Die Hausweber. In *Bilder aus der deutschen Heimarbeit.* (Voir no 443.) 14-15.

1906 430
*WOLFF, Dr HELLMUTH. Heimarbeit und Werkstättenarbeit auf dem Lande. *Die Landindustrie,* III, 22-24.

1906 431
*Die Heimarbeit in der Konservenindustrie. *Die Landindustrie,* III, 105.

1906 432
*Die Weber in der Gegenwart. *Die Neue Zeit,* nr 42, 539-543.

1906 433
*BAHR, Dr RICHARD. Heimarbeit. *Der Türmer,* VIII. Jahrgang, März, 780-783.

1906 434
*Die Heimarbeit in Berlin. Bericht der Handelskammer zu Berlin (Oktober 1906). Berlin, Liebheit und Thiesen, 61 (0.32 × 0.245).

[Confection, lingerie, fabrique de cravates, bonnets, chapeaux, fleurs et plumes; objets en cuir, cordonnerie; industrie du tabac.]

1906 435
*Die Lage der Tabakarbeiter. *Soziale Praxis,* XV, nr 19, 486-487.

[Taux des salaires.]

1906 436
*Stickereiindustrie. *Socialistische Monatshefte,* X (XII), 888-889.

1906 437
*Kinderelend in der Hausindustrie. *Soziale Praxis*, XV, nr 39, 1009-1011.

1906 438
*Zeitungsstimmen über die deutsche Heimarbeits-Ausstellung. *Soziale Praxis,* XV, nr 18, 456-458; nr 19, 485-486.

1906 439
*Beiträge zur Frage der Heimarbeit. I. Die Lohn- und Arbeitsverhältnisse in der deutschen Heimarbeit und die deutsche Heimarbeit-Ausstellung. *Reichs-Arbeitsblatt,* IV, 21. Februar, 113-123.

1906 440
*Ein Gang durch die deutsche Heimarbeit-Ausstellung. *Soziale Praxis,* XV, nr 17, 432-433.

1906 441

*Bilder aus der Heimarbeit in der Holzindustrie. Nach Berichten seiner Gauvorsteher für die Heimarbeit-Ausstellung im Jahre 1906 zusammengestellt und herausgegeben vom Vorstand des deutschen Holzarbeiter-Verbandes. Stuttgart, Selbstverlag des deutschen Holzarbeiter-Verbandes, in-8°, 63. Illustr.

1906 442

*Verband christlicher Schuh- und Lederarbeiter Deutschlands. Die Heimarbeits-Ausstellung in Berlin. Frankfurt a. M. Druck von Anton Heil. 2.

1906 443

*Bilder aus der deutschen Heimarbeit, herausgegeben von der literarischen Kommission der deutschen Heimarbeits-Ausstellung. Leipzig, Dietrich, brochure de 32 pages.

[Fait partie de la collection *Sozialer Fortschritt*, nr 63-64.]

1906 444

*Die Heimarbeit in der Portefeuillesindustrie. Herausgegeben vom Verband der Portefeuiller durch H. Weinschild. Druck von C. Ulrich in Offenbach a. M., 8.

[Publié à l'occasion de l'Exposition des industries à domicile à Berlin, 1906.]

1906 445

*Die Heimarbeit in der Schneiderei und Konfektion. Berlin, Vorwärts Buchdruckerei, 10.

[Extrait du périodique *Fachzeitung für Schneider*. Publié à l'occasion de l'Exposition des industries à domicile. Berlin, 1906.]

1906 446

*Die Heimarbeit in der Handschuhindustrie. Berlin, Vorwärts Buchdruckerei, 8.

[Publié à l'occasion de l'Exposition des industries à domicile à Berlin en 1906.]

1906 447

*Die Heimarbeit in der Gold- und Politurleistenindustrie, herausgegeben vom Hauptvorstand des Verbandes der im Vergoldergewerbe beschäftigten Arbeiter und Arbeiterinnen Deutschlands. Vorsitzender : Heinrich Späthe. Berlin, Druck von G. Eichler, 12.

[Publié à l'occasion de l'Exposition des industries à domicile à Berlin, en 1906.]

[1906] 448
*Die Heimarbeit in der Buchbinderei, Portefeuille-, Kartonnagen- und Papierwarenindustrie. Berlin, Vorwärts Buchdruckerei, 8.

[Publié à l'occasion de l'Exposition des industries à domicile, à Berlin, en 1906.]

[1906] 449
*Die Heimarbeit in der Textilindustrie. Herausgegeben vom Centralverband Deutscher Textilarbeiter durch Karl Hübsch. Berlin. Druck von Landgraf und C°, Chemnitz, 4.

[Publié à l'occasion de l'Exposition des industries à domicile à Berlin, en 1906.]

1906 450
*Weitere Pressstimmen über die deutsche Heimarbeit-Ausstellung in Berlin. *Soziale Praxis*, XV, 8. Februar, 485-486.

1906 451
*Burr, Agnes R. The Land of Santa Claus. *Pearson's Magazine*, vol. XVI, n° 6, December, 583-596. Ill.

[Fabrication des jouets en Allemagne.]

1906 452
Sochting. The german home work Exhibition. *The woman's trade union Review*, April, n° 61, 10-16.

1906 453
*Investigations into home work in Germany. *The woman's industrial News*, June, 550-558.

[Analyse du travail du Dr R. Meerwarth. Voir n° 417.]

1906 454
*Haarløv, V. Om Hjemmearbejde i Tyskland. (Le travail à domicile en Allemagne.) Beretning fra Arbejdsraadet 1905-1906, 64-78. Kjøbenhavn.

1906 455
*La industria alemana. El trabajo domestico. *Revista social*, año V, n° 67, 409-412.

[Réimpression d'un article de la revue *España economica y financiera*.]

1906 456
*Muller, Henri. L'exposition de l'industrie à domicile à Berlin. *Bulletin de la Ligue sociale d'acheteurs*, 2e trimestre, 71-75.

1906 457
*HUISING, TH. Een blik in de ellende der huisindustrie. *Katholiek sociaal weekblad*, 10 Maart, nr 10, 109-112.

[A propos de l'Exposition des industries à domicile à Berlin, en 1906.]

1907 458
*BITTMANN, Dr KARL. Hausindustrie und Heimarbeit im Grossherzogtum Baden zu Anfang des XX. Jahrhunderts. Bericht an das Grossherzogliche Badische Ministerium des Innern. Herausgegeben von der Badischen Fabrikinspection. Karlsruhe, Macklot'sche Druckerei, x-1207 + carte.

[94 industries étudiées, 1-906. Statistique, 907. « Die Wechselbeziehungen zwischen Hausindustrie und Landwirtschaft », 987-1023. Réglementation de l'industrie à domicile, 1072-1114. Bibliographie, 1195.]

1907 459
*FRANCKE, Prof. Dr ERNST. Hausindustrie und Heimarbeit in Baden. *Soziale Praxis*, XVI, nr 17, 426-431.

1907 460
*GREIF, Dr WILFRID. Studien über die Wirkwarenindustrie in Limbach i. Sa. und Umgebung. *Volkswirtschaftliche Abhandlungen der Badischen Hochschule*, IX, 2. Ergänzungsheft. Karlsruhe i. B. Braunsche Hofbuchdruckerei, in-8°, VIII-118.

[Die Verlagsproduktion, 51-78.]

1907 461
*KALISKY, Dr KÄTHE. Die Hausindustrie in Königsberg i. Pr. Leipzig, Duncker und Humblot, in-8°, 57.

[Confection. Cordonnerie. Ébénisterie. Lingerie. Broderie, etc.]

1907 462
*ROSENHAUPT, KARL. Die Nürnberg-Fürther Metallspielwarenindustrie in geschichtlicher und socialpolitischer Beleuchtung. Stuttgart, Cotta, in-8°, x-219.

[Die Heimarbeiter, 185-219.]

1907 463
*SAUERBREY, PAUL. Thüringens Heimarbeiterelend. *Die Neue Zeit*, nr 21, 709-713.

1907 464
*Jahresbericht der Grossh. Badischen Fabrikinspection für das Jahr 1906. Karlsruhe, Thiergarten, in-8°.

[Die Zustände in der Hausindustrie, 101-110. Fabrication de cigares, de boutons en porcelaine, de brosses, de rubans, d'horlogerie, de bijoux, etc.]

1907 465
*WEISSMANN, A. Hausindustrie und Heimarbeit in Baden. *Die Neue Zeit*, nr 28, 59-67.

1907 466
*Hausindustrie und Heimarbeit im Grossherzogtum Baden zu Anfang des XX. Jahrhunderts. *Reichs-Arbeitsblatt*, V. Februar, 120-131.

1907 467
*FLAMM, Dr HERMANN. Hausindustrie und Heimarbeit im Grossherzogtum Baden, mit besonderer Berücksichtigung des hohen Schwarzwaldes. *Sociale Revue*, III. Quartalsheft, 297-330.

[Analyse de l'ouvrage de Bittmann, n° 458.]

1907 468
*Kaufmannschaft und Heimarbeit. Betrachtungen über den Bericht der Handelskammer, betreffend die Berliner Heimarbeit. *Die Heimarbeiterin*, VII, nr 2.

1907 469
Heimarbeit und Hausindustrie. *Kürschners Jahrbuch*, 741-752. Illust.

1907 470
*KATSCHER, LEOPOLD. Die geplante Frankfurter Heimarbeits-Ausstellung. *Bayerische Handelszeitung*, 31. August, nr 35, 538-539.

1907 471
KOBELT, W. Die Heimarbeit in Schwanheim. *Gem. Bl. f. Hessen u. Nassau*, 5, 141-144.

1907 472
*Die Jahresberichte der K. bayerischen Fabriken- und Gewerbe-Inspectoren, dann der K. bayerischen Bergbehörden für das Jahr 1906. München, Ackermann, in-8°.

[Ce rapport renferme une annexe : « Denkschrift über die Heimarbeit in Bayern », de 62 pages, où sont passées en revue les industries à domicile de la Bavière avec des indications sur le nombre des ouvriers occupés, les salaires, etc.]

1907 473
*CARDYN, L'ABBÉ. L'industrie à domicile en Allemagne. *Revue sociale catholique*, 11e année, n° 6, 170-183.

1907 474
*VERMAUT, ROBERT. Note sur le travail à domicile à Berlin dans les industries de la confection pour dames et enfants, confection pour hommes et jeunes gens, lingerie et industries connexes. — Les industries à domicile en Belgique, VIII, 374-404.

1907 475
*LOOPUIT, JOS. Een boek van ellende. *De nieuwe tijd*. XII, 3, 202-211.

[A propos de l'ouvrage du Dr Wilbrandt « Die Weber in der Gegenwart ». Voir no 428.]

---

# Autriche.

1684 476
HÖRNIGK. Oesterreich über alles, wenn es nur will.

[Cité par STIEDA, *Litteratur*, 1889, 130.]

1836 477
*KREUTZBERG, K.-S. Skizzirte Uebersicht des gegenwärtigen Standes und der Leistungen von Böhmens Gewerbs- und Fabriksindustrie in ihren vorzüglichsten Zweigen. Prag, in Commission bei Kronberger und Weber, in-8o, 118.

[Tissage du lin, 67-75; du coton, 83 ss.]

1856 478
*PISLING, Dr THEOPHIL. Nationalökonomische Briefe aus dem nordöstlichen Böhmen. Mit einem Vorworte von Dr PETER MISCHLER. Prag, Bellmann's Verlag, in-8o, XII-148.

[Das Land und die Leute. Die Noth. Weber und Glaser... Die Hand und die Maschine, etc.]

1861 479
*PISLING, Dr THEOPHIL. Volkswirtschaft und Arbeitspflege im böhmischen Erzgebirge. Wien und Prag, Kober und Markgraf, in-8o, X-148.

[Dentelles, broderie, passementerie, ganterie, tressage de la paille, bonneterie, instruments de musique, jouets, etc.]

1862 480

*DORMIZER, MAXIMILIAN, und SCHEBEK, Dr EDMUND. Die Erwerbsverhältnisse im Böhmischen Erzgebirge. Bericht an das Centralcomité zur Förderung der Erwerbsthätigkeit der böhmischen Erz- und Riesengebirgs-Bewohner. Prag, H. Mercy, in-8°, 235, carte.

[Fabrication d'objets en métal (cuillers en étain, armes, clous), instruments de musique, jouets, boissellerie, tissage, bonneterie, objets en paille, dentelles, broderies, ganterie.]

1871 481

*VON DOTZAUER, RICHARD RITTER, und SCHEBEK, Dr EDMUND. Die Musterwerkstätten für Spitzenfabrication im böhmischen Erzgebirge. Bericht an das Centralcomité zur Beförderung der Erwerbsthätigkeit der böhmischen Erz- und Riesengebirgsbewohner. Prag, H. Mercy, in-8°, 33.

1872 482

EXNER, Dr W. F. Die Industrie des Böhmerwaldes. Vortrag, geh. im Oesterr. Museum für Kunst und Industrie am 2. Febr. 1872. (Sept. Abdr. aus der *Wochenschrift für Wissenschaft und Kunst*, 1872, 11.)

1873 483

KLEINWAECHTER, Dr FRDR. Die Holzweberei in Alt-Ehrenberg bei Rumburg in Böhmen. *Mittheil. des Ver. f. Geschichte d. Deutschen in Böhmen*, Jahrg. XI, 1873, nr 4, in-8°, Prag.

[Cité par Stammhammer « Bibliographie der Socialpolitik ».]

1874 484

*RICHTER, Dr CARL TH. Die nationale Hausindustrie. *Officieller Ausstellungs-Bericht herausgegeben durch die General-Direction der Weltausstellung.* LXXIII, 15.

1874 485

TOBISCH, ED. Industrielle Wanderungen im Erzgebirge. Reichenberg.

1875 486

RÓMER, F. Die nationale Hausindustrie auf der Wiener Weltausstellung 1873. Budapest.

1881 487

ANGERER, JOH. Die Hausindustrie im deutschen Süd-Tirol. (Aus : Statistischer Bericht der Handels- und Gewerbekammer in Bozen für 1880), in-8°, Bozen, Promperger.

1881 488

BRÁF, ALBIN. Studien über Nordböhmische Arbeiterverhältnisse. Prag, Otto, in-8°, 162.

1882 489

NEKOLA, RUDOLF. Die Holz- und Spielwarenindustrie in der Viechtau bei Gmunden. Eine forst- und volkswirtschaftliche Studie aus dem Salzkammergute. Aus *Berichte des Forstvereins für Oesterreich o. d. E.* In-8°, Gmunden.

1882 490

*Statistischer Bericht der Handels- und Gewerbekammer in Bozen für das Jahr 1880. Bozen, Pomperger, in-8°.

[Die Hausindustrie im deutschen Süd-Tirol, 158-178. Dentelles, 163. Boissellerie, 167. « Freiwilliges Arbeitshaus », 176.]

1884 491

DEHN, PAUL. Das Elend der Hausindustrie speziell in Oesterreich. *Concordia*, nos 139-140.

1885 492

*SINGER, Dr I. Untersuchungen über die socialen Zustände in der Fabrikbezirken des nordöstlichen Böhmens. Leipzig, Duncker und Humblot, in-8°, XII-268.

1885 493

WIENER, WILHELM. Staatsarbeiter und Hausindustrie im Salzkammergut. *Neue Zeit*, III, 22-28, 74-83.

[Jouets en bois. Boissellerie.]

1887 494

Die Hausindustrie in Karlsdorf und Umgebung. Bericht der K. K. Gewerbe-Inspektoren im Jahre 1886. Wien, 396-399.

1888 495

HERRDEGEN, J. Die Lohnverhältnisse der weiblichen Handarbeiterinnen in Wien. Wien, Konegen, 2te Auflage, in-8°.

1888 496

*Entwicklung von Industrie und Gewerbe in Oesterreich in dem Jahren 1848-1888, herausgegeben von der Kommission der Jubiläums-Gewerbe-Ausstellung. Wien, 1888. Wien, Verlag des niederösterreichischen Gewerbevereins, in-8°, XII-407.

[L'ouvrage renferme quelques détails historiques et technologiques concernant les industries à domicile. Les détails ne sont pas présentés systématiquement.]

1890 497
EXNER, Dr W. F. Oesterreichs Hausindustrie und deren Pflege. Vortrag. *Handelsmuseum.*

[1890] 498
*EXNER, WILHELM. Die Hausindustrie Oesterreichs. Ein Commentar zur hausindustriellen Abtheilung auf der allgemeinen land- und forstwirtschaftlichen Ausstellung, Wien, Hölder, in-8°, XI-175.

[Série de monographies régionales, signées par HEINRICH GRAF ATTEMS, J. MURNIK, H. GREIL, H. KORNAUTH, J. TASCHEK, J. KRETSCHMER, M. HOENIG, F. ROSMAËL, WLADIMIR GRAF DZIEDUSZYCKI, C. A. ROMSTORFER.]

1891 499
MAGNER. Die Hausindustrie in den österreichischen Alpenländern. *Zeitschrift des Alpenvereins.*

1891 500
*VON PAYGERT, Dr CORNELIUS. Die sociale und wirtschaftliche Lage der galizischen Schuhmacher. (1stes Kapitel. Die Schuhmacherei als Hausindustrie.) *Staats- und Socialwissenschaftliche Forschungen,* I, 1, 14-61. Leipzig, Duncker und Humblot.

1891 501
SCHWIEDLAND, Dr EUGEN. Die Wiener Perlmutterindustrie und ihre Krisis. Ein Vortrag, in-8°. Wien.

1892 502
*SCHWIEDLAND, Dr EUGEN. Die Entstehung der Hausindustrie mit Rücksicht auf Oesterreich. *Zeitschrift für Volkswirtschaft, Sozialpolitik und Verwaltung.* I, 146-170

1892 503
*SCHWIEDLAND, Dr EUGEN. Eine alte Wiener Hausindustrie. *Zeitschrift für Volkswirtschaft, Sozialpolitik und Verwaltung.* I, 485-501.

[Bonneterie.]

1893 504
*ELKAN, Dr EUGEN. [Analyse de l'ouvrage : « Die sociale und wirtschaftliche Lage der galizischen Schuhmacher », par le Dr Cornelius von Paygert. Leipzig, 1891.] *Zeitschrift für Volkswirtschaft, Sozialpolitik und Verwaltung.* II, 473-483.

1893 505
BUJATTI, F. Die Geschichte der Seidenindustrie Oesterreichs. Wien, in-8°, 170.

1893 506

*Stenographisches Protokoll der Gewerbe-Enquête im österreichischen abgeordneten Hause sammt geschichtlicher Einleitung und Anhang. Zusammengestellt von den Referenten Dr A. Ebenhoch und E. Pernerstorfer. Wien, Hof- und Staatsdruckerei, in-8°, x-1204.

[Voir la table v° *Hausarbeiter*, etc.]

1894 507

*Schwiedland, Dr Eugen. Kleingewerbe und Hausindustrie in Oesterreich. Beiträge zur Kenntniss ihrer Entwickelung und ihrer Existenzbedingungen. 2 Teile, gr. in-8°. Leipzig, Duncker und Humblot. I, x-229; II, vi-450.

[Le tome II renferme la monographie : « Die Wiener Muscheldrechsler ».]

1894 508

*Statistischer Bericht der Handels- und Gewerbekammern in Bozen und Innsbruck über die gesamten wirtschaftlichen Verhältnisse ihrer Bezirke für das Jahr 1890 beziehungsweise für das Quinquennium 1886-1890 erstattet an das Hohe K. K. Handelsministerium. Verlag der Handels- und Gewerbekammern in Bozen und Innsbruck, in-8°, x-519.

[Die Hausindustrie in Deutsch-Tirol. Die Holzschnitzerei in Gröden. Industrie und gewerbliche Fachschulen in Ampezzo, 276-293.]

1895 509

*Redlich, Dr Josef. Das Arbeitsverhältnis im Wiener Gewerbe nach der Enquête der Gewerkschaften Wiens. *Deutsche Worte*, XV, 449-516.

1895 510

Kleingewerbe und Hausindustrie in Oesterreich. *Deutsche Worte*, XV.

1895 511

*Stenographisches Protokoll der durch die Gewerkschaften Wiens einberufenen gewerblichen Enquête. Abgehalten vom 18. Dezember 1892 bis 12. Jänner 1893. Wien, Ignaz Brand, in-8°, iv-234.

1895 512

*Mataja, Victor. [Analyse de l'ouvrage de Schwiedland : « Kleingewerbe und Hausindustrie in Oesterreich ».] *Zeitschrift für Volkswirtschaft, Socialpolitik und Verwaltung*, IV, 186-189.

1896 513

*Untersuchungen über die Lage des Handwerks in Oesterreich mit besonderer Rücksicht auf seine Konkurrenzfähigkeit gegenüber der Grossindustrie, xxix-690. *Schriften des Vereins für Socialpolitik*, LXXI. Leipzig, Duncker und Humblot, in-8°.

1897 514
*Adler, Heinrich. Erhebungen über die Heimarbeit in Oesterreich. *Soziale Praxis*, VII, nr 11, 271-275.

1897 515
*Bauer, Dr Stephan. Die Heimarbeit und ihre geplante Regelung in Oesterreich. *Archiv für soziale Gesetzgebung und Statistik,* X, 239-271.

1897 516
*Preussler, Robert. Der Notstand in der Glas-Kurzwarenindustrie Nordböhmens. *Soziale Praxis,* VII, nr 48, 1253-1256.

1897 517
*Reumann, Jacob. Die Heimarbeit in Oesterreich. *Wiener Arbeiter Bibliothek,* 3. Wien, Erste Wiener Volksbuchhandlung, in-8°, 56.

[Confection. Tissage. Verrerie. Tressage de la paille. Trucksystem. Apprentissage. Législation.]

1897 518
*Die Arbeits- und Lebensverhältnisse der Wiener Lohnarbeiterinnen. Wien, Ignaz Brand, in-8°, xvi-686.

[L'introduction est signée par M. Hainisch, E. von Philippovich et O. Wittelshöfer. Voir la table aux mots *Heimarbeit, Zwischenmeister,* etc.]

1898 519
*Deutsch, Ignaz. Die Wiener Männerschneiderei. *Die Zukunft,* 22. Januar, nr 17, 172-177.

1898 520
Preussler, R. Die Lage in der Besatzsteinindustrie des Isergebirges. *Soziale Praxis,* VIII, nr 26, 698-700.

1898 521
В. А. Домашняя промышленность въ Австріи. (V. A. Les industries à domicile en Autriche.) Сѣверный Вѣстникъ, nos 10-12.

1899 522
*Engländer, Dr Oskar. Ueber die Hausindustrie in einigen Bezirken des Sudöstlichen Böhmens. *Schriften des Vereins für Socialpolitik*, LXXXVI. Hausindustrie und Heimarbeit in Deutschland und Oesterreich, III, 439-464.

[Tissage du lin, du coton, de la laine, du jute. Broderie. Boissellerie. Cordonnerie.]

1899 523

*Flögl, Alphons. Bericht in Angelegenheit der Webernothstandes in Mähren. Brünn, im Verlage der K. K. märischen Statthalterei, 56.

[Massnahmen, welche zur Besserung der Verhältnisse in der Hausweberei seitens der Behörden bereits durchgeführt wurden, 17-20. Anträge, 44-56. Tissage du lin, du coton, du jute, de la soie. Rubanerie. Passementerie.]

1899 524

Haudeck, J. Hausfleiss- und Hausindustrie im Leitmeritzer Mittelgebirge. *Zeitschrift des Vereins für österreichische Volkskunde*, 145-154.

1899 525

*Kostka, Karl. Die Heimarbeit in der Hohlglasindustrie Nordböhmens. *Schriften des Vereins für Sozialpolitik.* LXXXVI. Hausindustrie und Heimarbeit in Deutschland und Oesterreich. III, 481-550.

1899 526

Romstorfer, K. A. Die holzverarbeitende Hausindustrie in der Bukowina. *Wiener landwirtschaftliche Zeitung*, 607-608.

1899 527

*Seidler, Dr Ernst. Heimarbeit und Hausindustrie in Obersteiermark (Handelskammerbezirk Leoben). *Schriften des Vereins für Sozialpolitik.* LXXXVI. Hausindustrie und Heimarbeit in Deutschland und Oesterreich. III, 403-414.

1899 528

*Wilfling, Dr August. Die Hausindustrie und Heimarbeit auf dem Gebiete der Kamm- und Fächermacherei in Wien. *Schriften des Vereins für Sozialpolitik.* LXXXVI. Hausindustrie und Heimarbeit in Deutschland und Oesterreich. III, 371-402.

1899 529

*Zuckerkandl, Prof.-Dr. Hausindustrie in der Handschuhnäherei in Dobrisch und Umgebung (Böhmen). — Pollatschek, Robert. Das Schuhmachergewerbe in Trebitsch. — Scheu, Dr Gustav. Die Heimarbeit im Wiener Handschuhmachergewerbe. *Schriften des Vereins für Sozialpolitik.* LXXXVI. Hausindustrie und Heimarbeit in Deutschland und Oesterreich. III, 465-480; 355-370; 415-437.

1899 530

*Stenographisches Protokoll der im K. K. arbeitsstatistischen Amte durchgeführten Vernehmung von Auskunftspersonen über die Verhältnisse in der Kleider- und Wäschekonfektion. Wien, Hölder, XXII + 367 + 34. (Veröffentlichung des K. K. Arbeitsstatistischen Amtes im Handelsministerium.)

1900 531
*EBNER, KARL. Die Spielwaarenerzeugung und Holzdrechslerei im Erzgebirge. *Die Heimarbeit in Oesterreich*, 1900, I, 203-207.

1900 532
*EBNER, KARL. Die Spitzenklöpplerei und Posamenten-Erzeugung im Erzgebirge. *Die Heimarbeit in Oesterreich*, 1900, I, 365-370.

1900 533
*EBNER, KARL. Die Heimarbeit bei der Strick- und Wirkwaarenindustrie im Teplitzer und im Tetschener Bezirke. *Die Heimarbeit in Oesterreich*, 1900, I, 329-333.

1900 534
*FEYERFEIL, EDMUND. Die Brillenglasschleiferei in Hammerthal und Seewiesen. *Die Heimarbeit in Oesterreich*, 1900, I, 115.

1900 535
*FEYERFEIL, EDMUND. Die Heimarbeit bei der Herstellung von Rosenkränzen, Emailbildern und Perlen-Rahmen-Specialitäten in Přibram. *Die Heimarbeit in Oesterreich*, 1900, I, 18.

1900 536
*FEYERFEIL, EDMUND. Die Erzeugung van Grabkränzen aus Perlen in Přibram. *Die Heimarbeit in Oesterreich*, 1900, I, 17.

1900 537
*FEYERFEIL, EDMUND. Die Heimarbeit bei der Erzeugung von Kalendern und Gebetbüchern in Winterberg. *Die Heimarbeit in Oesterreich*, 1900, I, 455.

1900 538
*FEYERFEIL, EDMUND, und TOMASCHEK, RUDOLF. Die Heimarbeit bei der Erzeugung von Zündholz-Schachteln aus Holzspahn und Papier im Budweiser Aufsichtsbezirke. *Die Heimarbeit in Oesterreich*, 1900, I, 122-123.

1900 539
*FEYERFEIL, EDMUND. Die Heimarbeit bei der Erzeugung von Zwirnknöpfen im Budweiser Aufsichtsbezirke. *Die Heimarbeit in Oesterreich*, 1900, I, 326-328.

1900 540
*FEYERFEIL, EDMUND. Der Weissstickerei-Heimarbeit in Kassejovitz. *Die Heimarbeit in Oesterreich*, 1900, I, 380.

1900 541
*FEYERFEIL, EDMUND. Die Erzeugung von Klöppel- und Nähspitzen in Sedlitz und Drosau. *Die Heimarbeit in Oesterreich,* 1900. I, 351-352.

1900 542
*FEYERFEIL, EDMUND. Die Erzeugung von Leder- und Tuch-Schuhen im Budweiser Aufsichtsbezirke. *Die Heimarbeit in Oesterreich,* 1900. I, 412-413.

1900 543
*FEYERFEIL, EDMUND. Die Erzeugung von Körben und Wagengeflechten in Oberplan. *Die Heimarbeit in Oesterreich,* 1900. I, 134.

1900 544
*FEYERFEIL, EDMUND, und TOMASCHEK, RUDOLF. Die Erzeugung von Perlmutterknöpfen im Budweiser Aufsichtsbezirke. *Die Heimarbeit in Oesterreich,* 1900. I, 158-161.

1900 545
*FEYERFEIL, EDMUND. Das Federnschleissen in Neuern und Klattau. *Die Heimarbeit in Oesterreich,* 1900. I, 222.

1900 546
*FEYERFEIL, EDMUND. Die Erzeugung von Holzwaaren im Böhmerwalde. *Die Heimarbeit in Oesterreich,* 1900. I, 172-173.

1900 547
*FEYERFEIL, EDMUND. Die Heimarbeit bei der Erzeugung von Männer- und Frauenkleidern im Budweiser Aufsichtsbezirke. *Die Heimarbeit in Oesterreich,* 1900. I, 401-402.

1900 548
*FEYERFEIL, EDMUND. Die Lohnweberei im Budweiser Aufsichtsbezirke. *Die Heimarbeit in Oesterreich,* 1900. I, 313-316.

[Lin, coton, laine, soie, crin, plumes.]

1900 549
*FEYERFEIL, EDMUND. Die Heimarbeit bei der Emballierung von Bonbons in Budweis. *Die Heimarbeit in Oesterreich,* 1900. I, 458.

1900 550
*FEYERFEIL, EDMUND. Uebersicht über die Heimarbeit im Budweiser Aufsichtsbezirke. *Die Heimarbeit in Oesterreich,* 1900. I, 465-471.

1900 551
*FEYERFEIL, EDMUND. Die Heimarbeit bei der Fezfabrikation in Strakonitz. *Die Heimarbeit in Oesterreich.* (Voir nº 633.) I, 446.

1900 552
*FEYERFEIL, EDMUND. Die Heimarbeit bei der Erzeugung von Herrenwäsche in Klattau und Sobĕslau. *Die Heimarbeit in Oesterreich.* (Voir nº 633.) I, 396-397.

1900 553
*FEYERFEIL, EDMUND. Die Heimarbeit bei der Erzeugung von Handschuhen aus Leder im Budweiser Aufsichtsbezirke. *Die Heimarbeit in Oesterreich.* (Voir nº 633.) I, 438-440.

1900 554
*FEYERFEIL, E., und TOMASCHEK, R. Die Maschinenstrickerei im Budweiser Aufsichtsbezirke. *Die Heimarbeit in Oesterreich.* (Voir nº 633.) I, 334-336.

1900 555
*HAUCK, KARL. Die Weberei und deren Hilfsgewerbe in der Rumburger Gegend. *Die Heimarbeit in Oesterreich.* (Voir nº 633.) I, 288-299.
[Toile, coton, rubans.]

1900 556
*HAUCK, KARL. Die Siebmacherei in Schossendorf und Wolfersdorf. *Die Heimarbeit in Oesterreich.* (Voir nº 633.) I, 99-103.

1900 557
*HAUCK KARL. Die Heimarbeit bei der Glasindustrie und deren Nebengewerben im Stein-Schönauer Industriebezirke. *Die Heimarbeit in Oesterreich.* (Voir nº 633.) I, 22-54.

1900 558
*HORČIZA, KARL. Die Stickereiindustrie im Erzgebirge. *Die Heimarbeit in Oesterreich.* (Voir nº 633.) I, 381-385.

1900 559
*HORČIZA, KARL. Die Perlmutherknopf-Erzeugung in Tachau und Graslitz. *Die Heimarbeit in Oesterreich.* (Voir nº 633.) 150-152.

1900 560
*HORČIZA, KARL. Die Kinderspielwaaren-Erzeugung in Graslitz. *Die Heimarbeit in Oesterreich.* (Voir nº 633.) I, 208.

1900 561
*Horčiza, Karl. Die Musikinstrumenten-Erzeugung im Egerlande. *Die Heimarbeit in Oesterreich*, I, 110-114. (N° 633.)

1900 562
*Horčiza, Karl. Die Strick- und Wirkwarenindustrie im Erzgebirge. *Die Heimarbeit in Oesterreich.* (Voir n° 633.) I, 341-345.

1900 563
*Horčiza, Karl. Die Webwarenindustrie im Egerlande. *Die Heimarbeit in Oesterreich.* (Voir n° 633.) I, 280-286.

[Laine, coton, soie.]

1900 564
*Jareš, Josef. Die Heimarbeit bei der Kunstblumenindustrie in der Schluckenauer Gegend. *Die Heimarbeit in Oesterreich.* (Voir n° 633.) I, 450-452.

1900 565
Jareš, Josef. Die Horndrechslerei und Pfeifen-Erzeugung in der Rumburger Gegend. *Die Heimarbeit in Oesterreich.* (Voir n° 633.) I, 162-165.

1900 566
*Jareš, Josef. Die Erzeugung von Möbeln aus gebogenem Holze im Tetschener Aufsichtsbezirke. *Die Heimarbeit in Oesterreich.* (Voir n° 633.) I, 167-169.

1900 567
*Jareš, Josef. Die Sparteriewarenindustrie im Schluckenauer Bezirke. *Die Heimarbeit in Oesterreich.* (Voir n° 633.) 138-142.

1900 568
*Jareš, Josef. Die Heimarbeit bei der Steinnussknopf-Fabrikation im Tetschener Aufsichtsbezirke. *Die Heimarbeit in Oesterreich.* (Voir n° 633.) I, 148-149.

1900 569
*Jareš, Josef. Die Messer- und Stahlwarenindustrie in Nixdorf. *Die Heimarbeit in Oesterreich.* (Voir n° 633.) I, 82-85.

1900 570
*Lauboeck, G. Die holzverarbeitende Hausindustrie Oesterreichs. Wien, Hölder, in-8°, 112. Illust.

1900 571
*Lonsky, H. Die Heimarbeit bei der Tuchweberei in Reichenberg. *Die Heimarbeit in Oesterreich.* (Voir n° 633.) I, 317-318.

1900 572
*LONSKY, H. Die Erzeugung von Putzel-Leinwand in Radowenz. *Die Heimarbeit in Oesterreich.* (Voir n° 633.) I, 287.

1900 573
*MENZEL, A., und ŠANTRŮČEK, J. Die Heimarbeit bei der Schuhwarenindustrie in Münchengrätz. *Die Heimarbeit in Oesterreich.* (Voir n° 633.) I, 414-415.

1900 574
*MENZEL, A., und ŠANTRŮČEK, J. Die Schilfflechterei in Bakov. *Die Heimarbeit in Oesterreich.* (Voir n° 633.) I, 135-137.

1900 575
*MENZEL, A., ŠANTRŮČEK, J., und LONSKY, H. Die Hausweberei im Reichenberger Aufsichtsbezirke. *Die Heimarbeit in Oesterreich.* (Voir n° 633.) I, 300-312.
[Toiles.]

1900 576
*MENZEL, A., und LONSKY, H. Die Bildermalerei in Reichenau bei Gablonz. *Die Heimarbeit in Oesterreich.* (Voir n° 633.) I, 459-464.

1900 577
*MENZEL, ALOIS. Die Fackelgarnspinnerei in Radowenz (Trautenau). *Die Heimarbeit in Oesterreich.* (Voir n° 633.) I, 229-230.

1900 578
*MENZEL, A., und LONSKY, H. Die Holzindustrie im Wittigthale (Isergebirge). *Die Heimarbeit in Oesterreich.* (Voir n° 633.) I, 174-182.

1900 579
*MENZEL, A., und ŠANTRŮČEK. J. Die Edelstein-Schleiferei in den politischen Bezirken Turnau und Semil. *Die Heimarbeit in Oesterreich.* (Voir n° 633.) I, 1-7.

1900 580
*MENZEL, A., und ŠANTRŮČEK, J. Die Heimarbeit bei den Gablonzer Artikeln. *Die Heimarbeit in Oesterreich.* (Voir n° 633.) I, 55-81.
[Verrerie et verroterie.]

1900 581
*MENZEL, A., und LONSKY, H. Die Erzeugung von Wetzsteinen im Trautenauer Bezirke. *Die Heimarbeit in Oesterreich.* (Voir n° 633.) I, 14-16.

1900 582
*MENZEL, A., und LONSKY, H. Die Strickwaren-Erzeugung in Reichenberg. *Die Heimarbeit in Oesterreich.* (Voir n° 633.) I, 337-338.

1900 583
*MENZEL, A., und ŠANTRŮČEK, J. Die Erzeugung von Herren- und Damenkleidern in Reichenberg. *Die Heimarbeit in Oesterreich.* (Voir n° 633.) I, 398-400.

1900 584
*MENZEL, A., und ŠANTRŮČEK, J. Die Erzeugung von Tuchschuhen in Reichenberg. *Die Heimarbeit in Oesterreich.* (Voir n° 633.) I, 416-418.

1900 585
*MENZEL, A., und LONSKY, H. Die Heimarbeit bei der Handschuherzeugung in Reichenberg. *Die Heimarbeit in Oesterreich.* (Voir n° 633.) I, 441-442.

1900 586
*MENZEL, A., und LONSKY, H. Die Papiersack-Kleberei in den Bezirken Hohenelbe und Trautenau. *Die Heimarbeit in Oesterreich.* (Voir n° 633.) I, 453-454.

1900 587
*SUDA, ANTON. Die Heimarbeit in der Wäscheindustrie in Prag und seinen Vororten. *Die Heimarbeit in Oesterreich.* (Voir n° 633.) I, 391-393.

1900 588
*SUDA, ANTON. Die Heimarbeit bei der Lederhandschuhindustrie in Prag und Umgebung. *Die Heimarbeit in Oesterreich.* (Voir n° 633.) I, 424-427.

1900 589
*SWOBODA, ALFRED. Die Heimarbeit bei der Prager Sonnen- und Regenschirmindustrie. *Die Heimarbeit in Oesterreich.* (Voir n° 633.) I, 443-445.

1900 590
*SWOBODA, ALFRED. Die Heimarbeit bei der Miedernäherei in Prag. *Die Heimarbeit in Oesterreich.* (Voir n° 633.) I, 419-421.

1900 591
*SWOBODA, ALFRED. Die Besenbinderei in Černolice bei Mníšek. *Die Heimarbeit in Oesterreich.* (Voir n° 633.) 143.

1900 592
*SWOBODA, ALFRED. Die Erzeugung von Granatschmuck in Prag. *Die Heimarbeit in Oesterreich.* (Voir n° 633.) I, 11-13.

1900 593
*SWOBODA, ALFRED. Die Korbflechterei in der Umgebung von Melnik und Königsaal. *Die Heimarbeit in Oesterreich.* (Voir nº 633.) I, 128-133.

1900 594
*SWOBODA, ALFRED. Die Korbflechterei in der Umgebung von Pürglitz. *Die Heimarbeit in Oesterreich.* (Voir nº 633.) I, 124-127.

1900 595
*SWOBODA, ALFRED. Die Heimarbeit bei der Cravatten-Erzeugung in Prag. *Die Heimarbeit in Oesterreich.* (Voir nº 633.) I, 422-423.

1900 596
*VON TAYENTHAL, M. Die Gablonzer Industrie und die Produktivgenossenschaft für Hohlperlenerzeuger. *Wiener staatswissenschaftliche Studien,* II, 2, I-IV, 241-330.

1900 597
*THYLL, ALFRED. Die Heimarbeit bei der Garnierung und Staffierung fabriksmässig hergestellter Filzhüte in Prag. *Die Heimarbeit in Oesterreich.* (Voir nº 633.) I, 447-449.

1900 598
*THYLL, ALFRED. Die Spielpuppen-Erzeugung in Prag und seinen Vorstädten. *Die Heimarbeit in Oesterreich.* (Voir nº 633.) I, 209-212.

1900 599
*THYLL, ALFRED. Die Kettenschmiederei am Weissen Berge. *Die Heimarbeit in Oesterreich.* (Voir nº 633.) I, 91-96.

1900 600
*THYLL, ALFRED. Die Holzindustrie im Gerichtsbezirke Neu-Straschitz. *Die Heimarbeit in Oesterreich.* (Voir nº 633.) I, 188-194.

1900 601
*THYLL, ALFRED. Die Besen-Erzeugung im Gerichtsbezirke Neu-Straschitz. *Die Heimarbeit in Oesterreich.* (Voir nº 633.) 144-145.

1900 602
*TOMASCHEK, RUDOLF. Die Erzeugung eiserner Nägel im Budweiser Bezirke. *Die Heimarbeit in Oesterreich.* (Voir nº 633.) I, 88-90.

1900 603
*TOMASCHEK, RUDOLF. Die Granatschleiferei in Světla. *Die Heimarbeit in Oesterreich.* (Voir nº 633.) I, 8-10.

1900 604
*TRAPP, K., und VOREL, F. Die Hausweberei in Königgrätzer Aufsichtsbezirke. *Die Heimarbeit in Oesterreich*. (Voir n° 633.) I, 231-279.

[Toile, coton, etc.]

1900 605
*TRAPP, KARL. Die Bürstenbinderei in Gabel. *Die Heimarbeit in Oesterreich*. (Voir n° 633.) I, 223-228.

1900 606
*TRAPP, KARL. Die Erzeugung von Holzschnitzwaaren, dann von Thierköpfen aus Papiermasse im Königgrätzer Aufsichtsbezirke. *Die Heimarbeit in Oesterreich*. (Voir n° 633.) I, 195-202.

1900 607
*TRAPP, KARL. Die Perlmutter-Drechslerei im Königgrätzer Aufsichtsbezirke. *Die Heimarbeit in Oesterreich*. (Voir n° 633.) 153-157.

1900 608
*TRAPP, KARL. Die Erzeugung von Geld- und Tabak-Beuteln in Hohenbruck. *Die Heimarbeit in Oesterreich*. (Voir n° 633.) I, 215-217.

1900 609
*TRAPP, KARL. Die Glasperlen-Erzeugung im Königgrätzer Bezirke. *Die Heimarbeit in Oesterreich*. (Voir n° 633.) I, 19-21.

1900 610
*TRAPP, K., und VOREL, F. Die Erzeugung von Zwirn- und Leinen-Knöpfen im Adlergebirge. *Die Heimarbeit in Oesterreich*. (Voir n° 633.) I, 319-325.

1900 611
*TRAPP, KARL. Die Erzeugung von Strick- und Wirkwaaren in Chlumetz und Reichenau. *Die Heimarbeit in Oesterreich*. (Voir n° 633.) I, 346-350.

1900 612
*TRAPP, KARL. Die Spitzenklöpplerei in Wamberg und Umgebung. *Die Heimarbeit in Oesterreich*. (Voir n° 633.) I, 361-364.

1900 613
*TRAPP, KARL. Die Handstickerei in den Bezirken von Chrudim und Pardubitz. *Die Heimarbeit in Oesterreich*. (Voir n° 633.) I, 386-390.

1900 614
*VELIŠEK, JOSEF. Die Erzeugung von Holzschachteln in den Bezirken Taus und Bischofteinitz. *Die Heimarbeit in Oesterreich*. (Voir nº 633.) I, 119-121.

1900 615
*VOREL, FRANZ. Die Cigarrenspitzen-Erzeugung im Chrudimer Bezirke. *Die Heimarbeit in Oesterreich*. (Voir nº 633.) 146-147.

1900 616
*VOREL, FRANZ. Die Heimarbeit bei der Sattlerei im Chrudimer Bezirke. *Die Heimarbeit in Oesterreich*. (Voir nº 633.) I, 213-214.

1900 617
*VOREL, FRANZ. Die Holzwaaren-Erzeugung im Chrudimer Bezirke. *Die Heimarbeit in Oesterreich*. (Voir nº 633.) I. 170-171.

1900 618
*VOREL, FRANZ. Die Heimarbeit bei der Haarverarbeitung in den Bezirken Chotěboř und Chrudim. *Die Heimarbeit in Oesterreich*. (Voir nº 633.) I, 218-221.

1900 619
*VOREL, FRANZ. Die Feilenhauerei im Chrudimer Bezirke. *Die Heimarbeit in Oesterreich*. (Voir nº 633.) I, 86-87.

1900 620
*VOREL, FRANZ. Die Drahtweberei im Chrudimer Bezirke. *Die Heimarbeit in Oesterreich*. (Voir nº 633.) I, 97-98.

1900 621
*VOREL, FRANZ. Die Holzspahn-Schachtel-Erzeugung im Bezirke Senftenberg. *Die Heimarbeit in Oesterreich*. (Voir nº 633.) I, 116-118.

1900 622
*VOREL, FRANZ. Das Stricken von Kinderleibchen und Kinderhäubchen in Kohljanowitz. *Die Heimarbeit in Oesterreich*. (Voir nº 633.) I, 339 340.

1900 623
*VOREL, FRANZ. Die Schuhwaaren-Hausindustrie im Königgrätzer Aufsichtsbezirke. *Die Heimarbeit in Oesterreich*. (Voir nº 633.) I, 403-411.

1900 624
*VOREL, FRANZ. Die Heimarbeit bei der Erzeugung von Frauenwäsche und Frauenkleidern in Prag. *Die Heimarbeit in Oesterreich.* (Voir nº 633.) 394-395.

1900 625
*WENDER, H., und VELIŠEK, J. Die Heimarbeit bei der Holzwaaren-Erzeugung im Tachauer Bezirke. *Die Heimarbeit in Oesterreich.* (Voir nº 633.) I, 183-187.

1900 626
*WENDER, HEINRICH. Die Heimarbeit bei der Gewehr-Bestandtheile-Erzeugung in Weipert. *Die Heimarbeit in Oesterreich.* (Voir nº 633.) I, 104-109.

1900 627
*WENDER, HEINRICH. Die Oblatenbäckerei in Karlsbad. *Die Heimarbeit in Oesterreich.* (Voir nº 633.) I, 456-457.

1900 628
*WENDER, H., HORČIKA, K., und VELIŠEK, J. Die Spitzenklöpplerei im Erzgebirge und im Böhmerwalde. *Die Heimarbeit in Oesterreich.* (Voir nº 633.) I, 353-360.

1900 629
*WENDER, HEINRICH. Die Gorlnäherei im Erzgebirge. *Die Heimarbeit in Oesterreich.* (Voir nº 633.) I, 371-379.

1900 630
*WENDER, HEINRICH. Die Heimarbeit bei der Handschuhindustrie im Erzgebirge. *Die Heimarbeit in Oesterreich.* (Voir nº 633.) I, 428-437.

1900 631
*WINTER, Dr FRITZ. Die Heimarbeit in der Oesterreichischen Konfektionsindustrie. *Archiv für soziale Gesetzgebung und Statistik,* 725-739.

1900 632
Verhältnisse in der österreichischen Kleider- und Wäschekonfektion. *Die Gewerkschaft.* Neue Folge, I, 649-653; 709-714; 788-791.

1900 633
*Bericht der K. K. Gewerbe-Inspectoren über die Heimarbeit in Oesterreich. Herausgegeben vom K. K. Handelsministerium. Wien, A. Hölder, in-8°. I, xv-471; II (1901), xii-380; III (1901), xiii-367. Illustr.

1901 634
*ADAM, KARL. Die Herstellung von Gartenstühlen aus Buchenholz in Tarnawa. *Die Heimarbeit in Oesterreich.* (Voir n° 633.) II, 232-233.

1901 635
*ADAM, KARL. Die Erzeugung von ordinärem Schuhwerk in Podgórze. *Die Heimarbeit in Oesterreich.* (Voir n° 633.) II, 338.

1901 636
*ADAM, KARL. Die Spitzen-Köpplerei in Zakopane und Umgebung, sowie an anderen Orten im Westen von Galizien. *Die Heimarbeit in Oesterreich.* (Voir n° 633.) II, 314-316.

1901 637
*ADAM, KARL. Die Hausweberei im Westen von Galizien. *Die Heimarbeit in Oesterreich.* (Voir n° 633.) II, 286-291.

1901 638
*ADAM, KARL. Die Holzschnitzerei in Zakopane. *Die Heimarbeit in Oesterreich.* (Voir n° 633.) II, 212.

1901 639
*ASTOLFI, EDGAR. Die Heimarbeit bei der Holzgefäss-Erzeugung in Tirol. *Die Heimarbeit in Oesterreich.* (Voir n° 633.) III, 182-186.

1901 640
*ASTOLFI, EDGAR. Die Eisennägelindustrie in Molina di Ledro. *Die Heimarbeit in Oesterreich.* (Voir n° 633.) III, 170-173.

1901 641
*ASTOLFI, EDGAR. Die Heimarbeit in Tyrol und Vorarlberg. Algemeines. *Die Heimarbeit in Oesterreich.* (Voir n° 633.) III, 167-169.

1901 642
*ASTOLFI, EDGAR. Die Bandweberei im Fleimsthale. *Die Heimarbeit in Oesterreich.* (Voir n° 633.) III, 211.

1901 643
*ASTOLFI, EDGAR. Das Spitzenklöppeln in Tirol. *Die Heimarbeit in Oesterreich.* (Voir n° 633.) III : *A.* Allgemeines, 214; *B.* In Predazzo, 214; *C.* In Prettau, 216; *D.* In Luserna, 217; *E.* In Tione, 218; *F.* In Primiero, 218.

1901 644
*ASTOLFI, EDGAR. Die Spielwaarenindustrie im Grödner Thale. *Die Heimarbeit in Oesterreich.* (Voir n° 633.) III, 198-201.

1901 645
*ASTOLFI, EDGAR. Die Bildschnitzerei und Fassmalerei in Gröden. *Die Heimarbeit in Oesterreich.* (Voir n° 633.) III, 202-206.

1901 646
*ASTOLFI, EDGAR. Die Heimspinnerei und Hausweberei in Südtirol. *Die Heimarbeit in Oesterreich.* (Voir n° 633.) III, 207-210.

1901 647
*ASTOLFI, EDGAR. Die Spielzeug-Schnitzerei im Fassathale. *Die Heimarbeit in Oesterreich.* (Voir n° 633.) III, 194-197.

1901 648
*ASTOLFI, EDGAR. Die Strohflechterei in Canale San Bovo. *Die Heimarbeit in Oesterreich.* (Voir n° 633.) III, 190.

1901 649
*ASTOLFI, EDGAR. Die Korbflechterei in Wälschtirol. *Die Heimarbeit in Oesterreich.* (Voir n° 633.) III. *A.* Im politischen Bezirke Cavalese, 188; *B.* In Lavorone und Umgebung (Rovereto), 189.

1901 650
*ASTOLFI, EDGAR. Die Holzschuh-Erzeugung in Tesero und Umgebung. *Die Heimarbeit in Oesterreich* (Voir n° 633.) III, 181.

1901 651
*ASTOLFI, EDGAR. Die Erzeugung von Holzrechen in Berni. *Die Heimarbeit in Oesterreich.* (Voir n° 633.) III, 180.

1901 652
*ASTOLFI, EDGAR. Die Besenstiel-Erzeugung in Tesero und Umgebung. *Die Heimarbeit in Oesterreich.* (Voir n° 633.) III, 178-179.

1901 653
*ASTOLFI, EDGAR. Die Sessel-Erzeugung in Miss und Sagron. *Die Heimarbeit in Oesterreich.* (Voir n° 633.) III, 177.

1901 654
*ASTOLFI, EDGAR. Die Werkzeug-Industrie in Cimego und Umgebung. *Die Heimarbeit in Oesterreich.* (Voir n° 633.) III, 174-176.

1901 655
*Beran, Dr Alfred, und Liehm, Rudolf. Die Heimarbeit bei der Handschuhindustrie in West-Schlesien. *Die Heimarbeit in Oesterreich.* (Voir nº 633.) II, 186-190.

1901 656
*Beran, Dr Alfred, Liehm, Rudolf, und Glockner, Karl. Die Haus- oder Lohnweberei in Schlesien. *Die Heimarbeit in Oesterreich.* (Voir nº 633.) II, 169-180.

1901 657
*Beran, Dr Alfred, Liehm, Rudolf, und Glockner, Karl. Die Wirk- und Strickwaaren-Erzeugung in West-Schlesien. *Die Heimarbeit in Oesterreich.* (Voir nº 633.) II, 181-183.

1901 658
*Beran, Dr Alfred, und Liehm, Rudolf. Die Stickerei und Häklerei für die Frauen-Volkstracht in Ost-Schlesien. *Die Heimarbeit in Oesterreich.* (Voir nº 633.) II, 184.

1901 659
*Beran, Dr Alfred. Die Heimarbeit in Schlesien. Allgemeines. *Die Heimarbeit in Oesterreich.* (Voir nº 633.) II, 163-164.

1901 660
*Beran, Alfred. Die Heimarbeit bei der Metall-Knopf-Erzeugung in Wagstadt. *Die Heimarbeit in Oesterreich.* (Voir nº 633.) II, 165.

1901 661
*Beran, Alfred, und Liehm, Rudolf. Die Heimarbeit bei der Erzeugung von Möbeln aus gebogenem Holze in Ost-Schlesien. *Die Heimarbeit in Oesterreich.* (Voir nº 633.) II, 166-167.

1901 662
*Brun, Ferdinand. Die Heimweberei in den Bezirken Waidhofen und Zwettl. *Die Heimarbeit in Oesterreich.* (Voir nº 633.) III, 59-62.

1901 663
*Brun, Ferdinand. Die Schindel-Erzeugung im südlichen Waldirertel. *Die Heimarbeit in Oesterreich.* (Voir nº 633.) III, 31.

1901 664
*BRUN, FERDINAND. Die Heimarbeit bei der Muschelknopf-Drechslerei in der Umgebung von Wien und im Hollabrunner Bezirke. *Die Heimarbeit in Oesterreich.* (Voir n° 633.) III, 35-37.

1901 665
*BRUN, FERDINAND. Die Heimarbeit bei der Bekleidungsindustrie im Kornenburger Bezirke. *Die Heimarbeit in Oesterreich.* (Voir n° 633.) III, 76-77.

1901 666
*BRUN, FERDINAND. Die Heimarbeit bei der Schuhwaaren-Erzeugung in Mödling. *Die Heimarbeit in Oesterreich.* (Voir n° 633.) III, 78-79.

1901 667
*BRUN, FERDINAND. Die Heimarbeit bei der Stickereiindustrie in Heidenreichstein und Umgebung. *Die Heimarbeit in Oesterreich.* (Voir n° 633.) III, 71-72.

1901 668
*BRUN, FERDINAND. Die Heimarbeit bei der Geldtäschchen-Erzeugung im Litschauer Bezirke. *Die Heimarbeit in Oesterreich.* (Voir n° 633.) III, 39.

1901 669
*BRUN, FERDINAND. Die Korb- und Rohrflecht-Heimarbeit in Zwettl und Umgebung. *Die Heimarbeit in Oesterreich.* (Voir n° 633.) III, 32-33.

1901 670
*BRUN, FERDINAND. Allgemeines über die Heimarbeit im II Aufsichtsbezirke. *Die Heimarbeit in Oesterreich.* (Voir n° 633 ) III, 4-5.

1901 671
*COGLIEVINA, DOMENICO. Die Heimarbeit im Oesterreichisch-Illyrischen Küstenlande und in Dalmatien. *Die Heimarbeit in Oesterreich.* (Voir n° 633.) III, 349.

1901 672
*COGLIEVINA, DOMENICO. Die Heimarbeit bei der Holzwaarenindustrie in Salcano bei Görz. *Die Heimarbeit in Oesterreich.* (Voir n° 633.) III, 353.

1901 673
*COGLIEVINA, DOMENICO. Die Heimarbeit beim Handel mit Kaffee und Droguen in Triest. *Die Heimarbeit in Oesterreich.* (Voir n° 633.) III, 365-366.

1901 674
*COGLIEVINA, DOMENICO. Die Heimarbeit bei der Brot-Erzeugung im Küstenlande. *Die Heimarbeit in Oesterreich.* (Voir nº 633.) III, 363.

1901 675
*COGLIEVINA, DOMENICO. Die Heimarbeit bei der Bekleidungsindustrie im Küstenlande und in Dalmatien. *Die Heimarbeit in Oesterreich.* (Voir nº 633.) III, 360.

1901 676
*COGLIEVINA, DOMENICO. Die Heimarbeit bei der Textilindustrie im Küstenlande. *Die Heimarbeit in Oesterreich.* (Voir nº 633.) III, 359.

1901 677
*COGLIEVINA, DOMENICO. Die Heimarbeit bei der Seidenindustrie im Friaulischen *Die Heimarbeit in Oesterreich.* (Voir nº 633.) III, 356-358.

1901 678
*COGLIEVINA, DOMENICO. Die Flechtarbeit bei der Glaswaarenindustrie in der Gegend von Zara. *Die Heimarbeit in Oesterreich.* (Voir nº 633.) III, 355.

1901 679
*COGLIEVINA, DOMENICO. Die Korbflechterei im Isonzothale. *Die Heimarbeit in Oesterreich.* (Voir nº 633.) III, 354.

1901 680
*CZERWENY, JOSEF, und VYBÍRAL, JOHANN. Die Heimarbeit bei der Schuhwaaren-Erzeugung im Brünner Aufsichtsbezirke. *Die Heimarbeit in Oesterreich.* (Voir nº 633.) II, 144-148.

1901 681
*CZERWENY, JOSEF, und VYBÍRAL, JOHANN. Die Heimarbeit bei der Erzeugung von Männerkleidern in Brünn. *Die Heimarbeit in Oesterreich.* (Voir nº 633.) II, 134-143.

1901 682
*CZERWENY, JOSEF. Die Heimarbeit bei der Seidenweberei in Brünner Aufsichtsbezirke. *Die Heimarbeit in Oesterreich.* (Voir nº 633.) II, 47-49.

1901 683
*CZERWENY, J. Die Heimarbeit bei der Baumwollweberei in und bei Mährisch-Trübau. *Die Heimarbeit in Oesterreich.* (Voir nº 633.) II, 83-86.

1901 684
*CZERWENY, JOSEF. Die Korbflechterei-Heimarbeit in Gaya. *Die Heimarbeit in Oesterreich.* (Voir n° 633.) II, 19-22.

1901 685
*CZERWENY, JOSEF. Die Rohrsessel-Flechterei in Koritschan. *Die Heimarbeit in Oesterreich.* (Voir n° 633.) II, 15-16.

1901 686
*DOBERSBERGER, LEOPOLD. Die Heimarbeit bei der Waffen-Industrie in Ferlach. *Die Heimarbeit in Oesterreich.* (Voir n° 633.) III, 229-234.

1901 687
*DOBERSBERGER, LEOPOLD. Die Heimarbeit in Kärnten. Schlussbetrachtung. *Die Heimarbeit in Oesterreich.* (Voir n° 633.) III, 249.

1901 688
*DOBERSBERGER, LEOPOLD. Die Zockel-(Holzschuh)Macher in Kärnten. *Die Heimarbeit in Oesterreich.* (Voir n° 633.) III, 247-248.

1901 689
*DOBERSBERGER, LEOPOLD. Die Heimarbeit bei der Bekleidungsindustrie in Kärnten. *Die Heimarbeit in Oesterreich.* (Voir n° 633.) III, 244-246.

1901 690
*DOBERSBERGER, LEOPOLD. Die Stickerei-Hausindustrie im Bleiberger Thale. *Die Heimarbeit in Oesterreich.* (Voir n° 633) III, 241-243.

1901 691
*DOBERSBERGER, LEOPOLD. Die Heimarbeit bei der Korbflechterei im Jaunthale, Drauthale und Gailthale. *Die Heimarbeit in Oesterreich.* (Voir n° 633.) III, 238-240.

1901 692
*DOBERSBERGER, LEOPOLD. Die Heimarbeit bei der Holzindustrie in Kärnten. *Die Heimarbeit in Oesterreich.* (Voir n° 633.) III : *A.* Die Erzeugung von Garten- und Feldergeräthen, 235; *B.* Die Holzschnitzerei in Bleiberg, 235; *C.* Die Holzdrechslerei in Malborghet, 236-237.

1901 693
*FLECHNER, RUDOLF. Die Sitzgezellen-Heimarbeit bei der Kleiderconfection in Linz. *Die Heimarbeit in Oesterreich.* (Voir n° 633.) III, 163-164.

1901 694
*Jehle, Ludwig. Die Heimarbeit bei der Wiener Drechsler-Industrie. *Die Heimarbeit in Oesterreich*. (Voir nº 633.) III, 21-30.

1901 695
*Jehle, Ludwig. Die Heimarbeit bei den Wiener Uhrmachern. *Die Heimarbeit in Oesterreich*. (Voir nº 633.) III, 12-14.

1901 696
*Jehle, Ludwig. Die Hausarbeit bei der Wiener Bettwaaren-Erzeugung. *Die Heimarbeit in Oesterreich*. (Voir nº 633.) III, 73-75.

1901 697
*Jehle, Ludwig. Die Heimarbeit bei der Wiener Handschuhindustrie. *Die Heimarbeit in Oesterreich*. (Voir nº 633.) III, 98-103.

1901 698
*Jehle, Ludwig. Die Heimarbeit bei den Wiener Goldarbeitern. *Die Heimarbeit in Oesterreich*. (Voir nº 633.) III, 8-11.

1901 699
*Jehle, Ludwig. Die Heimarbeit bei den graphischen Gewerben in Wien. *Die Heimarbeit in Oesterreich* (Voir nº 633.) III, 135-139.

1901 700
*Jehle, Ludwig. Die Heimarbeit bei der Canditen-Erzeugung in Wien. *Die Heimarbeit in Oesterreich*. (Voir nº 633.) III, 133-134.

1901 701
*Jehle, Ludwig. Die Heimarbeit der Zigarettenhülsen-Erzeugung in Wien. *Die Heimarbeit in Oesterreich*. (Voir nº 633.) III, 130-132.

1901 702
*Jehle, Ludwig. Die Heimarbeit bei der Wiener Buchbinderindustrie. *Die Heimarbeit in Oesterreich*. (Voir nº 633.) III, 127-129.

1901 703
*Karaschia, Josef. Die Heimarbeit bei der Handschuhindustrie im Bezirke Mistelbach. *Die Heimarbeit in Oesterreich*. (Voir nº 633.) III, 104-105.

1901 704
*Karaschia, Josef. Die Heimarbeit bei der Haarnetzindustrie im Bezirke Mistelbach. *Die Heimarbeit in Oesterreich*. (Voir nº 633.) III, 38.

1901 705
*KLEIN, F., und MICKO, G. Die Lohnweberei-Heimarbeit in Mährisch-Rothwasser und Umgebung. *Die Heimarbeit in Oesterreich.* (Voir n° 633.) II, 77-80.

1901 706
*KOTT, AD. Vyšívání prádla ve východních Čechách. (La broderie sur linge dans la Bohême orientale.) *Obzor národnohospodářsky,* 518-521.

1901 707
*KREMER, SIGISMUND, und ADAM, KARL. Die Holzwaaren-Hausindustrie im Krakauer Aufsichtsbezirke. *Die Heimarbeit in Oesterreich.* (Voir n° 633.) II, 215-219.

1901 708
*KREMER, SIGISMUND. Die Besenbinderei in Czerniechow. *Die Heimarbeit in Oesterreich.* (Voir n° 633.) II, 266-267.

1901 709
*KREMER, SIGISMUND. Die Stickerinnen in Maków. *Die Heimarbeit in Oesterreich.* (Voir n° 633.) II, 306-307.

1901 710
*KREMER, SIGISMUND, und ADAM, KARL. Die Korbflecterei-Heimarbeit im Westen von Galizien. *Die Heimarbeit in Oesterreich.* (Voir n° 633.) II, 260-265.

1901 711
*KREMER, SIGISMUND. Die Erzeugung von Strohhüten in Morawica. *Die Heimarbeit in Oesterreich.* (Voir n° 633.) II, 342.

1901 712
*KULKA, MICHAEL. Allgemeines über die Heimarbeit im Polizeirayon von Wien (I Aufsichtsbezirk). *Die Heimarbeit in Oesterreich.* (Voir n° 633.) III, 3.

1901 713
*KULKA, MICHAEL. Die Heimarbeit bei der Schuhwaaren-Erzeugung in Wien. *Die Heimarbeit in Oesterreich.* (Voir n° 633.) III, 80-97.

1901 714
*KULKA, MICHAEL. Die Heimarbeit bei der Mieder-Erzeugung in Wien. *Die Heimarbeit in Oesterreich.* (Voir n° 633.) III, 106-112.

1901 715
*LEONHARDT, ERNST RUDOLF. Die Heimarbeit in Obersteiermark. *Die Heimarbeit in Oesterreich.* (Voir nº 633.) III : *A.* Allgemeines, 256; *B.* Die Korbflechterei und Kunststickerei in Aussee, 258; *C.* Die Anfertigung von Devotionalien in Mariazell, 259.

1901 716
*LEONHARDT, ERNST RUDOLF. Die Hausspinnerei und Hausweberei in Obersteiermark. *Die Heimarbeit in Oesterreich.* (Voir nº 633.) III, 285-287.

1901 717
*LEONHARDT, ERNST RUDOLF. Die Heimarbeit bei der Bekleidungs-Industrie in Obersteiermark. *Die Heimarbeit in Oesterreich.* (Voir nº 633.) III, 294-295.

1901 718
*LEONHARDT, ERNST RUDOLF. Die Heimarbeit der Korbflechterei in Holz in Obersteiermark. *Die Heimarbeit in Oesterreich.* (Voir nº 633.) III, 280.

1901 719
*LEONHARDT, ERNST RUDOLF. Die Heimarbeit bei der Holzwaaren-Industrie in Obersteiermark. (Bezirk der Handels- und Gewerbe-Kammer in Leoben.) *Die Heimarbeit in Oesterreich.* (Voir nº 633.) III, 264-265.

1901 720
*LIEHM, RUDOLF. Die Zwirnhasplerei und Zwirnspulerei in Engelsberg. *Die Heimarbeit in Oesterreich.* (Voir nº 633.) II, 168.

1901 721
*LOEW, Dr EMIL. Die Heimarbeit in Oesterreich. *Sociale Praxis*, X, nr 19, col. 459-462.

1901 722
*MAYSL, ALBERT. Domácký průmysl perletársky na źirovnicku. (L'industrie à domicile de la nacre à Serowitz.) *Obzor Národnohospodářsky*, 8-13.

1901 723
*METELKA, WLADIMIR. Die Holzpfeifen-Erzeugung in Keltsch. *Die Heimarbeit in Oesterreich.* (Voir nº 633.) II, 34-35.

1901 724
*METELKA, WLADIMIR. Die Schilfmatten-Flechterei in Gross-Blattnitz bei Ungarisch-Ostra. *Die Heimarbeit in Oesterreich.* (Voir nº 633.) II, 24-25.

1901 725
*Metelka, Wladimir. Die Heimarbeit bei der Messer-Erzeugung im Bezirke Wallachisch-Meseritsch. *Die Heimarbeit in Oesterreich.* (Voir nº 633.) II, 3-5.

1901 726
*Metelka, Wladimir. Die Heimarbeit bei der Korbflechterei in Morkowitz und Umgebung. *Die Heimarbeit in Oesterreich.* (Voir nº 633.) II, 17-18.

1901 727
*Metelka, Wladimir, und Liehm, Rudolf. Die Heimarbeit bei der Strumpfwaaren-Erzeugung in Ost-Mähren. *Die Heimarbeit in Oesterreich.* (Voir nº 633.) II, 120-122.

1901 728
*Metelka, W., und Liehm, Rudolf. Die Heimarbeit bei der Erzeugung von Möbeln aus gebogenem Holze in Ost-Mähren. *Die Heimarbeit in Oesterreich.* (Voir nº 633.) II, 13-14.

1901 729
*Micko, Gregor. Die Heimarbeit bei der Seidenweberei in Bodenstadt. *Die Heimarbeit in Oesterreich.* (Voir nº 633.) II, 53-54.

1901 730
*Micko, Gregor. Die Huniatuch-Erzeugung in Wallachisch-Klobouk, Boikowitz und Wisowitz. *Die Heimarbeit in Oesterreich.* (Voir nº 633.) II, 62-64.

1901 731
*Micko, Gregor. Die Baumwoll-Hausweberei in Rožnau und Umgebung. *Die Heimarbeit in Oesterreich.* (Voir nº 633.) II, 81-82.

1901 732
*Micko, Gregor. Die Heimarbeit bei der Seidenbandweberei in Hof. *Die Heimarbeit in Oesterreich.* (Voir nº 633.) II, 50-52.

1901 733
*Micko, Gregor. Die Heimarbeit bei den Bürsten-Erzeugung in Karlsdorf und Umgebung. *Die Heimarbeit in Oesterreich.* (Voir nº 633.) II, 36-42.

1901 734
*Micko, Gregor. Die Heimarbeit bei der Holzgeräthe-Erzeugung in Ost-Mähren. *Die Heimarbeit in Oesterreich.* (Voir nº 633.) II, 6-9.

1901 735
*MICKO, GREGOR. Die Tücherstickerei in Olmütz und Prossnitz. *Die Heimarbeit in Oesterreich.* (Voir nº 633.) II, 123-124.

1901 736
*MICKO, GREGOR. Die Heimarbeit bei der Zwirn- und Band-Erzeugung in Karlsdorf und Schönau. *Die Heimarbeit in Oesterreich.* (Voir nº 633.) II, 115-116.

1901 737
*MICKO, GREGOR. Die Heimarbeit bei der Posamenteriewaaren-Erzeugung in Leipnik und Mährisch-Neustadt. *Die Heimarbeit in Oesterreich.* (Voir nº 633.) II, 106-107.

1901 738
*MICKO, GREGOR. Die Patschen-Erzeugung im Olmützer Aufsichtsbezirke. *Die Heimarbeit in Oesterreich.* (Voir nº 633.) II, 152-158.

1901 739
*MUSCHKA, JOHANN. Die Heimarbeit bei der Alpaccaindustrie in Berndorf und Umgebung. *Die Heimarbeit in Oesterreich.* (Voir nº 633.) III, 6-7.

1901 740
*NAWRATIL, ARNULF. Die Heimarbeit bei den Huzulen in Galizien. *Die Heimarbeit in Oesterreich.* (Voir nº 633.) II, 245-249.

1901 741
*NAWRATIL, ARNULF. Die Flecht-Heimarbeit in Pomorzany, Zbaraz und Niemiacz. *Die Heimarbeit in Oesterreich.* (Voir nº 633.) II, 250-251.

1901 742
*NAWRATIL, ARNULF, und Ritter VON SKROCHOWSKI, KASIMIR. Die Böttcherei-Hausindustrie in Galizien. *Die Heimarbeit in Oesterreich.* (Voir nº 633.) II, 239-244.

1901 743
*NAWRATIL, ARNULF. Die Heimarbeit der Strohhut-Flechter in Galizien. *Die Heimarbeit in Oesterreich.* (Voir nº 633.) II, 343-344.

1901 744
*NAWRATIL, ARNULF. Die Heimarbeit der Hutmacher in Myślenice. *Die Heimarbeit in Oesterreich.* (Voir nº 633.) II, 339-341.

1901 745
*NAWRATIL, ARNULF, und ADAM, KARL. Die Heimarbeit bei der Schuhobertheil-Erzeugung in Krakau und Podgórze. *Die Heimarbeit in Oesterreich.* (Voir nº 633.) II, 335-337.

1901 746
*NAWRATIL, ARNULF. Die Heimarbeit der Schuhmacher in Galizien. *Die Heimarbeit in Oesterreich.* (Voir nº 633.) II, 326-334.

1901 747
*NAWRATIL, ARNULF. Die Heimarbeit der Schneider in Galizien. *Die Heimarbeit in Oesterreich.* (Voir nº 633.) II, 320-325.

1901 748
*NAWRATIL, ARNULF. Die Wäschenäherinnen und Kleidermacherinnen in Galizien. *Die Heimarbeit in Oesterreich.* (Voir nº 633.) II, 317-319.

1901 749
*NAWRATIL, ARNULF, SMYCZYNSKI, LUDWIG, und Ritter VON SKROCHOWSKI, KASIMIR Die Dachschindel-Erzeugung in Galizien. *Die Heimarbeit in Oesterreich.* (Voir nº 633.) II, 268-270.

1901 750
*NAWRATIL, ARNULF. Die Gerberei-Heimarbeit in Galizien. *Die Heimarbeit in Oesterreich.* (Voir nº 633.) II, 278-280.

1901 751
*NAWRATIL, ARNULF, und Ritter VON SKROCHOWSKI, KASIMIR. Die Heimarbeit der Kilim-Weber im östlichen Galizien. *Die Heimarbeit in Oesterreich.* (Voir nº 633.) II, 292-296.

1901 752
*NAWRATIL, ARNULF, und ADAM, KARL. Die Heimarbeit bei der Tuch-Erzeugung in Biala und Umgebung. *Die Heimarbeit in Oesterreich.* (Voir nº 633.) II, 297-299.

1901 753
*NAWRATIL, ARNULF. Die Heimarbeit der Zeiler in Radymno. *Die Heimarbeit in Oesterreich.* (Voir nº 633.) II, 300-305.

1901 754
*NAWRATIL, ARNULF. Die Stickerei-Heimarbeit in Galizien. *Die Heimarbeit in Oesterreich.* (Voir nº 633.) II, 308-311.

1901 755
*NAWRATIL, ARNULF, SMYCZYŃSKI, LUDWIG, und Ritter VON SKROCHOWSKI, KASIMIR. Die Heimarbeit der Töpfer im Lemberger Aufsichtsbezirke. *Die Heimarbeit in Oesterreich.* (Voir n° 633.) II, 191-201.

1901 756
*NAWRATIL, ARNULF. und ADAM, KARL. Die Töpferei in Alwernia u. Brodła. *Die Heimarbeit in Oesterreich.* (Voir n° 633.) II, 202-204.

1901 757
*NAWRATIL, ARNULF, und ADAM, KARL. Die Hausindustrie der Schmiede in Sułkawice. *Die Heimarbeit in Oesterreich.* (Voir n° 633.) II, 209.

1901 758
*NAWRATIL, ARNULF, und ADAM, KARL. Die Schlosserei-Heimarbeit in Swiątniki und Umgebung. *Die Heimarbeit in Oesterreich.* (Voir n° 633.) II, 209.

1901 759
*NAWRATIL, ARNULF. Die Holz- und Flechtindustrie in Jaworów. *Die Heimarbeit in Oesterreich.* (Voir n° 633.) II, 220-223.

1901 760
*NAWRATIL, ARNULF, und ADAM, KARL. Die Tischlerei in Kalwarya Zebrzydowska und Umgebung. *Die Heimarbeit in Oesterreich.* (Voir n° 633.) II, 224-225.

1901 761
*NAWRATIL, ARNULF. Die Schreiner in Winniki und Weinbergen. *Die Heimarbeit in Oesterreich.* (Voir n° 633.) II, 226-227.

1901 762
*NAWRATIL, ARNULF. und ADAM. KARL. Die Heimarbeit bei der Erzeugung von Möbeln aus gebogenem Holze in Galizien. *Die Heimarbeit in Oesterreich.* (Voir n° 633.) II, 228-231.

1901 763
*NAWRATIL, ARNULF. Die Parkettenmacher in Sądowa Wisznia. *Die Heimarbeit in Oesterreich.* (Voir n° 633.) II. 234-235.

1901 764
*NAWRATIL, ARNULF, ADAM, KARL, und Ritter VON SKROCHOWSKI, KASIMIR. Die Erzeugung von Schiebkarren im Lemberger Aufsichtsbezirke. *Die Heimarbeit in Oesterreich.* (Voir n° 633.) II, 236-239.

1901 765
*NAWRATIL, ARNULF. Die Verarbeitung von Weidenruthen, Pflanzenfasern und Stroh durch Heimarbeiter im Osten von Galizien. *Die Heimarbeit in Oesterreich.* (Voir nº 633.) II, 252-259.

1901 766
*NAWRATIL, ARNULF. Die Heimarbeit bei der galizischen Handschuhindustrie. *Die Heimarbeit in Oesterreich.* (Voir nº 633.) II, 345.

1901 767
*PENGG, JOSEF. Die Heimarbeit bei den Wiener Fächer-Machern. *Die Heimarbeit in Oesterreich.* (Voir nº 633.) III, 43-49.

1901 768
*PENGG, JOSEF. Die Heimarbeit bei der Wiener Strohhut- und Damenhutformen-Erzeugung. *Die Heimarbeit in Oesterreich.* (Voir nº 633.) III, 124-126.

1901 769
*PENGG, JOSEF. Die Heimarbeit bei den Kamm-Machern in Wien. *Die Heimarbeit in Oesterreich.* (Voir nº 633.) III, 34.

1901 770
*PENGG, JOSEF. Die Heimarbeit bei der Wiener Blas- und Streichinstrumenten, sowie bei der Harmonika-Erzeugung. *Die Heimarbeit in Oesterreich.* (Voir nº 633.) III, 15-20.

1901 771
*PENGG, JOSEF. Die Heimarbeit beim Modisten-Gewerbe in Wien. *Die Heimarbeit in Oesterreich.* (Voir nº 633.) III, 113-117.

1901 772
*PENGG, JOSEF. Die Heimarbeit beim Posamentier-Gewerbe in Wien. *Die Heimarbeit in Oesterreich.* (Voir nº 633.) III, 63-70.

1901 773
*POGATSCHNIGG, Dr VALENTIN. Die Heimarbeit bei der Holzwaarenindustrie in Mittel- und Untersteiermark (Bezirk der Handels- und Gewerbekammer in Graz). *Die Heimarbeit in Oesterreich.* (Voir nº 633.) III, 260-263.

1901 774
*POGATSCHNIGG, VALENTIN. Die Schubkarrenmacher von Arndorf und Lotschitz im Saunthale. — Mit 1 Abbildung. *Die Heimarbeit in Oesterreich.* (Voir nº 633.) III, 269-271.

1901 775
*POGATSCHNIGG, VALENTIN. Die Heimarbeit der Korbflechterei in Holz in Mittel- und Untersteiermark. *Die Heimarbeit in Oesterreich.* (Voir 633.) II, 278-279.

1901 776
*POGATSCHNIGG, VALENTIN. Die Strohflechterei (Stroh-Hut-, Stroh-Korb- und Stroh-Matten-Erzeugung) in Steiermark. *Die Heimarbeit in Oesterreich.* (Voir n° 633.) III, 281-283.

1901 777
*POGATSCHNIGG, VALENTIN, und LEONHARDT, ERNST RUDOLF. Die Heimarbeit der Holzschuh-(Zockel-)Macher in Steiermark. *Die Heimarbeit in Oesterreich.* (Voir n° 633.) III, 311.

1901 778
*POGATSCHNIGG, Dr VALENTIN, und TAUSS, HANS. Die Heimarbeit der Leinwand- und Loden-Weberei in Mittel- und Untersteiermark. *Die Heimarbeit in Oesterreich.* (Voir n° 633.) III, 288-292.

1901 779
*POGATSCHNIGG, Dr VALENTIN. Die Heimarbeit der Schürzen-Erzeugung im Dorfe Bojance. *Die Heimarbeit in Oesterreich.* (Voir n° 633.) III, 343.

1901 780
*POGATSCHNIGG, Dr VALENTIN. Die Schuhwaaren-Hausindustrie in Krain. *Die Heimarbeit in Oesterreich.* (Voir n° 633.) III, 344-345.

1901 781
*POGATSCHNIGG, Dr VALENTIN. Die Stickerei-Hausindustrie in Krain. *Die Heimarbeit in Oesterreich.* (Voir n° 633.) III, 339.

1901 782
*POGATSCHNIGG, Dr VALENTIN. Die hausindustrielle Verarbeitung der Gespinstfaser im Lande Krain. *Die Heimarbeit in Oesterreich.* (Voir n° 633.) III, 337-338.

1901 783
*POGATSCHNIGG, Dr VALENTIN. Die Heimarbeit bei der Bürsten- und Pinsel-Erzeugung in Krain. *Die Heimarbeit in Oesterreich.* (Voir n° 633.) III, 336.

1901 784

*POGATSCHNIGG, Dr VALENTIN. Die Heimarbeit bei der Rosshaar-Industrie (Siebflechterei) in der Gegend von Krainburg. (2 Abbildungen.) *Die Heimarbeit in Oesterreich.* (Voir n° 633.) III, 333-335.

1901 785

*POGATSCHNIGG, Dr VALENTIN. Die Korbflechterei in Wurzehr und Ruthen im Wippachthale, im Wocheimer Thale und anderwärts in Krain. *Die Heimarbeit in Oesterreich.* (Voir n° 633.) III, 332.

1901 786

*POGATSCHNIGG, Dr VALENTIN. Die Erzeugung hölzener Tabakspfeifen im Wocheimer und Moräntscher Thale. *Die Heimarbeit in Oesterreich.* (Voir n° 633.) III, 327-328.

1901 787

*POGATSCHNIGG, VALENTIN. Die Heimarbeit bei der Erzeugung geschmiedeter Nägel auf dem Idrianer Boden und in der Krainburger Ebene. *Die Heimarbeit in Oesterreich.* (Voir n° 633.) III, 320-322.

1901 788

*POGATSCHNIGG und TAUSS, HANS. Die Krainer Thonwaaren-Hausindustrie. *Die Heimarbeit in Oesterreich.* (Voir n° 633.) III, 317-319.

1901 789

*POGATSCHNIGG, VALENTIN. Die Harmonika-Erzeugung im Saunthale. *Die Heimarbeit in Oesterreich.* (Voir n° 633.) III, 254.

1901 790

*Ritter VON SKROCHOWSKI, KASIMIR. Die Heimarbeit der Steinmetze zu Brusno Stare. *Die Heimarbeit in Oesterreich.* (Voir n° 633.) II, 205-208.

1901 791

*Ritter VON SKROCHOWSKI, KASIMIR. Die Heimarbeit der Pfeifen-Erzeuger in Stara Sól und Brzozów. *Die Heimarbeit in Oesterreich.* (Voir n° 633.) II, 271-273.

1901

*Ritter VON SKROCHOWSKI, KASIMIR. Die Heimarbeit der Kamm-Macher in Brzozów. *Die Heimarbeit in Oesterreich.* (Voir n° 633.) II, 276-277.

1901 793

*RZIHA, ERNST, und ASTOLFI, EDGAR. Die Stickerei-Heimarbeit in Vorarlberg. *Die Heimarbeit in Oesterreich.* (Voir n° 633.) III, 220-226.

1901 794
*RZIHA, ERNST, und ASTOLFI, EDGAR. Die Wollstrickerei im Paznaunthale. *Die Heimarbeit in Oesterreich.* (Voir nº 633.) III, 212-213.

1901 795
*RZIHA, ERNST, und ASTOLFI, EDGAR. Die Pfeifenspitzen-Erzeugung in Ehrwald. *Die Heimarbeit in Oesterreich.* (Voir nº 633.) III, 193.

1901 796
*RZIHA, ERNST, und ASTOLFI, EDGAR. Die Rosenkranz-Kettlerei in den Gemeinden Mieming und Rietz. *Die Heimarbeit in Oesterreich.* (Voir nº 633.) III, 191-192.

1901 797
*SAK, WENZEL. Die Korbflechterei-Heimarbeit in der Bezirken Olmütz und Prerau. *Die Heimarbeit in Oesterreich.* (Voir nº 633.) II, 23.

1901 798
*SAK, WENZEL. Die Heimarbeit bei der Strohflechterei im Konitzer Bezirke. *Die Heimarbeit in Oesterreich.* (Voir nº 633.) II, 26-29.

1901 799
*SMYCZYŃSKI, LUDWIG. Die Heimarbeit bei der Silberborten-Erzeugung in Sasów. *Die Heimarbeit in Oesterreich.* (Voir nº 633.) II, 312-313.

1901 800
*SMYCZYŃSKI, LUDWIG. Die Heimarbeit bei der Cigarettenhülsen-Erzeugung in Lemberg. *Die Heimarbeit in Oesterreich.* (Voir nº 633 ) II, 346.

1901 801
*SMYCZYŃSKI, LUDWIG. Die Erzeugung von Federkiel-Mundstücken in Brody. *Die Heimarbeit in Oesterreich.* (Voir nº 633.) III, 274-275.

1901 802
STRONER, L. Die heutige Lage der Hausindustrie in Galizien. *Mittheilungen des Mährischen Gewerbemuseums in Brünn,* 81-88, 93-94.

1901 803
*POGATSCHNIGG, Dr VALENTIN. Die Strohflechterei in den Bezirken Krainburg und Stein (mit 1 Abbildung). *Die Heimarbeit in Oesterreich.* (Voir nº 633.) 329-331.

1901 804
*SWOBODA, ALFRED. Die Heimarbeit bei der Wiener Federnschmückerei. *Die Heimarbeit in Oesterreich.* (Voir nº 633.) III, 40-42.

1901 805
*SWOBODA. ALFRED. Die Heimarbeit bei die Wiener Schafwollweberei. *Die Heimarbeit in Oesterreich.* (Voir nº 633.) III, 50-58.

1901 806
*SWOBODA, ALFRED. Die Heimarbeit bei der Kunstblumen-Erzeugung. *Die Heimarbeit in Oesterreich.* (Voir nº 633.) III, 118-123.

1901 807
*TAUSS, HANS. Die Heimarbeit im Deckenmachergewerbe zu Graz. *Die Heimarbeit in Oesterreich.* (Voir nº 633.) III, 293.

1901 808
*TAUSS, HANS. Die Holzwaaren-Hausindustrie in den Bezirken Gottschee, Reifnitz und Gross Laschitz (mit 6 Abbildungen). *Die Heimarbeit in Oesterreich.* (Voir nº 633.) III, 323-326.

1901 809
*TAUSS, HANS. Die hausindustriemässige Fleischhauerei der Speharen in Krain. *Die Heimarbeit in Oesterreich.* (Voir nº 633.) III, 346-348.

1901 810
*TAUSS, HANS. Die Spitzenklöpplerei in den Bezirken Loitsch, Krainburg und Stein. *Die Heimarbeit in Oesterreich.* (Voir nº 633.) III, 340-342.

1901 811
*TAUSS, HANS. Die Heimarbeit bei der Bekleidungsindustrie in Laibach. *Die Heimarbeit in Oesterreich.* (Voir nº 633.) III, 343.

1901 812
*TAUSS, HANS. Die Heimarbeit bei der Metallindustrie in der Landeshauptstadt Graz. *Die Heimarbeit in Oesterreich.* (Voir nº 633.) III, 253.

1901 813
*TAUSS, HANS. Die Schaffelmacher im Gerichtsbezirke Friedberg und anderwärts in Mittel- und Untersteiermark. *Die Heimarbeit in Oesterreich.* (Voir nº 633.) III, 266-267.

1901 814
*TAUSS, HANS. Die Verlagsarbeit im Grazer Tischlergewerbe. *Die Heimarbeit in Oesterreich.* (Voir nº 633.) III, 268.

1901 815
*TAUSS, HANS. Die Heimarbeit bei der Sessel-Erzeugung im steirischen Unterlande. *Die Heimarbeit in Oesterreich.* (Voir nº 633.) III, 272-273.

1901 816
*TAUSS, HANS. Die Heimarbeit der Besenbinderei und Besenstiel-Erzeugung in Steiermark. *Die Heimarbeit in Oesterreich.* (Voir nº 633.) III, 276-277.

1901 817
*TAUSS, HANS. Die Heimarbeit bei der Leder-Confection in Graz. *Die Heimarbeit in Oesterreich.* (Voir nº 633.) III, 284.

1901 818
*TAUSS, HANS. Die Heimarbeit bei den Burstenmachern in Graz. *Die Heimarbeit in Oesterreich.* (Voir nº 633.) III, 284.

1901 819
*TAUSS, HANS. Die Verlagsarbeit bei den Grazer-Tapezieren. *Die Heimarbeit in Oesterreich.* (Voir nº 633.) III, 293.

1901 820
*TAUSS, HANS. Das Sitzgesellenwesen bei den Bekleidungs-Gewerben in der Stadt Marburg a. d. Drau : *A.* Im Schneidergewerbe : *B.* Im Schuhmachergewerbe. *Die Heimarbeit in Oesterreich.* (Voir nº 633.) III, 296.

1901 821
*TAUSS, HANS. Die Heimarbeit bei der Bekleidungs- und Putzuwaren-Industrie in Graz. *Die Heimarbeit in Oesterreich.* (Voir nº 633.) III : *A.* Bei der Wäsche-Confection, 297; *B.* Beim Schneidergewerbe, 300; *C.* Bei den Schuhmachern, 307; *D.* Bei der Handschuh-Erzeugung, 309; *E.* Bei der Stickerei, 309; *F.* Bei der Sonnen- und Regenschirm-Industrie, 310.

1901 822
*TAUSS, HANS. Die hausindustriemässige Fleischhauerei der Speharen im Draufelde. *Die Heimarbeit in Oesterreich.* (Voir nº 633.) III, 312.

1901 823
*TAUSS, HANS. Die Heimarbeit der Gräbkränzebinderei zu Allerseelen in Graz. *Die Heimarbeit in Oesterreich.* (Voir nº 633.) III, 313.

1901 824
*TAUSS, HANS. Die Erzeugung von Kinderspielsachen in Graz. *Die Heimarbeit in Oesterreich.* (Voir nº 633.) III, 313.

1901 825
*THYLL, ALFRED. Bunt- und Schwarzstickerei für die Volkstracht. Netzerei. *Die Heimarbeit in Oesterreich.* (Voir nº 633.) II, 373.

1901 826
*THYLL, ALFRED. Die Heimarbeit bei den Bekleidungs-Gewerben. *Die Heimarbeit in Oesterreich.* (Voir n° 633.) II, 374-375.

1901 827
*THYLL, ALFRED. Die Erzeugung von Strohhüten, Kopfputz und Lederschuhen. *Die Heimarbeit in Oesterreich.* (Voir n° 633.) II, 376-377.

1901 828
*THYLL, ALFRED. Die Brotbäckerei als Hausindustrie. *Die Heimarbeit in Oesterreich.* (Voir n° 633.) II, 380.

1901 829
*THYLL, ALFRED. Die Spinnerei und Hausweberei in Leinen, Tuch, Loden und Teppichen. *Die Heimarbeit in Oesterreich.* (Voir n° 633.) II, 366-372.

1901 830
*THYLL, ALFRED. Die Heimarbeit in Leder, Häuten, Borsten, Haaren, Federn u. dgl. *Die Heimarbeit in Oesterreich.* (Voir n° 633.) II, 365.

1901 831
*THYLL, ALFRED. Die Herstellung von Geflechten aus Weiden, Haselruthen, Schilf, Stroh und Bast. *Die Heimarbeit in Oesterreich.* (Voir n° 633.) II, 362-364.

1901 832
*THYLL, ALFRED. Die Erzeugung hölzerner Haus- und Wirthschaftsgeräthe (mit 8 Abbildungen). *Die Heimarbeit in Oesterreich.* (Voir n° 633.) II, 358-361.

1901 833
*THYLL, ALFRED. Die Heimarbeit bei der Metallverarbeitung. *Die Heimarbeit in Oesterreich.* (Voir n° 633.) II, 357.

1901 834
*THYLL, ALFRED. Die Heimarbeit bei der Herstellung von Maschinen, Instrumenten und Transportmitteln. *Die Heimarbeit in Oesterreich.* (Voir n° 633.) II, 356.

1901 835
*THYLL, ALFRED. Ziegelbrennerei. *Die Heimarbeit in Oesterreich.* (Voir n° 633.) II, 356.

1901 836
*THYLL, ALFRED. Die Heimarbeit in Alabaster. *Die Heimarbeit in Oesterreich.* (Voir nº 633.) II, 356.

1901 837
*THYLL, ALFRED. Die Erzeugung von Töpferwaaren. *Die Heimarbeit in Oesterreich.* (Voir nº 633.) II, 354-355.

1901 838
*THYLL, ALFRED. Die Herstellung von Steinmetz- und Bildhauerarbeiten. *Die Heimarbeit in Oesterreich.* (Voir nº 633.) II, 352-353.

1901 839
*THYLL, ALFRED. Die Heimarbeit in der Bukowina. Allgemeines. *Die Heimarbeit in Oesterreich.* (Voir nº 633.) II, 349-351.

1901 840
*THYLL, ALFRED. Die Anfertigung von Speise-Öl. *Die Heimarbeit in Oesterreich.* (Voir nº 633.) II, 378-379.

1901 841
*TUSAR, WLADIMIR. Die Heimarbeit bei der Strickwaaren-Erzeugung in Zlabings. *Die Heimarbeit in Oesterreich.* (Voir nº 633.) II, 117-119.

1901 842
*TUSOR, WLADIMIR. Die Heimarbeit bei der Seiden- und Baumwollweberei in Zlabings. *Die Heimarbeit in Oesterreich.* (Voir nº 633.) II, 55-61.

1901 843
*TUSAR, WLADIMIR. Die Haarnetz-Flechterei im politischen Bezirke Nikolsburg. *Die Heimarbeit in Oesterreich.* (Voir nº 633.) II, 43-46.

1901 844
*TUSAR, WLADIMIR. Die Heimarbeit bei der Erzeugung von Perlmutterknöpfen im südwestlichen Mähren. *Die Heimarbeit in Oesterreich.* (Voir nº 633.) II, 30-33.

1901 845
*VELIŠEK, JOSEF. Die Heimweberei in den Bezirken Mährisch-Schönberg, Römerstadt, Sternberg, Littau und Prossnitz. *Die Heimarbeit in Oesterreich.* (Voir nº 633.) II, 87-105.

1901 846
*VELIŠEK, JOSEF. Die Heimarbeit bei der Lederschuh-Erzeugung in Prossnitz. *Die Heimarbeit in Oesterreich.* (Voir nº 633.) II, 149-151.

1901 847
*VELIŠEK, JOSEF, und MICKO, GREGOR. Die Heimarbeit bei der Erzeugung von Kleidern und Wäsche in Prossnitz und Holleschau. *Die Heimarbeit in Oesterreich*. (Voir nº 633.) II, 128-133.

1901 848
*VELIŠEK, JOSEF. Die Erzeugung von Holzdraht und Holzspahn-Schachteln in Bärn. *Die Heimarbeit in Oesterreich*. (Voir nº 633.) II, 10-12.

1901 849
*VELIŠEK, JOSEF. Die Zwirnknopf-Erzeugung im nordwestlichen Mähren. *Die Heimarbeit in Oesterreich*. (Voir nº 633.) II, 108-114.

1901 850
*VELIŠEK, JOSEF. Die Erzeugung von Pflanzendraht und die Miedernäherei in Bärn. *Die Heimarbeit in Oesterreich*. (Voir nº 633.) II, 159-162.

1901 851
*VON VITTORELLI, Dr HEINRICH. Die Kleineisenindustrie in Steyr und Kirchdorf. *Die Heimarbeit in Oesterreich*. (Voir nº 633.) III, 150-152.

1901 852
*VON VITTORELLI, Dr HEINRICH. Die Maultrommel-Macher in Molln an der Steyr. *Die Heimarbeit in Oesterreich*. (Voir nº 633.) III, 153-154.

1901 853
*VON VITTORELLI, Dr HEINRICH, und FLECHNER, RUDOLF. Die Heimarbeit bei der Industrie in Holz, Dreh- und Schnitzwaaren (mit 2 Abbildungen). *Die Heimarbeit in Oesterreich*. (Voir nº 633.) III, 155-157.

1901 854
*VON VITTORELLI, Dr HEINRICH, und FLECHNER, RUDOLF. Die Heimweberei in oberen Mühlireitel. *Die Heimarbeit in Oesterreich*. (Voir nº 633.) III, 160-162.

1901 855
*VON VITTORELLI, Dr HEINRICH. Die Heimarbeit der Zündholzschachtel-Erzeugung in Schärding. *Die Heimarbeit in Oesterreich*. (Voir nº 633.) III, 159.

1901 856
*VON VITTORELLI, Dr HEINRICH. Die Heimarbeit in Oberösterreich und Salzburg. *Die Heimarbeit in Oesterreich*. (Voir nº 633.) III. Allgemeines, 143; *A*. Selbständig für den Markt produzierende Hausindustrie, 144; *B*. Nicht direct für den Markt produzierende Heimarbeitszweige, 144; *C*. Stand der Technik, 145-149.

1901 857
*Vybíral, J. Die Heimarbeit bei der Brünner Wollwaarenweberei. *Die Heimarbeit in Oesterreich.* (Voir nº 633.) II, 76.

1901 858
*Vybíral, Johann. Die Heimarbeit bei der Wäsche-Erzeugung in Brünn. *Die Heimarbeit in Oesterreich.* (Voir nº 633.) II, 125-127.

1901 859
Winter, F. Die Heimarbeit in Oesterreich. *Die Wage,* nr 12.

1901 860
Hausgewerbe in Tirol. *Deutsche Alpenzeitung,* nr 4.

1901 861
*Die Wohnungs- und Gesundheitsverhältnisse der Heimarbeiter in der Kleider- und Wäscheconfection in Oesterreich. *Sociale Rundschau,* I, 316-321.

1901 862
*Die Wohnungs- und Gesundheitsverhältnisse der Heimarbeiter in der Kleider- und Wäscheconfection. Wien, Hölder, in-8º, 121.

[Publication de l'Office de statistique du travail au Ministère du Commerce.]

1902 863
Brod, B. Die Heimarbeit in Wien. *Dokumente der Frauen,* 556-561.

1902 864
*Loew, Dr E. Die Heimarbeit in Oesterreich. *Soziale Praxis,* XI, nr 17, 433-434.

1902 865
*Schlesinger-Eckstein, Therese. Die Lage der Buchbindereiarbeiterinnen in Wien. *Die Neue Zeit,* nr 23, 722-728.

1902 866
*Huisarbeid (meerschuim- en barnsteendraaiers te Weenen). *Katholiek sociaal Weekblad,* nº 19, 194.

1903 867
*Lill, Franz. Die Heimarbeit in der Musikinstrumentenindustrie des böhmischen Erzgebirges. *Soziale Praxis,* XII, nr 15, 384-385; nr 19, 505-506.

1903 868
*Zizek. Bibliographie concernant l'industrie rurale à domicile en Autriche. *Le Musée social, Annales,* 344-347.

1903 869
MERUNOWICZ, TEOFIL. O wlaścianskiem przemyśle domowem. (L'industrie rurale à domicile.) *Ekonomista Polski*, 115-127.

1904 870
*ETTINGER, Dr M. Der Streik in der Herrenkleiderkonfektion und seine Lehren für die industrielle und gewerbliche Organisation. Wien, W. Braumüller, in-8°, 54.

1904 871
*ETTINGER, Dr M. Der Streik in der Herrenkleiderkonfektion. *Zeitschrift für Volkswirtschaft, Sozialpolitik und Verwaltung*, XIII, 221-249.

1904 872
*HERZ, H. Die Heimarbeit und der Notstand der Heimarbeiter in der mährischen Textilindustrie. Brünn, Irrgang, in-8°, 75.

1904 873
*VON TAYENTHAL, M. Die Schuhwarenindustrie Oesterreichs. *Soziale Rundschau*, I, 749.

1904 874
*GUSCHLBAUER, FRIEDRICH. Die Heimarbeit in Oesterreich. *Monatsschrift für Christliche Sozialreform*, XXVI, 645-656.

1904 875
*Stenographisches Protokoll der im k. k. Arbeitsstatistischen Amte durchgeführten Vernehmung von Auskunftspersonen über die Verhältnisse im Schuhmachergewerbe. Wien, Hölder, in-8°, XXIV+648+68.

[Publication de l'Office de statistique du travail au Ministère du Commerce.]

1905 876
*Oesterreichische Statistik herausgegeben von der k. k. statistischen Zentralkommission. LXXV. Band. Ergebnisse der gewerblichen Betriebszählung vom 3. Juni 1902. — 1. Heft. Uebersicht für die Gesamtheit der im Reichsrathe vertretenen Königreiche und Ländern. — 2. Heft. Kombinierte Uebersichten für grössere Länderkomplexe. — 3. Heft. Niederösterreich. — 4. Heft. Oberösterreich und Salzburg. — 5. Heft. Steiermark. — 6. Heft. Kärnten und Krain. — 7. Heft. Küstenland und Dalmatien. — 8. Heft. Tirol und Vorarlberg. — 9. Heft. Böhmen. — 10. Heft. Mähren und Schlesien. — 11. Heft. Galizien und Bukowina. Wien, Hof- und Staatsdruckerei, in-4°.

1905 877

*Blau, Josef. Die Spitzenklöppelei in Neuern (Böhmerwald). Aus dem 5. Hefte des X. Jahrganges der « Zeitschrift für österreichische Volkskunde » abgedruckt. Wien, Verlag des Vereines für österreichische Volkskunde, in-8°, 16. IV, Tafeln. Illustr.

1905 878

Dreger, M. Ausstellung für Volkskunde und kunstgewerbliche Hausindustrie. *Oesterreichische Rundschau*, V, 89-92.

1905 879

*Frankl, Franz. Die Holz- und Spielwaren-Hausindustrie im böhmischen Erzgebirge, deren Hebung und Exportförderung. Brüx, J. Hüller, 16.

1905 880

*Lewin, Marie. Die Heimarbeit im österreichischen Schuhmachergewerbe. *Schweizerische Blätter für Wirtschaft und Sozialpolitik*, 13. Jahrg. I, 111-119.

1905 881

*Oesterreichisches Statistisches Handbuch, 1904. Wien, K. K. Statistische Zentral-Kommission, in-4°, 432.

[Voir notamment « Ergebnisse der gewerblichen Betriebszählung vom 3. Juni 1902 », 186, 190, 196.]

1905 882

*Die Verhältnisse im Schuhmachergewerbe. Auf Grund der durchgeführten Vernehmung von Auskunftspersonen herausgegeben vom k. k. Arbeitsstatistischen Amte im Handelsministerium. Wien, Hölder, in-8°, IV+181.

[Publication de l'Office de statistique du travail au Ministère du Commerce.]

1905 883

*Svoboda, Karel. O domácké vyrobě hračkařské, o dymkářském průmyslu a pasířství. (La fabrication à domicile de jouets et bibelots, de pipes et de garnitures (couvercles) de pipes.) *Obzor Narodnohospodařšky*, X, 369-376; 415-420.

1906 884

Schwiedland, E. Die Stickerin. *Oesterreichische Rundschau*, VI, 74. 29 März, 383-386.

1906 885

*K. k. österr. Museum für Kunst und Industrie in Wien. Ausstellung österreichischer Hausindustrie und Volkskunst. November 1905-Februar 1906, in-8°, VI-411.

[Allgemeiner Theil, 1-146. Hausfleiss, Volkskunst und kunstgewerbliche Hausindustrie in Oesterreich, 1-119. Hausindustrielle Weberei, von W. HAMANN, 120-126. Die österreichische Spitzenhausindustrie und die Aktion zu ihrer Hebung, von Dr. FRITZ MINKUS, 127-141. Korbflechterei, von Prof. G. FUNKE, 142-146. La partie générale (1-119) comprend une série de monographies régionales signées M. HABERLANDT, K. LACHER, G. GOEBEL, J. ŠUBIC, G. HABERMANN, V. TILLE, J. LEISCHING, E.-W. BRAUN, E. KOLBENHEYER. La préface est signée A. VON SCALA.]

1906 886

*Die Wohnungs- und Gesundheitsverhältnisse der Schuhmacher. Wien, Hölder, in-8°, IV + 182.

[Publication de l'Office de statistique du travail au Ministère du Commerce.]

1906 887

*Die Verhältnisse in der Kleider- und Wäschekonfektion. Auf Grund der durchgeführten Vernehmung von Auskunftspersonen herausgegeben von k. k. Arbeitsstatistischen Amte im Handelsministerium. Wien, Hölder, in-8°, 102.

[Publication de l'Office de statistique du travail au Ministère du Commerce.]

1906 888

KVERKA, K. Výroba sklen. perel v severo-východních Čechách. (Fabrication des perles en verre dans la Bohême N.-E.) *Naše Doba,* 10-12.

1907 889

*CRONBACH, ELSE. Die österreichische Spitzenhausindustrie. Ein Beitrag zur Frage der Hausindustriepolitik. Wien und Leipzig, Deuticke, in-8°, VI-211.

[Chap. I à VII : Distribution et histoire de l'industrie dentellière. Débouchés. Commerce international. Salaires et conditions du travail. — Chap. VII à IX : Les écoles dentellières et la question de l'enseignement professionnel.]

1907 890

*FREUNDLICH, LEO. Die Leinenhausweberei in Nordmähren. *Die Neue Zeit,* XXV, 1, nr 24, 816-821.

1907 891

*Hausweberei in Oesterreich nach den Daten der Betriebszählung vom 3. Juni 1902. *Soziale Rundschau,* nr 3, 358-374.

1907 892
*LODE, Dr ALOIS, und SCHWIEDLAND, Dr EUGEN. Das böhmische Schleiferland. Eine sanitäts- und wirtschaftspolitische Studie. *Annalen des Gewerbeförderungsdienstes des k. k. Handelsministeriums*, I. 5-6, 377-444.

[Polissage du verre.]

---

## Belgique.

1827 893
VAN DEN BOGAERDE, A.-J.-L. Essai sur l'encouragement et l'extension des tisseranderies de lin dans la Flandre orientale, suivi d'un relevé décennal du nombre de pièces vendues aux marchés de la Flandre orientale. Gand, De Busscher et fils.

[Compte rendu dans le *Messager des Sciences et des Arts*, 1827, XXVIII, 59-64, et note de l'auteur sur ce compte rendu dans le même recueil, 98-100.]

1841 894
*Enquête sur l'industrie linière. (Ministère de l'intérieur, direction de l'industrie.) I. Interrogatoires, 845. II. Rapport de la Commission. Explorations à l'étranger, 1057+140.

[Voir la table des matières des Interrogatoires aux mots : *Fileuses, Tisserands. etc.* Dans le rapport, il y a un chapitre consacré au « Sort des ouvriers », 393-416.]

1848 895
*Enquête sur la condition des classes ouvrières et sur le travail des enfants. Rapport de la commission instituée par arrêté royal du 7 septembre 1843. Bruxelles, 3 vol. in-8°.

[Dentellières, cloutiers, tisserands. Voir la table du tome Ier.]

1850 896
*DUCPÉTIAUX, ED. Mémoire sur le paupérisme dans les Flandres. Bruxelles, Hayez, in-8°, XVII-332.

1860 897
VAN DER DUSSEN, BENOIT. L'industrie dentellière belge. Résumé historique, fabrication, statistique et nomenclature des communes dans lesquelles se trouvent des écoles dentellières. Bruxelles, veuve Parent et fils, VI+108.

1863 898
VAN HOLSBEEK. L'industrie dentellière en Belgique. Étude sur la condition physique et morale des ouvrières en dentelles. Bruxelles, Gerstmann, in-8°, 186.

1886 899
*DEGREEF, GUILLAUME. L'ouvrière dentellière en Belgique. Bruxelles, imprimerie Maheu, in-32, 127.

1887 900
*Commission du travail instituée par arrêté royal du 15 avril 1886. Bruxelles, Lesigne, 1887-1888, 4 vol. in-4°.

[Industries à domicile : *passim*. Voir notamment vol. II. Procès-verbaux des séances d'enquête.]

1892 901
*GÉNART, CHARLES. Coutelier de la fabrique collective de Gembloux (province de Namur, Belgique).

[*Les ouvriers des deux mondes*. (Voir n° 4.) 2e série, III, 413-460.]

1892 902
*VAN DEN STEEN DE JEHAY, le comte F. Tisserand de la fabrique collective de Gand (Flandre orientale, Belgique).

[*Les ouvriers des deux mondes*. (Voir n° 4.) 2e série, III, 173-212.]

1893 903
*Éléments d'enquête sur le rôle de la femme dans l'industrie, les œuvres, les arts et les sciences en Belgique. Bruxelles, Lesigne, in-8°, 426.

[Bonneterie. Dentelles. Tulle. Passementerie. Ganterie. Lingerie, etc.]

1895 904
*JULIN, ARMAND. L'industrie armurière liégeoise, ses origines historiques et son organisation technique. *La Réforme sociale,* II, 599-609.

1896 905
*SWAINE, A. Die Heimarbeit in der Gewehrindustrie von Lüttich und dessen Umgebung. Eine Skizze. *Jahrbücher für Nationalökonomie und Statistik,* 3. Folge, XII, 176-221.

1898 906
*CARLIER, ANTOINE. La Belgique dentellière. Bruxelles, Société belge de librairie, 118. Illustr.

1899 907
*MAYER, Dr GUSTAV. Eine Enquête über die Hausindustrie in Belgien. *Soziale Praxis*, IX, nr 13, 321-322.

1899 908
*ANSIAUX, MAURICE. L'industrie armurière liégeoise. *Les industries à domicile en Belgique*. (Voir n° 914.) I, 195. Illustr.

1899 909
*DUBOIS, E. Les industries à domicile en Belgique. *Revue sociale catholique*, IV, 47-53.

1899 910
*GILLÈS DE PÉLICHY, TH. Cordonnier d'Iseghem (Flandre occidentale, Belgique).
[*Les ouvriers des deux mondes*. (Voir n° 4.) 2e série, V, 137-188.]

1899 911
*GÉNART, CHARLES. L'industrie coutelière de Gembloux (province de Namur). Les industries à domicile en Belgique. (Voir n° 914.) I, 277-362.

1899 912
*JULIN, ARMAND. Ouvrier garnisseur de canons de fusils de la fabrique collective d'armes à feu de Liége (Liége, Belgique).
[*Les ouvriers des deux mondes*. (Voir n° 4.) 2e série, V, 1-72.]

1899 913
*TARDIEU, EUGÈNE. L'industrie du vêtement pour hommes à Bruxelles et dans l'agglomération bruxelloise. *Les industries à domicile en Belgique*. (Voir n° 914.) I, 197-276.

1899 914
*Office du Travail (Ministère de l'industrie et du travail de Belgique). Les industries à domicile en Belgique. I. ANSIAUX, MAURICE. L'industrie armurière liégeoise. TARDIEU, EUGÈNE. L'industrie du vêtement pour hommes à Bruxelles. GÉNART, CHARLES. L'industrie coutelière de Gembloux, in 8°, XX-362. II. DUBOIS, ERNEST. L'industrie du tissage du lin dans les Flandres. ANSIAUX, MAURICE. L'industrie du tressage de la paille dans la vallée du Geer. Baron CH. GILLÈS DE PÉLICHY. L'industrie de la cordonnerie en pays flamand (1900). III. GÉNART, CHARLES. L'industrie cloutière en pays wallon. BEATSE, GEORGES L'industrie de la ganterie (provinces de Brabant et de Flandre orientale) (1900). IV-V. VERHAEGEN, PIERRE. La dentelle et la broderie sur tulle. I et II (1902). VI. GÉNART, CHARLES. Les industries de la confection de vêtements pour hommes et de la cordonnerie à Binche. THONNAR, ALBERT. L'industrie du tissage de la laine

dans le pays de Verviers et dans le Brabant wallon. BEATSE, GEORGES. L'industrie du tissage du coton en Flandre et dans le Brabant (1904). VII. DUBOIS, ERNEST. L'industrie de la bonneterie. DOUXCHAMPS, LÉON. L'industrie de la cordonnerie à Herve (1905). VIII. BEATSE, GEORGES. L'industrie du meuble à Malines. VERMAUT, ROBERT. La broderie sur linge et l'industrie du col, du corset, de la cravate et de la chemise. GÉNART, CHARLES. L'industrie du vêtement confectionné pour femmes à Bruxelles. DE ZUTTERE, CHARLES. L'industrie de la corderie (1907). Bruxelles, Office de publicité et Société belge de librairie.

[Ces monographies ont été répertoriées séparément dans la présente bibliographie. Doivent encore paraître dans cette série : Vol IX. 1. VERMAUT, R. L'industrie de la lingerie. 2. Les salaires dans l'industrie de la confection de vêtements pour hommes. Vol. X. Composition des familles ouvrières comprenant des ouvriers à domicile.]

1900 915

*Recensement général des industries et des métiers (31 octobre 1896). Dénombrement A. Répartition par commune des industries et des métiers. I. Anvers, Brabant, Flandre occidentale, Flandre orientale, in-4°. II. Hainaut, Liége. Limbourg, Luxembourg, Namur, in-4°. III. Répertoires des volumes I et II. IV. Répartition des entreprises d'après le mode d'exploitation (1901), in-4°. V. Répartition des entreprises d'après le nombre des ouvriers, in-4°. VI. Répartition des entreprises et des ouvriers d'après la date de fondation et d'après le nombre de mois d'activité par année (1901), in-4°, 480. VII. Répartition des ouvriers d'après le sexe, l'âge et le moment de l'occupation. Répartition des entreprises d'après le sexe et l'âge des ouvriers 1901), in-4°. VIII. Répartition des entreprises et des ouvriers d'après la durée du travail (1901), in-4°. IX. Répartition du personnel ouvrier d'après le taux des salaires dans les industries des mines, des carrières et des métaux (1901), in-4°. X. Répartition du personnel ouvrier d'après le taux des salaires dans les industries des métaux (fin), les industries céramiques et verrières (1901), in-4°. XI. Répartition du personnel ouvrier d'après le taux des salaires dans les industries chimiques et les industries alimentaires (1901), in-4°. XII. Répartition du personnel ouvrier d'après le taux des salaires dans les industries textiles et les industries du vêtement (1901), in-4°. XIII. Répartition du personnel ouvrier d'après le taux des salaires dans les industries de la construction du bois et de l'ameublement et des peaux et cuirs (1901), in-4°. XIV. Répartition du personnel ouvrier d'après le taux des salaires dans les industries du tabac, du papier et des livres, les industries d'art et de précision, les industries spéciales et les industries des transports (1901), in-4°. XV. Répartition des ouvriers d'après le mode de calcul des salaires. Répartition des entreprises d'après l'emploi des moteurs (1901), in-4°. XVI. Répartition des ouvriers travaillant au siège des entreprises d'après le sexe, l'âge et l'état civil. Autres renseignements sur les ouvriers et les familles ouvrières (1901), in-4°. XVII. Répartition des ouvriers travaillant au siège des entreprises d'après le sexe, l'âge et l'état civil (fin). Autres renseignements sur les ouvriers et les familles ouvrières (1901), in-4°. XVIII. Exposé général des méthodes et des résultats. Répertoires des volumes IV à XVII (1902), in-4°, 440 et 106. Bruxelles, Lesigne.

[Voir notamment les tomes XVII (cadres XIV-2, XVI-2) et XVIII.]

1900 916

*DIETRICH, Dr BERNHARD. Die Spitzenindustrie (industrie des tulles et des dentelles) in Belgien und Frankreich. Zu Ende des XIX. Jahrhunderts. Leipzig, Duncker und Humblot, in-8°, VI-98. Planches.

[Extrait de *Jahrbuch für Gesetzgebung, Verwaltung und Volkswirtschaft im deutschen Reiche*, XXIII, 3, et XXIV, 1.]

1900 917

*MAYER, Dr GUSTAV. Die Enquête über die Hausindustrie in Belgien. *Soziale Praxis*, IX, nr 48, 1242-1243.

1900 918

*JOHNSON-BROWNE, E.-F. On lace making in Belgium. *The catholic World*. July. 443-459.

1900 919

*ANSIAUX, MAURICE. L'industrie du tressage de la paille dans la vallée du Geer. *Les industries à domicile en Belgique*. (Voir n° 914.) II, 82.

1900 920

*BEATSE, GEORGES, L'industrie de la ganterie (provinces de Brabant et de Flandre orientale). *Les industries à domicile en Belgique*. (Voir n° 914.) III, 157.

1900 921

*DUBOIS, ERNEST. L'industrie du tissage du lin dans les Flandres. *Les industries à domicile en Belgique*. (Voir n° 914.) II, 225. Illustr.

1900 922

*GÉNART, CHARLES. L'industrie cloutière en pays wallon. *Les industries à domicile en Belgique*. (Voir n° 914.) III, 138. Illustr.

1900 923

*GILLÈS DE PÉLICHY (Bon CHARLES). L'industrie de la cordonnerie en pays flamand. *Les industries à domicile en Belgique*. (Voir n° 914.) II, 156. Illustr.

1900 924
*Julin, Armand. Le recensement général des industries et des métiers en Belgique, 31 octobre 1896. IV. Les industries à domicile en Belgique. *La Réforme sociale*. II, 512-530.

1900 925
*Chambre syndicale des fabricants d'armes de Saint-Étienne. Rapport de la délégation à Liége. Broch. 43, Saint-Étienne.

1900 926
*Een Belgische huisindustrie (De Spijkerindustrie). *Sociaal Weekblad*, n° 52, 613-615.

1900 927
*Anderson. Om hemslöjden i Belgien. (Les industries à domicile en Belgique.) *Ekonomisk Tidsskrift*, 529-541.

1901 928
*Waxweiler, Dr Emile. Klein- und Grossindustrie in Belgien. *Soziale Praxis*. XI, nr 11. 273-277.

1901 929
*Dryden, Alice. The lace of Flanders. *The Pall Mall Magazine*. January, nr 93, 91-100. Illustr.

1901 930
*Carlier, Antoine. Les crises dentellières en Belgique. *Le Musée social*, 407-415.

1901 931
*Julin, Armand. Le travail des femmes belges dans la grande et la petite industrie. La condition économique de la femme dans l'industrie à domicile. *La Réforme sociale*, II, 392-395.

1901 932
*Waxweiler, Émile. Les industries à domicile. *Avenir social*, VI, 233-239.

1902 933
*Vandervelde, Émile. Die ländliche Hausindustrie in Belgien. *Socialistische Monatshefte*, II, 490-501.

1902 934
*Carlier, A. Les valenciennes. Bruxelles, O. Schepens et Cie, 66. Illustr.
[I. Historique. II. La dernière ouvrière de valenciennes. III. Les valenciennes dieppoises. IV. État actuel de l'industrie des valenciennes. Moyens à mettre en œuvre pour la maintenir et la relever. V. Procédés d'exécution et description technique.]

1902 935

*Verhaegen, Pierre. La dentelle et la broderie sur tulle. *Les industries à domicile en Belgique.* (Voir n° 914.) IV et V, 315 et 281. Illustr.

1902 936

*Verhaegen, Pierre. L'industrie dentellière en Belgique. *La Réforme sociale,* I, 833-854 et 916-934.

1903 937

Black, Clementine. The lace industry. *The Monthly Review.* April, 92-110. Illustr.

[L'industrie dentellière en Belgique.]

1903 938

*De Winne, Aug. Door arm Vlaanderen. Gent, Samenwerkende Volksdrukkerij, in-8°, 368.

[Même ouvrage en français, *A travers les Flandres,* Gand, 1902. — De touwslagers van Hamme. De wevers van Zele, van Kortrijk. De kantnijverheid, etc.]

1903 939

Воронцовъ, В. П. Домашняя промышленность Бельгіи. См. „ Отчеты и Изслѣдованія... „ 1892, VII. (Vorontsoff, V.-P. L'industrie à domicile en Belgique. Voir « Rapports et Études » 1892, VII.)

1904 940

*Ansiaux, Maurice. Que faut-il faire de nos industries à domicile? Bruxelles, Misch et Thron, in-8°, 130.

[Institut Solvay de Sociologie. Actualités sociales, n° 2.]

1904 941

*Beatse, Georges. L'industrie du tissage du coton en Flandre et dans le Brabant. *Les industries à domicile en Belgique.* (Voir n° 914.) VI, 117.

1904 942

*Génart, Charles. Les industries de la confection du vêtement pour hommes et de la cordonnerie à Binche. *Les industries à domicile en Belgique.* (Voir n° 914.) VI, 298. Illustr.

1904 943

*Génart, Ch. Cordonnier de la fabrique collective de Binche (province de Hainaut, Belgique).

[*Les ouvriers des deux mondes.* (Voir n° 4.) 3e sér., II, 1-38.]

1904 944
*THONNAR, ALBERT. L'industrie du tissage de la laine dans le pays de Verviers et dans le Brabant wallon. *Les industries à domicile en Belgique.* (Voir n° 914.) VI, 180. Illustr.

1904 945
*VERHAEGEN, PIERRE. L'industrie de la dentelle au pays de Namur et Dinant. Fédération archéologique et historique de Belgique, XVII^e session. Congrès de Dinant, Compte rendu, II, 909-918. Namur, Wesmaël-Charlier.

1905 946
*DOUXCHAMPS, LÉON. L'industrie de la cordonnerie à Herve. *Les industries à domicile en Belgique.* (Voir n° 914.) VII, 92. Illustr.

1905 947
*DUBOIS, ERNEST. L'industrie de la bonneterie. *Les industries à domicile en Belgique.* (Voir n° 914.) VII, 174.

1905 948
*JULIN, ARMAND. La production décentralisée en Belgique. Les facteurs économiques et sociaux de son évolution. *La Réforme sociale.* I, 687-703 et 759-783.

[Existe aussi en brochure distincte.]

1906 949
*GIVSKOV, ERIK. Home industry and peasant-farming in Belgium. *The Contemporary Review,* n° 489, September, 388-407; n° 490, October, 534-539.

[Les industries à domicile et les conditions agraires.]

1906 950
CARLIER DE LANTSHEERE, A. Les dentelles à la main. Dentelles aux fuseaux; dentelles à l'aiguille; dentelles à points mélangés. Bruxelles, Vromant et Cie, s. d., in-4°, 21 feuillets non paginés imprimés au recto et 135 planches accompagnées de légendes et précédées de descriptions détaillées des différents points.

[Publié sous le patronage du Gouvernement belge.]

1906 951
*Royaume de Belgique. Topographie médicale du royaume, élaborée en vertu de l'arrêté royal du 20 juillet 1889 par la Société royale de médecine publique. Zone III ou de la Campine. Liége, Vaillant-Carmanne.

[Tissage à la main, 12. Industrie de la dentelle, 13.]

1907 952
*BEATSE, GEORGES. L'industrie du meuble à Malines. *Les industries à domicile en Belgique.* (Voir nº 914.) VIII, 54. Illustr.

1907 953
*GÉNART, CHARLES. Le vêtement confectionné pour femmes à Bruxelles. *Les industries à domicile en Belgique.* (Voir nº 914.) VIII, 79.

1907 954
*VERMAUT, ROBERT. La broderie sur linge; le col, la cravate et le corset; l'industrie de la chemise. *Les industries à domicile en Belgique.* (Voir nº 914.) VIII, 292. Illustr.

1907 955
*DE ZUTTERE, CHARLES. L'industrie de la corderie. *Les industries à domicile en Belgique.* (Voir nº 914.) VIII, 200. Illustr.

---

## Danemark.

1881 956
URBAN, C. Der Hausfleiss in Dänemark und seine Verpflänzung in die Oberschlesischen Notstandsdistricte. Eine Reise- und Studienskizze. Oppeln, Franck, gr. in-8°.

1887 957
*HANSEN, FALBE og SCHARLING, Dr WILL. Danmarks Statistik. Kjøbenhavn, Gad, in-8°.

[Tome II, *Husfliden.* Le travail à domicile, 504-516.]

1894 958
*SVEISTRUP, POUL. Syersker. Et Bidrag til Belysning af de Københavnske Syerskers Livsvilkaar. (Les couturières. Contribution pour servir à préciser les conditions où vivent les couturières de Copenhague.) København, Gjellerup, in-8°, 143.

1897 959
*SCHRØDER, LUDWIG. Danmarks Hjaelpekilder og Naeringsveje. Anden Raekke. (Ressources et industries du Danemark, 2e série.) Kjøbenhavn, Gad, in-12, VIII-312.

[Travail à domicile, 103-154.]

1898 960

*Rom, N.-C. Den danske Husflid, dens Betydning og dens Tilstand i Fortid og Nutid. (L'industrie domestique danoise, son importance, sa situation autrefois et aujourd'hui.) Kjøbenhavn, N.-C. Rom, in-8°, 422.

1899 961

*Sveistrup, Poul. Københavnske Syerskers og Smaakaarsfamiliers Kostudgifter. (Les ouvrières de l'aiguille à Copenhague et les dépenses d'entretien des familles moins aisées.) *Nationaløkonomisk Tidsskrift*, 577-629.

1899 962

*Danmarks Haandvaerk og Industri ifølge Taellingen den 25. Maj 1897. (Métiers et industries du Danemark selon le recensement du 25 mai 1897.) Publié par le Bureau de statistique de l'État. Copenhague, F. Dreyer, in-4°, 68-214.

1901 963

*Sveistrup, Poul. De Københavnske Syerskers Tilfredshed. (Les ouvrières de l'aiguille à Copenhague sont-elles satisfaites de leur sort?) *Nationaløkonomisk Tidsskrift*, 97-128.

1906 964

*Beretning fra Arbjedsraadet for tiden fra April 1905 til Marts 1906. (Rapport du Conseil du travail pour la période d'avril 1905 à mars 1906.) København, Sørups Bogtrykkeri, in-8°, 84.

[Ce rapport renferme, pp. 79-82, des renseignements statistiques sur l'exposition ouverte à Copenhague en 1906 par l'Association des ouvrières de l'aiguille.]

1906 965

*Danske Syerskers Arbejdsfortjeneste. (Les conditions de travail des couturières danoises.) *Nationaløkonomisk Tidsskrift*, VI, 617-618.

[A propos d'une exposition d'articles d'habillement confectionnés à domicile, tenue à Copenhague en mai 1906.]

1907 966

*Rasmussen, Sara. Tønderske Kniplinger. (Les dentelles de Tondern.) *Tidskrift for Industri*, VIII, n° 2, 28-36.

[Exposé historique.]

# États-Unis d'Amérique.

1884 967
*WRIGHT, CARROLL D. Report on the factory system of the United States. Department of the Interior. Census Office. Washington, Government Printing Office, VI-78. Plans et illustr.

[The factory and the domestic systems of industry contrasted. Apparent evils of the factory system, 17-34.]

1886 968
*Third annual report of the bureau of the statistics of labor for the state of New York, for the year 1885. Part I, Workingwomen, 152-185.

1888 969
*Third biennial report of the Bureau of Labor statistics of the state of California for the years 1887-1888. Sacramento, State Office, 8°.

[Sweaters, 85-91.]

1891 970
Chicago trade and labor assembly. New slavery. Investigation into the sweating system as applied to the manufacturing of wearing apparel. Chicago, Rights of Labor office.

1892 971
BANKS, L. A. White slaves or the oppression of the worthy poor. Boston, Lee.

[Les *sweat-shops* de Boston.]

1892 972
*HERKNER, Prof.-Dr H. Tschechische Cigarrenarbeiter in New-York. *Zeitschrift für Volkswirtschaft, Socialpolitik und Verwaltung,* I, 191-193.

1892 973
LEE, J. The Sweating System. *Charities Review,* December.

1892 974
HICKS, W. L. Tenement House Workers in Boston. *Journal of Social Science,* n° 30.

1892 975
WADLIN, H. G. The Sweating System in Massachusetts. *Journal of Social Science,* n° 30.

1892 976

The Sweating System in Europa and America : I. Sweating in Germany, by J. G. BROOKS. II. The Sweating System in the United Kingdom, by D. F. SCHLOSS. III. Condition of women and children in New York, by Dr ANNA S. DANIEL. IV. The Sweating System in Massachusetts, by H. G. WADLIN. V. Tenement House Workers in Boston, by W. F. HICKS. VI-VII. The Sweating System in general. Legislation, by J. LEE. *Journal of Social Science,* no 30.

1892 977

*Seventh biennial report of the Bureau of Labor Statistics of Illinois. Springfield, Rokker.

[The Sweating System, 355-443.]

1893 978

WALSH, G. E. Immigration and the Sweating System. *Chautauquan Magazine,* November.

1893 979

Report of the committee on manufactures on the Sweating System. (House of Representatives. 52d Congress. 2d Session. Report no 2309.) Washington, Government Printing Office, in-8o, XXIX-269.

1893 980

The Sweating System. *Homiletic Review,* XXV, May.

1894 981

*DANIEL, Mme ANNA-S. Travail des femmes et des enfants à New-York. *Revue d'économie politique,* 623-637.

1894 982

EATON, ISABEL. Receipts and expenditures of certain wage Earners in the garment trades. *Quarterly Publications of the american statistical Association,* IV, no 30.

1894 983

Seventh special Report of the Commission of Labor. The slums of Baltimore, Chicago, New York and Philadelphia. Washington, Government Printing Office, in-8o, 620.

1894 984

*Annual report of the Secretary of internal affairs of the Commonwealth of Pennsylvania. Part III. Industrial statistics, XXI. (1893.) Harrisburg, Busch.

[*B.* The Sweating System in Philadelphia, 61.]

1894 985

Sweating System (The) in 1893. *Journal of Social Science*, Saratoga meeting of 1893, nº 31.

1895 986

GOODCHILD, F. M. The Sweating System in Philadelphia. *Arena*, January.

1895 987

*Hull House Maps and Papers : a Presentation of Nationalities and Wages in a congested district of Chicago. New-York, Crowell Cº, VIII-230.

[FLORENCE KELLEY. The Sweating System, 27-48. ISABEL EATON. Receipts and expenditures of cloakmakers in Chicago, 79-90.]

1895 988

*Report of the Tenement House Committee as authorized by chapter 479 of the laws of 1894. Albany, J.-B. Lyon, in-8º, 649.

[Sweating System, 250-255.]

1895 989

*Third annual report of the bureau of industrial statistics of Maryland. Baltimore, Sun Printing Office, 8º.

[*Sweat shops*, 80-114.]

1896 990

MAYERS, J. M. The Sweating System in New York City. *Gunton's Magazine.*

1896 991

Thirteenth annual report of the Bureau of statistics of labor of the state of New York for the year 1895. I.

[Tenement House cigarmaking in New York City, 545-562.]

1896 992

*WHITE, HENRY. The Sweating System. *Bulletin of the Department of Labor.* May, 360-379 (Washington).

1897 993

KELLEY, FLORENCE. Women and girls in sweat-shops. *Chautauquan Magazine*, XXV. September, 655.

1897 994

Ninth special report of the Commission of Labor. The Italians in Chicago. Washington, Government Printing Office, in-8º, 409.

1899 995
*RIIS, JACOB-A. How the other Half lives. Studies among the tenements of New York. New York, Scribner's sons, in-8o, XVI-304.

[The sweaters of Jewtown. The Bohemians : Tenement House cigarmaking, etc.]

1901 996
*AUTEN, MILLIE MASON. Some phases of the Sweating System in the garment trades of Chicago. *American Journal of Sociology*, VI, 602-645.

1901 997
*COMMONS, JOHN R. Foreign-born labor in the clothing trade. Reports of the industrial Commission on immigration (vol. XV). Washington, Government Printing Office, 316-369.

1902 998
*First annual report of the Commission of Labor and the sixteenth annual report on factory inspection. Albany, Lyon.

[Tenement manufactures, 118-130.]

1902 999
*WILLETT, MABEL HURD. The employment of women in the clothing trade. New York, Columbia University Press, 206.

[*Studies in history, economics and public law*, XVI, nr 2.]

1902 1000
*State of Michigan. Nineteenth annual report of the Bureau of Labor and industrial statistics. Lansing, State Printers, in-8o.

[Inspection of tenement houses workshops, 149-160.]

1903 1001
*MAC LEAN, ANNIE MARION. The sweat shop in summer. *American Journal of Sociology*, IX, 289-309.

1903 1002
*Eleventh annual report of the Bureau of statistics and information of Maryland. 1902. Baltimore, The Sun Book and Job Printing Office.

[Sweat shops in the clothing industry, 55-137.]

1903 1003
*New York State Department of Labor. Twentieth annual report of the Bureau of Labor statistics for the year ended September 30, 1902. Albany, The Argus Cy.

[Wages in the clothing trades, 1-36. Earnings in home industries, 37-289.]

1904 1004

*DE FOREST, ROBERT, W. Recent progress in tenement-house reform. *Annals of the American Academy of political and social science.* Vol. XXIII. March. 297-310.

1904 1005

*Eleventh biennial report of the Bureau of Labor and industrial statistics. State of Wisconsin, 1903-1904. Madison, Democrat Printing C°.

[Sweating in the garment-making trade (155-215). (Confection et bonneterie.)]

1905 1006

*ADAMS, THOMAS SEWALL and SUMNER, HELEN, L. Labour Problems. A text-book. New York, Macmillan C°, in-8°, xv-579.

[The Sweating system, 113-141.]

1905 1007

*POPE, JESSE ELIPHALET. The clothing industry in New York. University of Missouri studies. Social science series. Vol. I. Published by the University of Missouri. September 1905, in-8°, xx-339.

[Sweating system (256-287).]

1905 1008

*Trade Unionism and Labor problems. Edited with an introduction by J. R. COMMONS. Boston, Ginn C°, in-8°.

[J. R. COMMONS. The Sweating system in the clothing trade (316-335). MABEL H. WILLETT. Women in the clothing trade (371-395).]

1906 1009

*ABBOTH, EDITH. The history of industrial employment of women in the united States : an introductory study. *The Journal of political Economy.* Vol. VIII, 461-501.

[Le travail à domicile au XVII^e et au XVIII^e siècle, 462-475.]

1906 1010

*NATHAN, MAUD. Women who work and women who spend. *The Annals of the American Academy of political and social science.* Vol. XXVII, 646-650.

1906 1011

*An illustrated handbook of the industrial exhibit held under the auspices of the Pennsylvania child-labor Committee, the Consumers' League of Philadelphia, the New Century Club, the Civic Club. Philadelphia, 78. Illustr.

[Exhibits of child-labor and sweatshop conditions, 14-25.]

1907 1012
*ABBOTH, EDITH. Employment of women in industries : Cigarmaking. *The Journal of political Economy*. Vol. XV, n° 1, 1-25.

1907 1013
BENSLEY, MARTHA-S. Child labor in garment sweatshops. *Collier's Weekly*. January 26.

1907 1014
MARKHAM, EDWIN. Child labor in the making of artificial flowers. *The Cosmopolitan Magazine*. April.

1907 1015
*An industrial exhibit. *Annals of the american Academy of political and social science*. XXIX, n° 1, January, 238-243. Illustr.
[Sweat shop and child labor.]

---

## France.

1819 1016
*CHAPTAL (le comte). De l'industrie française. Paris, Renouard, 2 vol.
[Le tome II renferme quelques détails épars sur les industries à domicile. (De l'état actuel de l'industrie manufacturière, 113-152.)]

1835 1017
*Enquête relative à diverses prohibitions établies à l'entrée des produits étrangers, commencée le 8 octobre 1834 sous la présidence de M. F. Duchatel, ministre du commerce. Paris, imprimerie royale, 3 vol.
[Le tome III, « Fils et tissus de laine et de coton », renferme une série d'interrogatoires où l'on trouve de nombreux détails sur l'organisation du travail des ouvriers à domicile à Rouen, Saint-Quentin, Amiens, etc.]

1837 1018
*PERRIER, E., et GILLOTIN. fils. Notice sur l'arrondissement de Lisieux. Industrie. *Annuaire des cinq départements de l'ancienne Normandie, publié par l'Association normande*, 4e année. Caen, imprimerie de A. Le Roy.
[Toiles, frocs, etc., 103-112.]

1840 1019
*VILLERMÉ, M. Tableau de l'état physique et moral des ouvriers employés dans les manufactures de coton, de laine et de soie. Paris, Jules Renouard et Cie, I, VIII-458; II, 452.
[Fabriques de Sainte-Marie-aux-Mines, de Saint-Quentin, de Lille, de Rouen, de Tarare, de Reims, de Sedan, d'Amiens, de Lyon, de Saint-Étienne.]

1849 1020

*Blanqui. Des classes ouvrières en France pendant l'année 1848, 255 p. en deux parties. Paris, Pagnerre, Paulin et Didot.

[Lyon et Saint-Étienne.]

1856 1021

Audiganne, A. L'industrie contemporaine. Paris, Capelle, in-8°.

1857 1022

*Hébert, E.-F., et Delbet, E. Tisseur en châles de la fabrique urbaine collective de Paris.

[*Les ouvriers des deux mondes*. (Voir n° 4.) I, 299-372.]

1858 1023

*Focillon, A. Tailleur d'habits de Paris.

[*Les ouvriers des deux mondes*. (Voir n° 4.) II, 145-192.]

1859 1024

*Reybaud, Louis. Études sur le régime des manufactures. Conditions (*sic*) des ouvriers en soie. Paris, Lévy, in-8°, xxxii-396.

[Prusse rhénane. Suisse. Lyon. Saint-Étienne et Saint-Chamond. Nîmes et Avignon.]

1860 1025

*Audiganne, A. Les populations ouvrières et les industries de la France, 2e édit., Paris, Capelle, in-8°, vol. I, xxviii-404; vol. II, 430.

1861 1026

*Auvray, L. Lingère de Lille (Nord-France).

[*Les ouvriers des deux mondes*. (Voir n° 4.) III, 247-284.]

1861 1027

*Cochin, Augustin, Brodeuses des Vosges.

[*Les ouvriers des deux mondes*. (Voir n° 4.) III, 25-66.]

1862 1028

*Goguel, L. Tisserand des Vosges (Haut-Rhin. France).

[*Les ouvriers des deux mondes*. (Voir n° 4.) IV, 363-404.]

1863 1029

*Reybaud, Louis. Le coton. Son régime. Ses problèmes. Son influence en Europe. Paris, M. Lévy frères, in-8°, viii-467.

1863 1030
*SAINT-JOANNY, GUSTAVE. Simples notes pour servir à l'histoire de la ville de Thiers aux trois derniers siècles. I. La coutellerie thiernoise de 1500 à 1800. Clermont-Ferrand, Thibaud-Thiers, Cuissac, in-8°, IX-402.

[Spécialement, 74-112. L'ouvrier coutelier et le mode de fabrication. Du prix des objets fabriqués à Thiers.]

1864 1031
*SIMON, JULES. L'ouvrière, 5e édition. Paris, Hachette, in-12, XVI-444.

[La petite industrie, 191-302.]

1864 1032
*DE LAMARTINE, A. Jacquard, Gutenberg. Paris, Michel Lévy frères, in-18.

[Description sommaire du genre de vie des canuts (12-28).]

1867 1033
*REYBAUD, L. La laine. Paris. M. Lévy frères, in-8°, XI-399.

1868 1034
*RONDELÉT. Broderies. Exposition universelle de 1867 à Paris. Rapports du jury international. Paris, Dupont, IV, 254-266.

1868 1035
*AUBRY, FÉLIX. Dentelles, tulles, broderies et passementeries. Section I. Dentelles. Exposition universelle de 1867 à Paris. Rapports du jury international, IV, 231-248.

1870 1036
*DURAND, ADRIEN. Notice sur les couteliers de Langres au moyen âge. Langres, Dallet, in-8°, 46.

1870 1037
*DAUBIÉ, J.-V. La femme pauvre au dix-neuvième siècle. I. Condition économique, XII-256. II. Condition morale, VIII-304, 1869. III. Condition professionnelle, 182. Paris, E. Thorin, in-12.

[Travail manuel : à domicile, à l'atelier. Réformes à tenter, I, 26-57.]

1878 1038
*DE SAINT-LÉGER, A., et PÉLISSON. Tisserand de Mamers (Maine).

[*Les ouvriers européens*. (Voir n° 16.) VI, 193-256.]

1878 1039
*FOCILLON, AD. Tailleur d'habits de Paris.

[*Les ouvriers européens*. (Voir n° 16.) VI, 387-441.]

1881 1040
ALGLAVE, ÉMILE. Les ouvriers rubaniers de Saint-Étienne. *L'Économiste français.* 5 novembre, 574-576.

1882 1041
*CHARMETANT, C. La petite industrie à Lyon. *La Réforme sociale,* I, 78-83.

1883 1042
*PASQUIER, J. Une petite industrie à domicile. Le cloutier de Cerelles. *La Réforme sociale,* VI, 369-371.

1884 1043
*DE LANESSAN. Rapport sur la situation des industries de Lyon et de Saint-Étienne fait au nom de la commission d'enquête sur la situation des ouvriers de l'industrie et de l'agriculture en France. Chambre des députés, n° 3446, in-4°, 256.

1885 1044
DE BEAUMONT, HENRY. La grève des tailleurs et de l'industrie du vêtement sur mesure à Paris. *Journal des économistes,* juillet, 73-81.

1885 1045
*GUÉRIN, URBAIN. Ouvrier cordonnier de Malakoff (Seine-France).
[*Les ouvriers des deux mondes.* (Voir n° 4.) V, 145-200.]

1885 1046
*CHARMETANT, C. L'industrie lyonnaise. La situation de l'ouvrier en soie. *La Réforme sociale.* I, 544-552 et 584-591.

1885 1047
*DUVELLEROY. L'ouvrier éventailliste de Sainte-Geneviève (Oise-France).
[*Les ouvriers des deux mondes.* (Voir n° 4.) V, 109-144.]

1885 1048
BAUDRILLART, HENRI. Les populations agricoles de la France, Normandie et Bretagne. Paris, Hachette, in-8°, XII-638.
[Mélange du travail agricole et industriel en Normandie, 137-144.]

1886 1049
*FURNE. L'industrie des tulles à Calais. *La Réforme sociale.* I, 270-272.

1886 1050
*DESPIERRES, Mme G. Histoire du point d'Alençon depuis son origine jusqu'uà (*sic*) nos jours. Paris, Renouard, in-8°, VIII-276.
[Salaires des ouvrières (110-114).]

1887 1051
*Roux, Xavier. La corporation des gantiers de Grenoble avant et après la Révolution. Grenoble, Dupont, in-8°, xv-276.

1887 1052
*de Toytot, Ernest. Gantier de Grenoble (Isère).

[*Les ouvriers des deux mondes*, 2e série. (Voir n° 4.) I, 465-520.]

1888 1053
*Coffignon, H. Paris vivant. Les coulisses de la mode, Paris, Librairie, illustrée, in-12, 290.

[Renseignements très généraux sur les couturières, les grands magasins, etc.]

1888 1054
*Leroy-Beaulieu, Paul. Le travail des femmes au XIXe siècle. Paris, Charpentier, in-8°, 464.

[Première partie : Le salaire (broderie, dentelles, etc.).]

1889 1055
*La fabrique lyonnaise de soieries et l'industrie de la soie en France, 1789-1889. Imprimé par ordre de la Chambre de commerce de Lyon. Lyon, Pitrat aîné, 1889, in-4°, 92.

[Publié à l'occasion de l'Exposition universelle de 1889, à Paris. Éléments historiques, statistiques, commerciaux, notamment statistique des métiers mécaniques d'après les rôles des patentes de 1888. (Annexe M), tissage des tulles et dentelles de soie (Annexe N).

1891 1056
*Mortier, Auguste. Le tricot et l'industrie de la bonneterie. Troyes, Lacroix, in-8°, 102.

1891 1057
Pingenet, Fél. Pièces diverses concernant la corporation des couteliers de Langres. Langres, gr. in-8°.

1892 1058
*du Maroussem, Pierre. L'industrie des jouets à Paris ; la situation des ouvriers et le « sweating system ». *La Réforme sociale,* I, 599-609 et 667-685.

1892 1059
*du Maroussem, P. La question ouvrière. II. Ébénistes du faubourg Saint-Antoine. Paris, Rousseau, 304.

[Grands magasins, « sweating system ».]

1892 1060

*du Maroussem, Pierre. Le système parisien de l'industrie du meuble et le « sweating system ». *Revue d'économie politique,* VI, 569-581.

1893 1061

*Office du travail. La petite industrie. (Salaires et durée du travail.) Paris, Imprimerie nationale, in-8°.

[Tome II (1896). Le vêtement à Paris, 721.]

1893 1062

*Salaires et durée du travail dans l'industrie française. I. Seine, in-8°, 611. II et III. Départements, in-8°, 760 et 648 (1894 et 1896). IV. Résultats généraux, in-8°, 574 (1897). Manufactures de l'État et chemins de fer, in-8°, 164 (1896). Album graphique, 29 planches in-8° (1897). Paris, Imprimerie nationale. (Publication de l'Office du travail.).

1893 1063

*Claretie, Léo. Les jouets. Histoire. Fabrication. Paris, Librairies-imprimeries réunies, in-4°, iv-325.

[Ch. IV. Les petits artisans, 67-88.]

1893 1064

*Michel, Georges. Une industrie parisienne. La fabrication et la vente des jouets. *L'Économiste français,* n° 4, 28 janvier, 103-105.

1893 1065

*du Maroussem, P. Les grands magasins tels qu'ils sont. *Revue d'économie politique,* VII, 922-962.

1894 1066

*du Maroussem, P. La question ouvrière. III. Le jouet parisien. Grands magasins, « sweating system ». Paris, Rousseau, in-8°, 307.

1895 1067

*Bonnevay, L. La condition des femmes veuves ou abandonnées travaillant à domicile. *Société d'économie politique et d'économie sociale de Lyon,* 1895-1896, 168-254.

[Les soieries. Tulles et dentelles. Dorure (de fils). Passementerie, etc.]

1895 1068

*du Maroussem, P. Ouvrière mouleuse en cartonnage d'une fabrique collective de jouets parisiens.

[*Les ouvriers des deux mondes,* 2e série. (Voir n° 4.) IV, 173-224.]

1895 1069

*WORTH, GASTON. La couture et la confection des vêtements de femme. Paris, Chaix, in-8°, XVI-115.

1895 1070

*CORCELLE, J. La dentelle dans le Velay, Le Puy, Marchessou, in-8°, 34.

1895 1071

*MICHEL, GEORGES. Le travail des femmes. Les ouvrières de l'aiguille. *L'Économiste français*, n° 8. 23 février, 230-232.

1895 1072

*BENOIST, CHARLES. Les ouvrières de l'aiguille à Paris. Paris, Chailley, in-16, 296.

1896 1073

*D'AVENEL (le vicomte G.). Le mécanisme de la vie moderne. Paris, Colin, in-18 jésus.

[Les magasins de nouveautés, série I, 1-90. L'habillement féminin, série IV, 1-120.]

1896 1074

*PAYEN, EDOUARD. L'industrie du vêtement à Paris et la situation des ouvrières. *L'Économiste français,* I, n° 16, 27 juin, 861-863.

1896 1075

*CAZAJEUX, J. Le travail des femmes à domicile d'après une enquête lyonnaise. *La Réforme sociale,* I, 579-585.

1896 1076

*PAYEN, EDOUARD. L'industrie du vêtement à Paris et la situation des ouvriers. Le vêtement d'homme. *L'Économiste français*, n° 24, 13 juin, 789-791.

1896 1077

*MICHEL, GEORGES. Une enquête nouvelle sur le travail des femmes. Les ouvrières lyonnaises. *L'Économiste français,* n° 18, 2 mai, 566-567.

1896 1078

*BONNEVAY, L. Les ouvrières lyonnaises travaillant à domicile. Paris, Guillaumin, II-148.

[Soieries. Tulles et dentelles. Dorure. Passementerie. Confection. Lingerie et bonneterie. Corset. Chaussure. Cravate. Parapluie et ombrelle. Livre. Papeterie. Meuble.]

1896 1079

*CAZAJEUX, J. Les ouvrières de l'aiguille à Paris. Crises et remèdes. *La Réforme sociale,* II, 583-590.

1898 1080
*BONNEVAY et GODART. Le travail à domicile à Lyon. Congrès international de la législation du travail. Bruxelles, 1897, 145-164.

1898 1081
*ARDOUIN-DUMAZET. Voyage en France. Paris, Berger-Levrault, 2e édition, tome Ier, in-8o, VI-364.

[L'ouvrage complet comprendra 55 volumes. Le 49e a paru en 1907. Cette publication renferme de nombreux détails sur les industries à domicile en France, présentés d'ailleurs accessoirement et sans plan d'ensemble.]

1898 1082
*DE SEILHAC, LÉON. L'industrie de la couture et de la confection à Paris. Paris, Firmin-Didot et Cie, 111.

1899 1083
*Résultats statistiques du recensement des industries et professions en 1896. I. Région de Paris au Nord et à l'Est (15 départm.). II. Région du Sud-Est (27 départm.) (1900). III. Région de l'Ouest au Midi (45 départm.) (1900). IV. Résultats généraux (1901). 4 vol., in-4o, 845, 803, 663 et 440. Paris, Imprimerie nationale.

1899 1084
*BLAISE, CHARLES. Le tissage à la main du Cambrésis. Étude d'industrie à domicile. Lille, Le Bigot frères, in-8o, 126.

[Tissage du coton, du lin, de la soie.]

1900 1085
*DE SAPORTA, ANTOINE. La bonneterie de soie dans les Cévennes. *Revue des deux mondes*, CLVII, 685-709.

1900 1086
*D'HAUSSONVILLE (Comte). Salaires et misères de femmes. 3e éd. Paris, C. Lévy, in-12, XXXIII-314.

[L'ouvrière de l'aiguille à Paris.]

1900 1087
*ENGERAND, FERNAND. L'industrie de la dentelle en Normandie. *Revue des deux mondes*, CLVIII, 645-663.

1900 1088
*MATHÉ, aîné. Les tisseurs en soie de Lyon, 1769-1900. Lyon, Rey, in-8o, 70 et 4 de diagrammes.

1900 1089
*DE BOISSIEU, HENRI. La fabrique lyonnaise. La soie et la soierie à Lyon. La fabrique. *Science sociale*, XXX, 333-352.

1900 1090

*BONNEVAY, L. Le tisseur en boutique de Saint-Nizier d'Azergues. *Questions pratiques de législation ouvrière et d'économie sociale,* 132-137; 156-160.

1901 1091

*ENGERAND, FERNAND. La dentelle au fuseau en Normandie. *Musée social,* nº 5, 129-151.

1901 1092

*PARISET, E. Histoire de la fabrique lyonnaise. Étude sur le régime social et économique de l'industrie de la soie à Lyon depuis le XVIe siècle. Lyon, Rey, in-8º, 433.

1901 1093

*GLORIA. Le tissage à la main de l'article dit « rouennerie ». *Bulletin du comité des travaux historiques et scientifiques. Section des sciences économiques et sociales. Congrès des sociétés savantes de 1900,* 20-23.

1902 1094

KOVNIC, PAUL. L'industrie horlogère dans la Haute-Savoie. *Mouvement économique et social dans la région lyonnaise,* 1901, 223-254.

1902 1095

*PELOSSE, V. Le tissage rural des soieries dans le Rhône. *Mouvement économique et social dans la région lyonnaise,* 1901, 183-196.

1902 1096

*GUERNIER. Une visite aux tisseurs de lin. *Questions pratiques de législation ouvrière et d'économie sociale,* III, 327-331.

1902 1097

*DE BOISSIEU, H. La rubanerie stéphanoise. *Mouvement économique et social dans la région lyonnaise,* 1901, 69-126.

1903 1098

*CÔTE, LÉON. L'industrie gantière et l'ouvrier gantier à Grenoble. Préface de Jean Jaurès. Paris, Société nouvelle de librairie et d'édition, in-8º, x-300.

1903 1099

*La dentelle à Bailleul. *Bulletin du comité flamand de Flandre,* 1er fasc., 225-237.

1903 1100

*Kantwerksters en kantindustrie (uit Parijs). *Sociaal Weekblad,* nº 46, 370.

1904 1101

*La question du travail à domicile : 1. FROMENT, Mme PIERRE. Les ouvrières de l'équipement militaire à Paris. 2. VINCENT, Mme. Ouvrières de l'assistance publique. 3. DE GOURLET, Mlle APOLLINE. L'atelier de la maison sociale. *L'Association catholique,* LVII, 261-274.

1904 1102

*GIVSKOV, ERIK. The small industries of France. *The contemporary Review,* nº 465. September, 333-349.

1904 1103

*BORDEZ, F. Fabrication des montures d'éventails à Sainte-Geneviève (Oise). *Bulletin du comité des travaux historiques et scientifiques. Section des sciences économiques et sociales. Congrès des sociétés savantes de 1904.* Paris, Leroux, 8-19.

[Évolution de l'industrie. Salaires.]

1904 1104

*VINCENT, Mme. Ouvrières de l'assistance publique. *L'Association catholique,* LVII, 270-271.

1904 1105

*DODANTHUN, ALFRED. Fabrication de la dentelle à la main dans le département du Nord. *Bulletin du Comité des travaux historiques et scientifiques. Section des sciences économiques et sociales. Congrès des sociétés savantes de 1904.* Paris, Imprimerie nationale, 216-232.

1904 1106

*FROMENT, Mme PIERRE. Les ouvrières de l'équipement militaire à Paris. *L'Association catholique,* LVII, 261-270.

1904 1107

*BRUNHES, Mme H.-J. Les conditions du travail de la femme dans l'industrie. II. Travail à domicile. *La Quinzaine,* nº 226, 16 mars, 187-210.

[La confection.]

1904 1108

*DAGAN, H. De la condition du peuple au XXe siècle. Paris, Giard et Brière, in-12, IV-392.

[IIe partie. La femme et l'enfant, 79-262.]

1904 1109

*CALMETTES, PIERRE. Dentelles et dentellières. *Grande revue,* 15 mars, 586-597.

1905 1110
*Aftalion, Albert. Le développement de la fabrique et le travail à domicile dans les industries de l'habillement. *Revue d'économie politique,* XIX, 827-843. 914-936.

1905 1111
Les fées de l'aiguille et du fuseau. Dentelles et dentellières. *Lectures pour tous,* octobre, 12-19.

1905 1112
*Brincard (baronne Georges). Le prix des « bonnes occasions ». *Bulletin de la ligue sociale d'acheteurs,* 4e trimestre, 162-175.

[Lingerie et autres travaux de couture.]

1905 1113
*Demangeon, Albert. La Picardie et les régions voisines : Artois, Cambrésis, Beauvaisis. Paris, Colin, in-8°, 496. Illustr. Cartes.

[Les industries urbaines, 261 et suiv.; les industries campagnardes, 277 et suiv. (tissage, serrurerie, bonneterie, etc.)].

1905 1114
*Romme, Dr R. Le sweating system en France. *La Revue,* n° 18, 163-172.

1905 1115
*Tambuté, P. Les ateliers de couture établis dans les sous-sols. *Bulletin de la ligue sociale d'acheteurs,* 2e trimestre, 84-85.

1905 1116
*Engerand, Fernand. La dentelle de France. *Le Correspondant,* 25 avril, 272-301.

1905 1117
*Brincard (baronne Georges). Le travail à domicile pour les mères de famille. Tableau comparatif des prix de façon de huit œuvres d'assistance par le travail à Paris. *Bulletin de la ligue sociale d'acheteurs,* 2e trimestre, 63-71.

[Lingerie.]

1905 1118
*Monod, Wilfred. La confection à domicile dans la ville de Rouen... et ailleurs. Paris, Librairie protestante, 30.

1905 1119
*L'ouvrière en confections et la baisse des prix de façon. *Le travail de la femme et de la jeune fille,* mai, n° 53, 1616-1618.

1906 1120

*HAYEM, J. Le développement de la fabrique et le travail à domicile dans les industries de l'habillement. A propos d'un récent ouvrage de M. Albert Aftalion. *Revue internationale du commerce, de l'industrie et de la banque.* 30 juin, 385-403.

1906 1121

*Enquêtes officielles en France. *Bulletin de la Ligue sociale d'acheteurs.* 2e trimestre, 75-84.

[Enquête sur le travail à domicile dans la lingerie. Questionnaires, etc.]

1906 1122

*AFTALION, ALBERT. Le développement de la fabrique et le travail à domicile dans les industries de l'habillement. Paris, Larose et Tenin, in-8o, 313.

[L'évolution s'effectue dans le sens d'un développement de la production en fabrique. Les domaines respectifs de la fabrique et de l'industrie à domicile. Les facteurs favorables ou contraires au développement de la fabrique dans l'habillement. Les conséquences sociales du développement de la fabrique. La condition comparée des travailleurs à l'usine et à domicile.]

1906 1123

*CAHEN, G. L'ouvrière en chambre à Paris. *Revue bleue*, 636-639; 759-763.

1906 1124

*GONNARD, R. La femme dans l'industrie. Paris, Colin, in-18, VI-285.

Chapitre VI (152-188). Le travail à domicile et le sweating system. Appendice, IV (261-269). Les ouvrières du vêtement. Travail et salaires. V (270-272). Évolution de l'industrie couturière. Bibliographie (275-283).

1906 1125

*POISSON, CHARLES. Le salaire des femmes. Paris, Librairie des Saints-Pères, in-8o, 412.

[Les ouvrières à l'atelier et à domicile (45-65). Les ouvrières de la mode, de la couture et de la confection (66-85).]

1906 1126

*PAYEN, ÉDOUARD. Le travail en fabrique et le travail à domicile dans les industries de l'habillement. *L'Économiste français*, no 23, 807-809.

1906 1127

*DE COMNY, P. La dentelle à la main. *Réforme économique*, 21 septembre, 1041-1042.

1906 1128
*DE MAILLARD, L. Teinturier de ganterie et gantières de Saint-Junien (Haute-Vienne), France.

[*Les ouvriers des deux mondes*. (Voir n° 4.) 3e série, II, 257-298.]

1906 1129
*Procès-verbaux de la Commission chargée de procéder à une enquête sur l'état de l'industrie textile et la condition des ouvriers tisseurs. Chambre des députés. Session de 1904, n° 1922, 5 vol. in-4°.

[Voir notamment les tomes III (Lyon, Saint-Étienne) et V (Amiens, Troyes, Sedan et le Cambrésis.)]

1907 1130
*DORCHIES, ÉMILE. L'industrie à domicile de la confection des vêtements pour hommes dans la campagne lilloise. Thèse. Lille, imprimerie centrale du Nord, in-8°, 158.

1907 1131
*ESPINASSE, R. L'ouvrière de l'aiguille à Toulouse. Paris, Picard, 255.

[Résultats d'une enquête personnelle de l'auteur.]

1907 1132
*Le travail à domicile chez les tailleurs. *Bulletin de la Ligue sociale d'acheteurs*. 2e trimestre, 109-112.

1907 1133
*BRUNHES, H.-J. Le travail à domicile chez les tailleurs pour hommes. La solution d'un conflit. *Bulletin de la Ligue sociale d'acheteurs*. 2e trimestre, 71-95.

1907 1134
*GONNARD, PHILIPPE. Les passementiers de Saint-Étienne en 1833. Lyon, Rey et Cie, in-8°, 16.

1907 1135
*MÉNY, GEORGES. Le travail à bon marché. Enquêtes sociales avec une préface de M. l'abbé Lemire. Paris, Bloud et Cie, in-8°, XXIV-236.

[I. Les salaires : 1. Les jouets à bon marché. 2. Le meuble camelote. 3. Les vêtements « à prix défiant toute concurrence ». 4. L'Exposition de blanc. 5. La plume et la fleur à bon marché. 6. Petits métiers, grandes misères. II. La vie de ceux qui font la camelote. 1. L'atelier où se fabrique la camelote. 2. La contagion par la camelote. 3. La vie morale des ouvrières en camelote. III. Les conclusions nécessaires.]

## Grande-Bretagne et Colonies anglaises.

1768 1136
YOUNG, ARTHUR. A six weeks' tour through the Southern Counties of England and Wales.

[Cité par PALGRAVE. (Voir nº 34.)]

1770 1137
YOUNG, ARTHUR. A six months' tour through the North of England, 4 vol.

[Ibid. — Détails dispersés sur les industries domestiques.]

1771 1138
YOUNG, ARTHUR. The farmer's tour through the East of England. London, 4 vol.

[Ibid. — Industries domestiques; *passim.*]

1774 1139
DEFOE, DANIEL. A tour through the Island of Great Britain. London, 8th ed., 4 vol.

[Industries domestiques; *passim.*]

1780 1140
YOUNG, ARTHUR. A tour in Ireland with general observations on the present state of that kingdom. London, 2 vol.

[Industries domestiques; *passim.*]

1790 1141
YOUNG, ARTHUR. Travels in France, Italy and Spain during the years 1787, 1788 and 1789. London, 2 vol. (1790-1791).

[Industries domestiques; *passim.*]

1800 1142
Report on the woollen trade and manufactures of England.

[Un 2e rapport a été publié en 1803, en 2 parties.)

1812 1143
Two reports of Committee on petitions by persons employed in the framework-knitting trade. Evidence.

[Lace, Stockings.]

1815 1144
« Peter the Hermit. » The New Crusade: East End Work and Abuses. London.

1818 1145

*Minutes of evidence taken before the Committee appointed to consider of the several petitions relating to ribbon weavers. Ordered by the House of Commons to be printed 18 March 1818. In-4°, 198.

[Il a été publié ensuite : Report from Committee on silk ribbon weavers. Petition. Ordered by the House of Commons to be printed, 3 June 1818. In-4°, 4.]

1819 1146

Report of Committee on the petition of the hosiers and framework-knitters in the woollen manufactory of the town and county of Leicester. Evidence.

1833 1147

*GASKELL, P. The manufacturing population of England, its moral, social and physical conditions, and the changes which have arisen from the use of steam-machinery with an examination of enfant labour. London, Baldwin and Cradock, VIII-361.

[Introduction : Domestic manufacturers. General union of manufacture and farming. Residences and characters of the home labourers. Home labour : its influence upon the domestic and social virtues, etc., 15-48.]

1834 1148

*Manual labour versus machinery exemplified in a speech on moving for a committee of parliamentary enquiry into the condition of handloom weavers in reference to the establishment of local guilds of trade. London, Cochrane and Mac Crone, in-8°, 47.

1834 1149

Two reports of Committee on petitions from the handloom weavers in the linen, cotton and silk manufactures. Evidence. Appendix and index. 4 parts. London, 1834-1835.

1835 1150

*BAINES, EDWARD. History of the cotton manufacture in Great Britain. London, H. and R. Fisher, and P. Jackson, in-8°, 18+544.

[Chapter XVI : Condition of the working classes. Handloom weavers.]

1839 1151

*Reports from assistant Hand-Loom weavers' Commissioners. Reports by J. C. SYMONS, Esq., on the South of Scotland, and on France, Belgium, Switzerland and part of Austria. Report by J. D. HARDING, Esq., on the East of Scotland. S. l. n. d., in-4°, 212.

1840 1152

*Reports from assistant Hand-loom weavers' Commissioners. Report by J. MITCHELL, Esq., on the East of England. Report by A. AUSTIN, Esq., on the South-West of England. Reports by S. KEYSER, on the West-Riding of Yorkshire, Mantesfield, etc., and on Germany. Part II, 213-526. — Report by H. S. CHAPMAN, Esq., on the West-Riding of Yorkshire. Report by C. G. OTWAY, Esq., on Ireland, and Report by RICHARD M. MUGGERIDGE, on the linen and cotton manufactures of Ireland, Part III, 527-800.

1840 1153

*Reports from assistant Hand-loom weavers' Commissioners. Part IV. Report by JOSEPH FLETCHER, Esq., on the Midland districts of England. London, Clowes and sons, in-4°, XVI-356.

[Rubanerie, etc.]

1840 1154

*Reports from assistant Hand-loom weavers' Commissioners. Part V. Report by W. A. MILES, Esq., on the West of England and Wales. Report by R. M. MUGGERIDGE, on the counties of Lancaster, etc. London, Clowes and Sons, in-4°, 357-617.

1840 1155

*Hand-loom weavers. Copy of Report by Mr. HICKSON on the condition of the Hand-Loom weavers. S. l. n. d., in-4°, 80.

[Ordered by the House of Commons to be printed, 11 August 1840, n° 639.]

1841 1156

*Hand-Loom weavers. Report of the Commissioners. London. Clowes and Sons, in-4°, VI+136.

1842 1157

*BISCHOFF, JAMES. A comprehensive history of the woollen and worsted manufactures... London, Smith Elders, C°. Vol. I, XII+482; vol II, VIII+472.

1843 1158

*Children's Employment Commission. Second Report of the Commissioners. Trades and Manufactures. London, Clowes and Sons, in-4°, XVIII+228.

[Il a été publié également un « Appendice to the second Report ». Part I; Part II and Index. On trouve dans cet index les industries à domicile qui occupent des enfants.]

1844 1159

*KOHL, J.-G. Reisen in England und Wales. Dresden und Leipzig, in der Arnoldischen Buchhandlung. 3 Bde.

[Le tome II renferme quelques détails sur les « domestic clothiers » des environs de Leeds (130-132).]

1845 1160
*MUGGERIDGE, R. M. Report of the Commissioner appointed to inquire into the condition of the frame-work knitters with appendices. London, W. Clowes and Sons, in-4°, VIII+138. Appendix... Part I. Leicestershire, VII+505. Part II. Nottinghamshire and Derbyshire, VI+380.

1850 1161
HUGHES, TH. History of the working tailors association.

1856 1162
*FAUCHER, L. Études sur l'Angleterre. Paris, Guillaumin, 2 vol. de XXXVI-538 et 492.

[Industries à domicile, *passim*. Notamment I, Birmingham, Leeds.]

1857 1163
JAMES, JOHN. History of the Worsted manufactures in England.

1861 1164
*MARTINEAU, HARRIET. Health, husbandry and handicraft. London, Bradbury and Evans, in-8°.

[The needlewoman, 226-237.]

1864 1165
*Olney, and the lace-makers. London, W. Macintosh, in-8°, 105.

1867 1166
*FELKIN, WILLIAM. A History of the machine-wrought hosiery and lace manufactures. Cambridge, Metcalfe, in-8°, XXVIII-560.

[Exposé historique et technologique.]

1877 1167
SHORROCKS, P. How contagion and infection are spread through the sweating system in the tailoring trade. Manchester and London.

1877 1168
Women at work : Chain making in the Black Country. Gateshead. Reprinted from *The Wolverhampton News*.

1877 1169
LE PLAY, F. Coutelier de la fabrique urbaine collective de Sheffield (Yorkshire).

[*Les ouvriers européens*. (Voir n° 16.) III, 318-399.]

1877 1170

Le Play, F. Coutelier de la fabrique urbaine collective de Londres (Middlesex). [*Les ouvriers européens.* (Voir n° 16.) III, 273-317.]

1881 1171

*Held, Adolf. Zwei Bücher zur socialen Geschichte Englands. Aus dem Nachlass herausgegeben von G.-F. Knapp. Leipzig, Duncker und Humblot, in-8°, xiv-776.

[Die Herrschaft der Hausindustrie, 550-563.]

1885 1172

Lyons, L. The horrible Sweating System.

1887 1173

*Toynbee, A. Industrial revolution of the 18th century in England. London, Rivingtons, in-8°, 2d edition, xxxvii-256.

1887 1174

*Schloss, David F. The sweating system. *The Fortnightly Review.* December, 835-856.

[Portmanteau, trunk and bag-making, boot-and shoe-making, etc.]

1888 1175

Baernreither. Zur Statistik der Arbeitslosen in England. *Archiv für soziale Gesetzgebung und Statistik,* I, 43-68.

1888 1176

*Potter, Miss Beatrice. East London Labour. *The Nineteenth Century,* XXIV, n° 138. August, 161-183.

[Tailoring.]

1888 1177

*Cole, Alan S. Copy of report on the present condition and prospects of the Honiton Lace Industry. London, Hansard and Son, 8. Illustr.

1888 1178

*Burnett, John. Report to the Board of trade on the sweating system at the East End of London by the Labour Correspondent to the Board. London, Eyre and Spottiswoode, in-4°, 20.

[Tailoring trade.]

1888 1179

Potter, Beatrice. Pages from a work-girl's diary. *Nineteenth Century.*

1888 1180
*BURNETT, JOHN. Copy of report to the Board of trade on the sweating system in Leeds, by the Labour Correspondent of the Board. London, Eyre and Spottiswoode, in-4°, 6.

[Tailoring trade.]

1888 1181
Report on the condition of nail makers and small chain makers in South Staffordshire and East Worcestershire. By the Labour Correspondent of the Board of trade.

1888 1182
Report on Sweating amongst Tailors at Liverpool and Manchester. *The Lancet.* April 14 and 21.

1888 1183
*First Report from the select Committee of the House of Lords on the sweating system. London, Hansard and Son, in-4°, XVI-1032 (n° 361).

[Ont paru ensuite : Second Report..., IX-590; Third Report... (1889), 711; Fourth Report... (1889), XVI 633; Fifth Report... (1890), CLXIII; Index... (1889). Part I, 534; Part II, 183.]

1888 1184
*Het londensche sweating-stelsel. *Sociaal weekblad*, 157-158.

1889 1185
BLACK, CLEMENTINA. Some East End Workwomen. *National Review*, August.

1889 1186
COLE, ALAN, S. The irish lace industry. *Journal of the Society of arts.* 1st March, 317-328.

1889 1187
SULLIVAN, Sir E. Home industries, in-8°, London, Ridgway.

[Cité par STAMMHAMMER, *Bibliographie der Socialpolitik.*]

1889 1188
*FOUGEROUSSE, A. Les cloutiers et les chaînetiers du Staffordshire et du Worcestershire. *La Réforme sociale.* I, 78-79.

1889 1189
*De kleermakers in Londen's oosteinde. *Sociaal weekblad*, 354-356.

1890 1190
*POTTER, BEATRICE. The Lords and the Sweating system. *Nineteenth Century*. XXVII, 885-905.

1890 1191
*Sweating. The two Reports. *The New Review*. June, 483-492.

1890 1192
*Die ländliche Hausindustrie in England. *Export*. XII, 11. November, nr 46, 663-665.

1890 1193
*Het britsche sweating-stelsel. *Sociaal weekblad*, 255-256.

1890 1194
*De Werkstaking der schoenmakers in oostelijk Londen. *Sociaal weekblad*, 121-122.

1891 1195
FISCHER, PAUL. Das Ostende in London. Ein Soziales. Nachbild. Berlin, Vorwärts, 2 Abteilungen, 57.

1891 1196
GRIFFIN, MONTAGU. Lacemaking in Ireland. *The Month*. March, 340-357.

1891 1197
*LEPPINGTON. C. H. d'E. Side lights of the Sweating Commission. *The Westminster Review*, CXXXVI, n° 3. September, 273-288; n° 5, November, 504-516.

1891 1198
*TAYLOR, R., WHATELY COOKE. The modern factory system. London, Kegan Paul, in-8°, 476.

1892 1199
ENGELS, FRIEDRICH. Die Lage der arbeitenden Klassen in England. Stuttgart; Dietz, in-8°, XXXII+300, et un plan de Manchester.

[2e édition. La 1re a paru en 1845. Industries à domicile : *passim*.]

1892 1200
*COLE, ALAN S. Report on Northampton bucks and beds lace-making. London, Eyre and Spottiswoode, 10. Illustr.

1892 1201
*Royal Commission on Labour. London, Eyre and Spottiswoode, in-4°.

[Le *Final Report* a été publié en 1894. La collection complète des Reports, Evidence, Appendix, etc., comprend 67 parties. Voir notamment *Group C.* (Textile. Clothing.)]

1892 1202
*Black, Clementina. Matchbox-making at home. *The English Illustrated Magazine*, IX, n° 104. May, 625-629.

1892 1203
*Brelay, Ernest. Le socialisme au Royaume-Uni. Miss B. Potter et le sweating system. Le sweating et les travaux féminins à domicile. *L'Économiste Français*, n° 42, 15 octobre, 492-494.

1893 1204
Fox, Edith Long. With the Devonshire lace-makers. *Cassel's Family Magazine.* December, 66-68. Illustr.

1893 1205
*Gonner, Prof. E. C. K. The survival of domestic industries. *Economic Journal.* III, 23-32.

1893 1206
Schloss, D. F. The dearness of « cheap » Labour. *The Fortnightly Review,* January.

1893 1207
*Booth, Charles. Life and Labour of the people in London. London, Macmillan. Vol. IV, in-8°, 354.

[The tailoring trade. Bootmaking (D. F. Schloss). Tailoring and bootmaking. East End and West End. (J. Mac Donald; C. E. Collet). The fourniture trade (E. Anes); Tobacco workers (S. N. Fox); Silk manufacture (J. Argyle); Women's work (C. E. Collet); Sweating (Ch. Booth).

1894 1208
*Report of the Board of Trade. Statistics of Employment of Women and Girls. (C. 7564.)

1894 1209
Macdonald, James. Government sweating in the clothing contracts. *The New Review,* Novembre.

1894 1210
*TAYLOR, R. W. COOKE. The factory system and the factory acts. London, Methuen, C°, in-8°, VIII-184.

[The domestic system, etc., 1-24. Sweating, 148-151.]

1895 1211
*Scottish home industries, in-4°, Dingwall, L. Munro.

1895 1212
*DE ROUSIERS, P. La question ouvrière en Angleterre. Paris, Firmin-Didot, C°, in-8°.

1896 1213
*MARCH-PHILLIPPS, MISS. Evils of home-work for women. *Women's Co-operative Guild. Investigation Papers. III.* Printed by the cooperative Newspaper Society, etc. Manchester, 7.

1896 1214
*HOBSON, J. A. Problems of poverty : Industrial condition of the poor, in-8°, London, Methuen C°.

1896 1215
BUCKINGHAMSHIRE (Countess OF). The Buckinghamshire lace industry and its revival. *The Girl's Own Paper,* 7th March, 356-358. Illustr.

1896 1216
*GALTON, F. W. Select documents illustrating the history of trade unionism. I. The tailoring trade. London, Longmans Green C°, in-8°, XCVIII-242.

[Bibliographie, 224-237.]

1896 1217
*DRYDEN, ALICE. Pillow Lace in the Midlands. *The Pall Mall Magazine,* March, n° 35, 379-391. Illustr.

1897 1218
*Home industries of women in London. Report of an inquiry into 35 trades by the investigation Committee of the women's industrial council. London, The Women's Industrial Council, in-8°, 87.

[L'introduction est signée : CLEMENTINA BLACK.]

1897 1219
*IRVIN, MARGARET H. Women's work in tailoring and dressmaking. Report of an inquiry conducted for the scottish council for women's trades. Glasgow, 37 (0.21 × 0.33).

1897 1220
*HOGG, Mrs. The furpullers of South-London. *The Nineteenth Century*, n° 249, November, 734-743.

1897 1221
*IRWIN, MARGARET H. Home work amongst women. I. Shirtmaking, Shirt-finishing and kindred trades. II. Miscellaneous minor trades. Report of an inquiry conducted for the Glasgow council for women's trades. Glasgow, I, 20+XXIII; II, 41 (0.21×0.33).

1897 1222
*WEBB, SIDNEY, and BEATRICE. Industrial democracy. London, Longmans Green C°, 2 vol., in-8°.

[Voir notamment tome II, 749-766 et *passim*.]

1897 1223
*SHERWELL, ARTHUR. Life in West London : a Study and a Contrast. London, Methuen C°, in-8°, VIII+188.

[Dressmaking. Tailoring trade.]

1897 1224
*Women's Home Industries. *Contemporary Review*, n° 384, December, 880-886.

[A propos de l'enquête du « Women's Industrial Council ». Voir n° 1218.]

1898 1225
*COLLET, Miss. Report on changes in the employment of women and girls in industrial centres. Part I. Flax and jute centres. London, Eyre and Spottiswoode, in-8°, IV-113 (c. 8794).

1898 1226
*WEBB, SIDNEY, and BEATRICE. Problems of modern industry. London, Longmans Green C°, in-8°.

[Voir notamment chap. II et VI.]

1898 1227
Home work as it affects women and children. Conference of women workers. London, King and Son.

[Voir notamment 132 ss.]

1898 1228
*The Straw industry. *Chamber's Journal*, December 1, 792-794.

[Tressage de la paille à Luton, South-Bedfordshire.]

1898 1229

*GORGES, MARY. Irish home industries. Point Lace. *Chamber's Journal*, September 1, 564-566.

[Histoire et organisation de cette industrie.]

1898 1230

*HIRD, F. The cry of the children, an exposure of certain british industries in which children are iniquitously employed. London, Bowden, in-8°, 96.

[Box-making. Belt and umbrella making. Paper bags and sack making. Artificial flower making. Furniture polishing.]

1898 1231

*SOLOWEITSCHIK, LEONTY. Un prolétariat méconnu. Étude sur la situation sociale et économique des ouvriers juifs. Bruxelles, Lamertin, in-8°, 128.

[Le sweating system.]

1899 1232

BURROWES, E. B. Buckinghamshire lace. *The Lady's Realm*, October.

1899 1233

*SAYOUS, ANDRÉ-E. Les travailleurs de l'aiguille dans l'« East-End » de Londres. *Revue d'économie politique*, 861-876.

1899 1234

Ивановъ, М. Английские кустари. (IVANOFF. Les industries à domicile en Angleterre.) Жизнь, n° 11.

1900 1235

*SAYOUS, ANDRÉ-E. Der Ursprung des Schwitzsystems und des Stücklohnes in der Londoner Konfektionsindustrie. *Soziale Praxis*, IX, nr 34. 867-868.

1900 1236

*LOHMANN, Dr. FRIEDRICH. Die staatliche Regelung der englischen Wollindustrie vom XV. bis zum XVIII. Jahrhundert (1stes Kapitel: Entstehung und Verfassung der Hausindustrie in der Tuchmacherei). Staats- u. socialwissenschaftliche Forschungen, XVIII, 1, 1-20. Leipzig, Duncker und Humblot.

1900 1237

*Women in industrial life. The transactions of the industrial and legislative section of the international Congress of women. London, July 1899. London, J. Fisher Unwin.

[The home as work-shop, 145-161. Baroness E. DE DANIEL : Home industries in Hungary, 152; Fröken A. M. HAMILTON : The woman's Home-Sloyd in Sweden, 155.]

1900 1238
*ANDERSON, ADELAÏDE M. Home work and domestic industries in England. « Industrial Law Committee ». Westminster, 32.

[Réglementation.]

1900 1239
*CHAUNER, C. C. and ROBERTS, M. E. Lace-making in the midlands. London, Methuen C°, 80.

1901 1240
*VON TUGAN-BARANOWSKY, Dr. MICHAEL. Studien zur Theorie und Geschichte der Handelskrisen in England. Jena, Fischer, in-8°, VIII-425.

[Der Kampf der Maschine gegen die Handarbeit und der Mangel an Märkten, 38-46.]

1901 1241
*KNIGHTLEY (LADY) OF FAWSLEY. Women as home workers. *The nineteenth century and after*. L, August, 287-292.

1902 1242
*SAYOUS, ANDRÉ-E. L'entre-exploitation des classes populaires à Whitechapel. *Musée social. Documents*, 262-310.

1903 1243
*HALPERN, GEORG. Die jüdischen Arbeiter in London Stuttgart, Cotta, in-8°, 84. (Münchener volkswirtschaftliche Studien, LX.)

[Sweating system, notamment dans la confection. Bibliographie, 82-84.]

1903 1244
*Census of England and Wales, 1901. Summary tables. Area, houses and population, also population classified by ages, condition as to marriage, occupations, etc. London, Eyre and Spottiswoode, in-4°, 306.

1903 1245
*CUNNINGHAM, W. The growth of english industry and commerce in Modern Times. Cambridge, The university Press, 2 vol., in-8°, 646 et 439.

1903 1246
*OAKESHOTT, G. M. Artificial flower-making : an account of the trade and a plea for municipal training. *The Economic Journal*, 123-131.

1903 1247

*BOOTH, CHARLES. Life and labour of the people in London. London, Macmillan C°. Second series. Industry, III.

[Confection. Lingerie. Fabr. de fleurs artificielles. Modistes, etc.]

1903 1248

*Alien Immigration. I. Report of Royal Commission (Cd. 1741). Short Historical Review of Alien Immigration — Character and Extent of the Evil attributed to Alien Immigration — Methods now employed in respect of Aliens on arrival in London — Overcrowding. Measures adopted for the Restriction and Control of Alien Immigration in Foreign Countries, and in British Colonies. Results of the Inquiry. Recommendations. II. Evidence (1742). III. Appendix to Evidence (1741-1). Papers and Statistics handed to the Royal Commission by Representatives of the Board of Trade, the London County Council, Board of Customs, Prison Commission, Thames Police Court, and the Jewish Board of Guardians. IV. Index and Analysis to Evidence (1743). London, Eyre and Spottiswoode, in-4°.

[Voir notamment les dépositions de Llewellyn Smith, Solomons, etc., dans les « Minutes of Evidence », §§ 22656, 3022, 3033, 3622 à 3652, 20135, etc.]

1904 1249

*BOOTH, CHARLES. Life and labour of the people in London. First series. Poverty, IV. The trades of East London connected with poverty. London, Macmillan C°, in-8°, 354.

[Confection. Cordonnerie. Fabr. de meubles. Tabacs. (Voir n° 1207.)]

1904 1250

*BLACK, CLEMENTINA. London's tailoresses. *The Economic Journal*, XIV, n° 56, 555-567.

1906 1251

*ZIMMERMANN, Dr WALDEMAR. Die Heimarbeits-Ausstellung in London. *Soziale Praxis*, XV, nr 41, 1061-1064.

1906 1252

*Sweated industries. Being a handbook of the *Daily News* Exhibition. Compiled by RICHARD MUDIE SMITH. Printed by Bradbury, Agnew C°, London, 142.

[Préface de GERTRUDE TUCKWELL.]

1906 1253

*Handbook of the Manchester Sweated Industries Exhibition. Manchester, The William Morris Press, 84. Illustr.

1906 1254
*Cabinet-making, tailoring and umbrella-making in the Manchester District. *Handbook of the Manchester Exhibition*. (Voir n° 1253.) 37-38.

1906 1255
*APPLETON, W. A. Lace out-workers at Nottingham. *Sweated industries Exhibition*. (Voir n° 1252.) 60-62.

1906 1256
*BARGER, F. E. Fur Sewing. *Sweated industries Exhibition*. (Voir n° 1252.) 62-64.

1906 1257
*BARGER, F. E. Waistcoat-making. *Sweated industries Exhibition*. (Voir n° 1252.) 58-60.

1906 1258
*BARNAKO, EUGEN. Tailoring. *Handbook of the Manchester Exhibition*. (Voir n° 1253.) 28-29.

1906 1259
*BEAUMONT, ETHEL. Tie-making. *Sweated industries Exhibition*. (Voir n° 1252.) 46-47.

1906 1260
*BLACK, CLEMENTINA. Racquet and Tennis Ball Covering. *Sweated industries Exhibition*. (Voir n° 1252.) 53-55.

1906 1261
*BLACK, CLEMENTINA. Bible folding. *Sweated industries Exhibition*. (Voir n° 1252.) 82-83.

1906 1262
*CAREY, M. The saddleress. *Sweated industries Exhibition*. (Voir n° 1252.) 83-85.

1906 1263
*CARRYER, EVELYN. Glove stitchers. *Sweated industries Exhibition*. (Voir n° 1252.) 67-70.

1906 1264
*CHIOZZA MONEY, L. G. Clay pipes and cigarette Holders. *Sweated industries. Exhibition*. (Voir n° 1252.) 51.

1906 1265
*CHIOZZA MONEY, L. G. Match box-making. *Sweated industries Exhibition.* (Voir nº 1252.) 72-74.

1906 1266
*CULLODEN, GRACE. Coffin Tassel-making. *Sweated industries Exhibition.* (Voir nº 1252.) 77.

1906 1267
*DACIES, E. E. Grummets or Rope washers. *Sweated industries Exhibition.* (Voir nº 1252.) 50.

1906 1268
*FRANCES, E. ASHWELL COOKE. Handkerchief Hemmers. *Handbook of the Manchester Exhibition.* (Voir nº 1253.) 30-31.

1906 1269
*HAMMOND, J. L. Jewel case-making in London. *Sweated industries Exhibition.* (Voir nº 1252.) 74-76.

1906 1270
*HARKER, JOHN. Shirt-making. *Handbook of the Manchester Exhibition.* (Voir nº 1253.) 31-37.

1906 1271
*HAW, GEORGE. Home life of the sweated. *Sweated industries Exhibition.* (Voir nº 1252.) 87-88.

1906 1272
*HOGG, Mrs Brush-making. *Sweated industries Exhibition.* (Voir nº 1252.) 70-72.

1906 1273
*HOLMES, THOMAS. Artificial flower-making. *Sweated industries Exhibition.* (Voir nº 1252.) 27-28.

1906 1274
*HOLMES, THOMAS. The box-makers. *Sweated industries Exhibition.* (Voir nº 1252.) 29-30.

1906 1275
*IRWIN, MARGARET H. Umbrella covering. *Sweated industries Exhibition.* (Voir nº 1252.) 40-42.

1906 1276
*IRWIN, MARGARET H. Shirt-making. *Sweated industries Exhibition.* (Voir nº 1252.) 34-36.

1906 1277
*IRWIN, MARGARET H. Sack sewing. *Sweated industries Exhibition.* (Voir nº 1252.) 39-40.

1906 1278
*IRWIN, MARGARET H. Shawl fringeing. *Sweated industries Exhibition.* (Voir nº 1252.) 33-34.

1906 1279
*IRWIN, MARGARET H. The problem of home work. With a preface by Professor George Adam Smith. Glasgow, K. and R. Davidson, 30.

[Lingerie (chemiserie). Salaires et durée du travail. Hygiène. Budgets ouvriers. Réglementation projetée.]

1906 1280
*IRWIN, MARGARET H. Women's and Children's underwear. *Sweated industries Exhibition.* (Voir nº 1252.) 42-44.

1906 1281
*IRWIN, MARGARET H. Shirt finishing. *Sweated industries Exhibition.* (Voir nº 1252.) 36-38.

1906 1282
*LEWIS CONSTANCE P. Button-Hole-making. *Sweated industries Exhibition.* (Voir nº 1252) 44-46.

1906 1283
*MONTAGU, LILY H. Notes on the manufacture of cigarette-cases. *Sweated industries Exhibition.* (Voir nº 1252.) 57-58.

1906 1284
*MAC DONALD, JAMES. Sweating in the tailoring trade. *Sweated industries Exhibition.* (Voir nº 1252.) 65-67.

1906 1285
*MAC DONALD, M. E. Bead work. *Sweated industries Exhibition.* (Voir nº 1252.) 64-65.

1906 1286
*Mac Donald, M. E. Military Embroidery. *Sweated industries Exhibition.* (Voir n° 1252.) 78-81.

1906 1287
*Morton, E. J. Ammunition Bags. *Sweated industries Exhibition.* (Voir n° 1252.) 47-48.

1906 1288
*Neal, Mary. Dressmaking. *Sweated industries Exhibition.* (Voir n° 1252.) 55-57.

1906 1289
*Purcell, A. A. French polishing. *Handbook of the Manchester Exhibition.* (Voir n° 1253.) 17-18.

1906 1290
*Ring, F. Thorne. Bromsgrove nail makers. *Sweated industries Exhibition.* (Voir n° 1252.) 52-53.

1906 1291
*Shann George M. A. Button Carders of Birmingham. *Sweated industries Exhibition.* (Voir n° 1252.) 32-33.

1906 1292
*Shann, George, M. A. Birmingham Hook and Eye Carders. *Sweated industries Exhibition.* (Voir n° 1252.) 31-32.

1906 1293
*Shann, George, M. A. Chain making. *Sweated industries Exhibition.* (Voir n° 1252.) 48-50.

1906 1294
*Wilson, Miss. Sweated boot and shoe work. *Sweated industries Exhibition.* (Voir n° 1252.) 81-82.

1906 1295
*Lawrence, E. Pethick. Homework. *The Labour Record and Review.* October, 187.

1906 1296
*Home industries of women in London, 1906. Interim Report of an inquiry by the investigation Committee of the women's Industrial Council, with an account of the development and present condition of home work in relation to the legal protection of the workers, and some account of foreign experiments in legislation. London, the Women's industrial Council, 57.

[Legal protection. Tabulated details of 44 cases of home workers engaged in 11 different trades.]

1906 1297
*Sheilds, E. Douglas. Exposition of Sweated Industries, London. *The World to-day*. September, 993-994.

1906 1298
*How women toil. A reproach to our boasted civilisation. Sweating Exhibition in Manchester. *The cooperative News*, n° 41, October 13, 1207.

1906 1299
*Hand-loom silk weaving in Cheshire. *The textile Mercury*. January 13, 25.

1906 1300
*Cadbury, Eduard; Matheson, M. Cécile; Shann, George. Women's work and wages. A phase of life in an industrial City. London, Fisher Unwin, in-8°, 368.

1906 1301
*Smith, Constance. The sweated industries exhibition. *The women's Trade Union Review*, July, n° 62, 7-10.

1906 1302
*Haslam, James. The triumph of machinery. Hand-loom weavers who still survive it. *The Millgate Monthly*. February. Vol. I, n° 5, 304-308. Illustr.

1906 1303
*Haslam, James. Lives and wages. *The Millgate Monthly*. Vol. II, n° 14. November, 72-77.

[Exposition du travail en chambre à Manchester. Le Sweating. Remèdes proposés, coopération, etc.]

1906 1304
*Mantoux, Paul. La révolution industrielle au XVIIIe siècle. Essai sur les commencements de la grande industrie moderne en Angleterre. Paris, Bellais, in-8°, 544.

[L'ancienne industrie et son évolution, 23-72. Bibliographie très étendue, 503-534.]

1906 1305
*CRESPI, ANGELO. L'esposizione londinese dello *sweating system. Critica sociale.* 16. Giugno, nº 12, 186-188.

1907 1306
Die Londoner Heimindustrie und die Hungerlöhne der Frauen. *Historisch-politische Blätter,* CXXXIX, 931-937.

1907 1307
*Official catalogue. National Trades Exhibition Bingley Hall, Birmingham, March 27th to June 8th 1907. Birmingham, James Upton Baskerville, Printing Works, 244.

[Sweated industries section, 177-244. Les monographies ont été empruntées au catalogue du *Daily News* (nº 1252) et à certains journaux.]

1907 1308
*Canadian industries in the home. *Industrial Canada,* March, 645-647. Illustr.

[Basketry. Rug and carpet-making, etc.]

1907 1309
*SHERARD, ROBERT HARBOROUGH. The white slaves of England. Being true pictures of certain social conditions in the Kingdom of England in the year 1897. London, Fifield, in-8º, 319. Illustr. 4th edition.

[The nailmakers. The slippermakers and tailors. The chainmakers.]

1907 1310
BARNETT, CANON. East London. *The Commonwealth.* January.

1907 1311
The sweating system. *The Macmillan's Magazine.* January.

1907 1312
*MILHAUD, CAROLINE. L'ouvrière dentellière en Irlande. *Revue politique et parlementaire,* LI, nº 152, 346-353.

1907 1313
*MONNIER, AUGUSTE. Les indésirables. Paris, Larose et Tenin, in-12, 286.

[L'immigration étrangère et la concurrence dans la main-d'œuvre et l'industrie. (Sweating-System.) 67-88.]

1907 1314
*MALVERY, OLIVE CHRISTIAN (Mrs ARCHIBALD MACKIRDY). Baby toilers. London, Hutchinson Cº, in-8º, XVI-198.

[Public opinion and the sweated industries. The craft of the needle. The box-makers, etc.]

1907 1315

*Report from the select Committee on home work together with the proceedings of the Committee, minutes of evidence and appendix. London, Wyman and Sons, in-4°, x-247.

[« Select Committee appointed to consider and Report upon the conditions of labour in trades in which home work is prevalent and the proposals including those for the establishment of wages boards and the licensing of work plans, which have been made for the remedying of existing abuses... »]

---

## Hongrie.

1878 1316

Székely háziipar. (L'industrie à domicile chez les Sicules.) *Erdélyi Gazda*, 394.

1879 1317

Péterffy, Jósef. Értésitések a háziiparról. (Rapport sur l'industrie à domicile.) Budapest.

1882 1318

*Nagy de Felso-Eor, Er. La petite industrie en Hongrie. *La Réforme sociale*. III, 167-169.

1885 1319

Jekelfalussy, Iózsef. Magyarország haziipara, 1884. (L'industrie à domicile en Hongrie.) Budapest.

1885 1320

Ungarns Hausindustrie Anfang des Jahres 1884. Zusammengestellt von Dr. Jos. Jekelfalussy. (K. ungar. statistiches Bureau.)

1886 1321

*Braun, Ad. und Krejcsi, Dr E. R. J. Der Hausfleiss in Ungarn im Jahre 1884. Leipzig, Fock, in-8°, 32.

1894 1322

Gelléri, Mór. Háziipari actió. *Magyar ipar*, 62.

1900 1323

*de Daniel, Baroness, E. Home industries in Hungary. (Voir n° 1237.) 1900. « Women in industrial life. »

1902 1324
Ungarische Hausindustrie. *Bayerische Handelszeitung*, 33.

1905 1325
*Dénombrement de la population des pays de la couronne hongroise en 1900. Quatrième partie. Statistique professionnelle détaillée. (Publication de l'Office central de statistique du Royaume de Hongrie.) Budapest, Société anonyme d'imprimerie de Pest, in-8°, xv + 100+1023.

1906 1326
*Dénombrement de la population des pays de la couronne hongroise en 1900. Cinquième partie. Quelques autres détails concernant la profession de la population et statistique des entreprises. (Publication de l'Office central de statistique du Royaume de Hongrie.) Budapest, Société anonyme d'imprimerie de Pest, in-8°, xvii-554.

---

## Italie.

1867 1327
Royer, Mme Clémence-Auguste. Une industrie de femme ou l'industrie de la paille en Italie. *Journal des économistes*. Mars, 442-465.

1873 1328
Jesurum, M.-A. Cenni storici e statistici sull' industrie dei merletti. Venezia, Tipografia del Commercio, in-16. 40.

1873 1329
Brignardello. I merletti nel circondario di Chiavari. Firenze, Barbera, in-16, 64.

1876 1330
Urbani de Gheltof, G.-M. I merletti a Venezia. Venezia, F. Ongania, in-8°, 58.

1878 1331
Jesurum, M.-A. Sull' industria dei merletti a Palestrina : relazione. Venezia, Compositori tip., in-8°, 12.

1883 1332
*Le piccole industrie forestali in Italia. *Annali di Agricoltura*, n° 68. Roma, Eredi Botta, 50.

1885 1333
CITA, ALESSANDRO. Le piccole industrie del Vicentino. Torino, Candeletti, in-8°. 30.

1887 1334
*STELLA, A. DOTT. Le industrie casalinghe all' esposizione regionale veneta di prodotti delle piccole industrie. Vicenza 1887. Relazione a S. E. il Ministro di agricoltura, industria e commercio. Vicenza, Tipog. Rumor, 51.

1891 1335
*GREGORI, GREGORIO. Le piccole industrie fra i contadini. Saggio critico. Treviso, Zoppelli, in-8°, IV-228. Illustr.

1892 1336
*ASSIRELLI, J.-P. Les tourneurs de Bagno de Romagna. *La Réforme sociale,* I, 293-297.

1893 1337
*BROGLIO D'AJANO, R. Die Venetianische Seidenindustrie und ihre Organisation bis zum Ausgang des Mittelalters. Stuttgart, Cotta, in-8°, VIII-59. (*Münchener volkswirtschaftliche Studien,* II.)

1893 1338
*STRINGHER, VITTORIO. L'industria dei merletti nelle campagne. Conferenza tenuta in Roma il 16 aprile, in Udine il di 2 giugno 1893. Roma Bertero, 75.

1893 1339
*BELLOC, LUIGI. Condizioni della industria della paglia nella provincia di Vicenza. *Annali dell' industria e del commercio,* in-8°, 67. Illustr.

1894 1340
*BROGLIO D'AJANO, ROMOLO. Sur l'organisation de l'industrie de la soie à Venise dans le moyen-âge. *Revue d'Économie politique,* 163-170.

1894 1341
*BENEDINI, BARTOLO. Le piccole industrie adatte ai contadini nell intermittenze dei lavori campestri. 2a edizione. Brescia, Apollonis, in-16, 167.

1896 1342
VILLARI, PASQUALE. Le trecciaiole. *Nuova antologia.* 1° Agosto, 393-410.

1896 1343
*FERRARI, P. Condizioni della industria delle trecce e dei cappelli di paglia nella provincia di Firenze. Relazione della Commissione d'inchiesta nominata con decreto ministeriale del 30 maggio 1906. *Annali dell' industria e del commercio,* in-8°, 184. Illustr.
[Bibliographie, 13-15.]

1897 1344
*SIEVEKING, HEINRICH. Die Genueser Seidenindustrie im 15. und 16. Jahrhundert. Ein Beitrag zur Geschichte des Verlagssystems. *Jahrbuch für Gezetgebung, Verwaltung und Volkswirtschaft im deutschen Reiche.* XXI, 101-133.

1899 1345
BROGLIO D'AJANO, R. Ueber die Strohflechterei in Toscana. *Jahrbücher für nationalökonomie und Statistik.* III. Folge, XVIII, 234-238.

1899 1346
*SWAINE, ALFRED. Eine neapolitanische Hausindustrie. *Schweizerische Blätter für Wirtschafts- u. Socialpolitik.* Jahrg. 7, I, 377-390.

1901 1347
*STERLING, ADA. Italian Laces, Old and New. *The Chautauquan.* October, 16-20.

1901 1348
*STERLING, ADA. The making of Venice Laces. *The Chautauquan.* December. 243-246.

1902 1349
MORASSO, MARIO. L'arte dei merletti a Venezia. *Emporium,* XVI, 304-325.

1902 1350
*ROMANELLI-MARONE, GIACINTA. Lavori artistici femminili. Le trine a fuselli in Italia. Milano, Hoepli, VIII-331 (0,10 × 0,15).
[Histoire et Technologie.]

1904 1351
GUGLIELMETTI, E. Le lavoratrice dell' ajo in Roma. Roma, Tipografia Romana.

1904 1352
*L'industria dei mobili in Brianza e le condizioni dei lavoratori. Milano. Editore l'Ufficio del Lavoro (della Società umanitaria), 32 (0,19 × 0,26).
[Avec préface du Dr A. SCHIAVI.]

1904 1353
DE VITI DE MARCO, E. Pescocostanzo and its lace-makers. *The Monthly Review*. March, 140-145. Illustr.

1904 1354
ROTTIGNI MARSILI, GIANNINA. Una grande industria artisticha italiana. I merletti di Venezia. *Italia moderna*, 15 Marzo, 821-834.

1904 1355
*Censimento della popolazione del Regno al 10 Febbraio 1901. Vol. III. Popolazione presente classificata per professioni e condizioni. Roma, Bertero, in-8°. Vol. IV. Popolazione di ciascun compartimento e del Regno classificata per sesso, età e professione unica o principale. Professioni accessorie. Lavoro a domicilio, etc. Roma, Bertero, in-8°. Vol. V. Relazione sul metodo di esecuzione e sui risultati del censimento, etc. Roma, Bertero, in-8°.

1905 1356
*MANGANO, VINCENZO. I lavori di palma in Sicilia. *Rivista internazionale di scienze sociali e discipline ausiliarie.* XXXVIII, 43-56.]

[Vannerie en feuilles de palmier.]

1905 1357
*MARCHIOLI, ETTORE. Le piccole industrie rurali. *Critica sociale*, XV, 22-24; 44; 61-63.

1905 1358
*VIGNERON, Mlle. La dentelle dans l'Italie du Nord. *Bulletin de l'enseignement technique*, n° 2, 21 janvier, 33.

1905 1359
*PANTINI, ROMUALDO. Le industrie femminili italiane : I merletti di Pescocostanzo. *Emporium*, XXI, Maggio, 389-401.

1906 1360
*Statistica industriale. Riassunto delle notizie sulle condizioni industriali del Regno. Roma, Bertero, I, in-8°, 243, et cartes. II (1905), in-8°, 407. III, in-8°, 131.

[Publication de la Direction générale de la statistique au Ministère de l'agriculture, de l'industrie et du commerce.]

1906 1361
*VALLEMANI, Contessa ANNA-MILIANI. I merletti nelle Marche. *Rivista marchigiana illustrata*, n° 5, Maggio, 153-157; n° 6, Giugno, 201-205. Illustr.

1907 1362
*Italian lace-makers. *The textile Mercury,* April 6, 252.

[D'après un article des « Daily Consular and trade Reports » (Washington), nº 2799 (20 February 1907).]

1907 1363
*Le condizioni generali della classe operaia in Milano : salari, giornate di lavaro, reddito, ecc. Risultati di un' inchiesta compiuta il 1º Luglio 1903 (Pubblicazioni dell' Ufficio del lavoro della società umanitaria, nº 15). Milano, Ufficio del lavoro, in-8º, 253.

---

## Norvège.

1867-1868 1364
*SUNDT, EILERT. Om Husfliden i Norge. (Le travail à domicile en Norvège.) Kristiania. Abelsteds Bogtrykkeri, in-8º, XXIII-324.

1897 1365
*BØGH, JOHAN. Om Husflid. Dens art og Betydning. (Le travail à domicile. Nature et importance.) Bergen, J. Grieg, in-8º, 56.

1900 1366
Norge i det nittende aarhundrede. (La Norvège au XIXe siècle.) Christiania, Cammermeyer, 2 vol, in-4º.

[GROSCH, H. Les industries du peuple et le travail à domicile, II, 338-354.]

1905 1367
*Folketaellingen i Kongeriget Norge, 3 December 1900. Femte Hefte. Folkemaengde fordelt efter Livsstilling. (Norvège. Recensement du 3 décembre 1900. Population classée par professions.) Kristiania, Aschehoug Cº, in-8º, 20+339.

1906 1368
*Arbeids-od Lønningsforhold for Syersker i Kristiania tilligemed Oplysninger angaaende Lønninger i andre kvindelige Erhverv i Norge. Norges officielle Statistik. V. 8. Socialstatistik. IV (Statistique sociale et du travail. IV. Situation économique et sociale des couturières à Christiania et salaires d'autres ouvrières en Norvège). Publié par le Bûreau central de statistique. Kristiania, H. Aschehoug Cº, x-165.

---

# Pays-Bas.

1892 1369
*Coronel, S. Précis d'une monographie d'un tisserand d'Hilversum (Hollande septentrionale. Pays-Bas).
[*Les ouvriers des deux mondes*. (Voir n° 4.) 2e série, III, 143-172.]

1895 1370
*G. A. O. De Confectiewerkers te Groningen. *Sociaal weekblad*, 90.

1895 1371
*Confectie te Amsterdam. *Sociaal weekblad*, 75-76.

1897 1372
*Investigator. Confectie-industrie. *Sociaal weekblad*, 90-92, 98-100.

1897 1373
*Simons, L. De Confectie-industrie en de Maatschappij tot Nut van 't Algemeen. *Sociaal weekblad*, 107-108.

1900 1374
*M. J. B. B. Een belangrijk rapport (kleermakers te Amsterdam). *Sociaal weekblad*, XIV, 53-54, 66-67.

1900 1375
*De kleedingindustrie te Amsterdam. Rapport uitgebracht door de Commissie van onderzoek benoemd door den gemeenteraad... Mr Ph. Falkenburg, Secretaris. Amsterdam, Johannes Müller, in-8°, 135.

1900 1376
*Pryes, S. De kleedingindustriè te Amsterdam. *De Nieuwe tijd*, 540-556.

1900 1377
*Polak, Anna. Naaisterstoestanden te Groningen. *Sociaal weekblad*, 327-328.

1900 1378
*Polak, Anna. Naaisterstoestanden te Groningen. *Vragen des tijds*, 2de deel, 301-321.

1900 1379
*De Roos, H. Hoe het bij de schoenmakers uitziet. *De Nieuwe tijd*, n° 10, 589-592.

1902 1380
*H. S. De ellende der huis-industrie. *Sociaal weekblad*, n° 14, 161-164.

1903 1381
*Tien jaren arbeidswetgeving. Verzameling van aanhalingen uit de verslagen der arbeidsinspectie (1890-1900) met betrekking tot vervanging van vrouwen, huisindustrie, algemeene gevolgen, enz.... Amsterdam, Versluys, in-8°, 103.

[Publ. du « Nationaal Bureau van Vrouwenarbeid », n° 3.]

1904 1382
*Kleermakerstoestanden te Zutfen. *Sociaal weekblad*, n° 50, 391-392.

1904 1383
*Een oude tak van huis-industrie (huisweverij). *Sociaal weekblad*, n° 35, 274.

1904 1384
*Carlier, Antoine. De kantvervaardiging in Nederland en België. *Elsevier's geïllustreerd Maandschrift*, April, 237-255.

1905 1385
*Enquête-Commissie naar vaktoestanden te Zutphen. Rapport omtrent de kleeding-industrie (vrouwen-kleeding) te Zutphen. Zutphen, G. W. van Barneveld. Brochure de 12 p. Mr E.-F.-M. Hanlo, Rapporteur.

1906 1386
*Handelingen der Staten-Generaal. Tweede Kamer. 1906-07, 48ste vergadering, 24 December 1906, 1381-1384.

[Industrie à domicile du jute (tissage) à Ryssen. Discours de MM. Aalberse, van Kol, Veegens.]

1906 1387
*Huisindustrie-Ellende. *Katholiek Sociaal weekblad*, V, 3 Maart, 105-106.

1906 1388
Arbeid in loonvertrekken (1905). *Tijdschrift van het Centraal Bureau voor de statistiek*, n° 16, 252-255.

1906 1389
*D. V. De nederlandsche Huisindustrie. *Belang en Recht*, 15 Juli, n° 235, 145-146.

1906 1390
*Meijers, E. M. Kleinindustrien ten platten lande. Inleiding en I. Het vervaardigen van rolmatten in het Noorden van Overijssel. Zwolle, Dr Erven, J.-J. Tijl, in-8°, iv-72.

[Industrie à domicile et petite industrie.]

1906 1391
*Huisindustrie onder de tabaksarbeiders. *Sociaal weekblad*, XX, 10 Februari, 43.

1906 1392
*Nederlandsche tentoonstelling van huisindustrie. *Sociaal weekblad*, n° 50, 15 December, 394.

1907 1393
*Zaalberg, P. De toestanden in de huisindustrie in het bijzonder in Nederland. *Tijdschrift voor sociale hygiene*, n° 5, 141-173.

1907 1394
*Huisindustrie te Tilburg. *Sociaal weekblad*. 24 Augustus, n° 34, 268-269.

[Tissage de la laine.]

---

# Russie.

1864 1395
Калачовъ, Н. Артели въ древней и нынѣшней Россіи. (Kalatchoff, N. Les artèles dans la Russie ancienne et actuelle.)

1872 1396
Майковъ, Л. Матеріалы для изученія кустарной промышленности и ручного труда въ Россіи. (Maïkoff, L. Matériaux pour l'étude de l'industrie domestique et du travail manuel en Russie.) " Статистическій Временникъ Россійской Имперіи ". 3.

1874 1397
*Сводъ матеріаловъ по кустарной промышленности въ Россіи. Составленъ по порученію отдѣленія статистики императорскаго русскаго географическаго Общества дѣйствительными членами Кн. А. А. Мещерскимъ и К. Н. Модзалевскимъ. С.-Петербуръ, Тип. бр. Пантелеевыхъ. (Recueil de matériaux sur l'industrie des Koustari en Russie, compilé au nom de la section de statistique de la Société impériale russe de géographie par ses membres effectifs A. A. Mechtchersky et K. N. Modzalewsky. Saint-Pétersbourg, les frères Panteléeff, in-8°, ix-630.)

[Cet ouvrage renferme une foule d'indications d'ordre géographique, économique et statistique sur les industries domestiques de la Russie, avec citation des sources où les renseignements ont été puisés.]

1874 1398

Пудовиковъ. Кустарная промышленность (Оттискъ изъ „Трудовъ“ И. В. Экономическаго Общества. III, 1). Спб. (POUDOVIKOFF. L'industrie domestique. (Extrait des « Travaux » de la Société impériale libre économique, III, 1. Saint-Pétersbourg.)

1876 1399

Лядовъ, И. М. Рукодѣлія, ремесла, промыслы и торговля Шуйскаго уѣзда. Владиміръ. (LÏADOFF, I.-M. Professions manuelles, métiers, industrie et commerce du district de Chouïa, Vladimir.)

1876 1400

Исаевъ, А. А. Промыслы Московской губерніи, 3 вып. (ISSAÏEF, A.-A. Les industries du Gouvernement de Moscou, 3 parties.)

1877 1401

GRÜNWALDT, C. Das Artelwesen (Genossenschaftswesen) und die Hausindustrie in Russland. (Aus : *Russische Revue.*) Gr. in-8°, St-Petersburg, Röttger.

1878 1402

THUN, A. Ueber die russische Hausindustrie im Gouvernement Moskau. *Russische Revue,* XII.

1879 1403

Титовъ, А. А. Свѣдѣнія о кустарныхъ промыслахъ по Ростовскому уѣзду, Ярославской губерніи. Москва. (TITOFF, A.-A. Notes sur les koustari du district de Rostow, Gouvernement de Jaroslaw, Moscou.)

1879 1404

Труды Коммисіи по изслѣдованію кустарной промышленности въ Россіи. Выпускъ I-XVI. С. Петербургъ, Типографія В. Киршбаума, 1879-1887. (Travaux de la Commission pour l'étude de l'industrie domestique (les koustari) en Russie. Tomes I à XVI. Saint-Pétersbourg, typographie Kirschbaum, 1879-1887.)

[Cette enquête renferme, en sus du compte rendu des travaux de la Commission, une série de monographies qui sont répertoriées séparément dans la présente bibliographie.]

1879 1405

Тимоховичъ, А. Кустарная промышленность въ Медынскомъ уѣздѣ. См. Труды (№ 1404) II. (TIMOKHOVITCH, A. L'industrie des Koustari dans le district de Medyn. Voir Travaux de la Commission des koustari, II (Voir n° 1404).)

[Tissage de calicot, de laine, de chanvre; cordonnerie de cuir et de feutre, etc.]

1879 1406

Тупъ, А. Мелкая кустарная промышленность на Парижской всемірной выставкѣ въ 1878 году. (Thun, A. La petite industrie des Koustari à l'Exposition universelle de Paris en 1878.) См. Труды... I (nº 1404.) Voir « Travaux de la Commission des Koustari », I (nº 1404).

1879 1407

Борисовскій, Л. Ложкарство въ Семеновскомъ уѣздѣ. См. Труды... Вып. II. (Borissowsky, L. La fabrication des cuillers dans le district de Semenoff. Voir « Travaux de la Commission des Koustari », II (nº 1404).)

1880 1408

*Thun, Alphons. Landwirtschaft und Gewerbe in Mittelrussland seit Aufhebung der Leibeigenschaft. Leipzig, Duncker und Humblot, in-8º, x-246. (Staats- und sozialwissenschaftliche Forschungen, III, 1.)

1880 1409

*Исаевъ, А. Производство полотна въ Ярославскомъ уѣздѣ. См. «Труды Коммисіи»... Вып. VI. (Issaïeff, A. Le tissage de la toile dans le district de Jaroslaw. Voir « Travaux de la Commission »..., VI (nº 1404).)

1880 1410

*Андреевъ, Е. Н. Обзоръ изслѣдованій кустарной промышленности въ Россіи. См. Труды Коммисіи ... Вып. IV. (Andréieff, E.-N. Esquisse du développement de l'industrie des Koustari en Russie. Voir « Travaux de la Commission »..., IV (nº 1404).)

1880 1411

*Давыдова, С. Кружевной промыселъ въ Подольскомъ и Серпуховскомъ уѣздахъ, Московской губерніи. См. Труды Коммисіи... Вып. V. (Davydowa, S. L'industrie des dentelles dans les districts de Podolsk et de Serpuchow, Gouvernement de Moscou. Voir « Travaux de la Commission »..., V (nº 1404).)

1880 1412

Карповъ, А. Скорняжный промыселъ въ Арзамасскомъ уѣздѣ. См. Труды Коммисіи... Вып. III. (Karpoff, A. L'industrie des pelleteries dans le district d'Arsamass. Voir « Travaux de la Commission »..., III (nº 1404).)

1880 1413

*Карповъ, А. Валеный промыселъ въ Арзамасскомъ уѣздѣ. См. Труды Коммисіи... Вып. V. (KARPOFF. L'industrie du feutre dans le district d'Arzamass. Voir « Travaux de la Commission »..., V (nº 1404).)

1880 1414

*Карповъ, А. Кузнечный промыселъ въ сѣверо-восточной части Арзамасскаго уѣзда и въ смежной съ нею части Нижегородскаго уѣзда. См. Труды Коммисіи... Вып. IV. (KARPOFF, A. La petite métallurgie dans la partie N.-E. et la région adjacente du district de Nijni-Novgorod. Voir « Travaux de la Commission »..., IV (nº 1404).)

1880 1415

*Карповъ, А. Кустарные промыслы Арзамасскаго уѣзда. См. Труды Коммисіи... Вып. VI. (KARPOFF, A. Les industries des Koustari dans le district d'Arzamass. Voir « Travaux de la Commission »..., VI (nº 1404).)

1880 1416

*Титовъ, А. Производство финифтяныхъ образковъ въ г. Ростовѣ (Ярославской губерніи) и Спасо-Песковской слободѣ. См. Труды Коммисіи... Вып. VI. (TITOFF, A. La fabrication d'images en émail dans la ville de Rostoff, Gouvernement de Jaroslaw, et dans le faubourg de Spass Peskowsky. Voir « Travaux de la Commission »..., VI (nº 1404).)

1880 1417

*Покровскій, В. Гвоздарный промыселъ въ Тверскомъ уѣздѣ. См. Труды Коммисіи.., Вып. V. (POKROWSKY, V. La clouterie dans le district de Tver. Voir « Travaux de la Commission »..., V (nº 1404).)

1880 1418

Исаевъ, А. А. Къ вопросу о кустарной промышленности въ Россіи. (ISSAÏEFF, A. A. Contribution à la question de l'industrie domestique en Russie.) Русская Мысль. nº 11.

1880 1419

*Поспѣловъ, М. Ветлужскіе рогожники Макарьевскаго уѣзда. См. « Труды Коммисіи »..., Вып. III. (POSPIÈLOFF, M. Les tresseurs de nattes dans le district de Makariew. Voir « Travaux de la Commission »..., III (nº 1404).)

1880 1420

*Исаевъ, А. Кузнечно-слесарный промыселъ въ Ярославскомъ уѣздѣ. См. Труды Коммисіи... Вып. VI. (ISSAÏEFF, A. Les forgerons-serruriers dans le district de Jaroslaw. Voir « Travaux de la Commission »..., VI (nº 1404).)

1880 1421

*Ягодинскій, И. П. Кожевенный промыселъ села Тубанаевки и смежныхъ селъ и деревень Васильскаго уѣзда. См. Труды Коммисіи... Вып. VI. (IAGODINSKY, I. P. Le travail des pelleteries du village de Toubanaièfka et des différents villages et hameaux du district de Vassil. Voir « Travaux de la Commission »..., VI (nº 1404).)

1880 1422

*Карповъ, А. Сапожный промыселъ въ Выѣздной слободѣ Арзамасскаго уѣзда. См. Труды Коммиссіи... Вып. III. (KARPOFF, A. La cordonnerie dans le village de Vyièzdnoïé, du district d'Arzamass. Voir « Travaux de la Commission »..., III (nº 1404).)

1880 1423

*Карповъ, А. Валеный и щепной промыслы въ Семеновскомъ и Балахнинскомъ уѣздахъ Нижегородской губерніи. См. Труды Коммисіи... Вып. VI. (KARPOFF, A. Le travail du feutre et du bois dans les districts de Séménoff et de Balakhna, Gouvernement de Nijni-Novgorod. Voir « Travaux de la Commission »..., VI (nº 1404).)

[Cordonnerie, tonnellerie, boissellerie, etc.]

1880 1424

*Языковъ, А. Столярный промыселъ въ Семеновскомъ и Нижегородскомъ уѣздахъ. См. Труды Коммисіи... Вып. IV. (IAZYKOFF, A. La menuiserie dans les districts de Séménoff et de Nijni-Novgorod. Voir « Travaux de la Commission »..., IV (nº 1404).)

1880 1425

*Варзеръ, В. Кустарная промышленность въ Черниговскомъ, Борзенскомъ и Новозыбковскомъ уѣздахъ. См. Труды Коммисіи... Вып. V. (VARZÈRE, V. L'industrie des Koustari dans les districts de Tchernigof, Borzna et Nowosybkow. Voir « Travaux de la Commission »..., V (nº 1404).)

[Travail des pelleteries, etc.]

1880 1426
*Докучаевъ, К. Бѣличій промыселъ въ Каргополѣ и окрестныхъ селеніяхъ. См. Труды Коммисіи... Вып. IV. (DOKOUTCHAÏEFF, K. Le travail des peaux à Cargopole et dans les villages environnants. Voir « Travaux de la Commission »..., IV (nº 1404).)

1881 1427
Ядринцевъ. Кустарные промыслы въ Сибири и значеніе ихъ. (IADRINTSEFF. Les Koustari en Sibérie et leur importance.) Русская Мысль, X.

1881 1428
*Давыдова, С. Кружевной промыселъ въ Рязанской губерніи. См. Труды Коммисіи... Вып. VII. (DAVIDOVA, S. L'industrie dentellière dans le Gouvernement de Riazan. Voir « Travaux de la Commission »..., VII (nº 1404).)

1881 1429
*Титовъ, А. Очерки кустарной промышленности Ростовскаго уѣзда См. Труды Коммисіи... Вып. VII. (TITOFF, A. Aperçu de l'industrie des Koustari dans le district de Rostof. Voir « Travaux de la Commission »..., VII (nº 1404).)

1881 1430
*Ванифатьева, Ю. Кружевной промыселъ въ г. Бѣлозерскѣ. См. Труды Коммисіи... Вып. VII. (VANIFATIÉVA, J. L'industrie dentellière dans la ville de Bièlozerska. Voir « Travaux de la Commission »..., VII (nº 1404).)

1881 1431
Исаевъ. А. А. Артели въ Россіи. Ярославль. (ISSAÏEFF, A. A. Les artels en Russie. Jaroslaw.)

1881 1432
*Каменевъ, Н. Кустарные промыслы Чулковской слободы г. Тулы. См. Труды Коммисіи... Вып. VII. (KAMENEFF, N. L'industrie des Koustari du faubourg de Tchoulkova, ville de Toula. Voir « Travaux de la Commission »..., VII (nº 1404).)

1881 1433
*Борисовъ, В. Кустарные промыслы Сергіевской волости, Тульскаго уѣзда. См. Труды Коммисіи... Вып. VII. (BORISSOFF, V. L'industrie des Koustari dans le canton de Serghiievskii, district de Toula. Voir « Travaux de la Commission »..., VII (nº 1404).)

1882 1434
*Jarotzky, B. La petite industrie dans l'Okhta (St-Pétersbourg). *La Réforme sociale*. III, 632-636.

1882 1435
*Кустарные промыслы Одесскаго уѣзда. См. Труды Коммисіи... Вып. VIII. Les Koustari du district d'Odessa. Voir « Travaux de la Commission »..., VIII (nº 1404).)

1882 1436
Андреевъ, Е. Н. Кустарная промышленность въ Россіи. Спб. (Andréieff, E.-N. L'industrie domestique en Russie. Saint-Pétersbourg.)

1882 1437
*Прилежаевъ, А. В. Что такое кустарное производство? Спб. Тип. В. Киршбаума. (Priléjaïeff, A.-V. Qu'est ce que l'industrie des Koustari? Saint-Pétersbourg, Tipogr. V. Kirschbaum, in-8º, III-208.)

1882 1438
*Нечаевъ, Н. Производство гребней для пряжи въ Одоевскомъ уѣздѣ. См. Труды Коммисіи... Вып. VIII. (Nétchaïeff, N. La fabrication de peignes à carder dans le district d'Odoïef. Voir « Travaux de la Commission »..., VIII (nº 1404).)

1882 1439
*Спасскій, Н. Кустарная промышленность Вятксой губерніи. (Spasky, N. Les Koustari du Gouvernement de Viatka.)

1882 1440
Покровскій. Сапожный промыселъ въ селѣ Кимрѣ и Кимрской волости, Корчевскаго уѣзда, Тверской губерніи. См. Труды Коммисіи... Вып. VIII. (Pokrowsky. La cordonnerie dans le village et la préfecture de Kimra, district de Kortchéva, Gouvernement de Tver. Voir « Travaux de la Commission »..., VIII (nº 1404).)

1882 1441
*Нечаевъ, Н. Производство колесъ въ Одоевскомъ уѣздѣ. См. Труды Коммисіи... Вып. VIII. (Nétchaieff, N. La fabrication des roues dans le district d'Odoïef. Voir « Travaux de la Commission »..., VIII (nº 1404).)

1882 1442

*Карповъ, А. Прядильный промыселъ въ Горбатовскомъ уѣздѣ. См. Труды Коммисіи... Вып. VIII. (Karpoff, A. La filature dans le district de Gorbatoff. Voir « Travaux de la Commission »..., VIII (nº 1404).)

1882 1443

*Кустарные промыслы Тихвинскаго уѣзда. См. Труды Коммисіи... Вып. VIII. (Les Koustari dans le district de Tikhvin, Gouvernement de Nijégorod. Voir « Travaux de la Commission »..., VIII (nº 1404).)

1882 1444

Ефименко. Кустарные промыслы въ Сумскомъ уѣздѣ. (Éphimenko. Les Koustari dans le district de Souma.)

1882 1445

*Кустарные промыслы Александрійскаго уѣзда. См. Труды Коммисіи... Вып. VIII. (Les Koustari du district d'Alexandriya, Gouvernement de Kherson. Voir « Travaux de la Commission »..., VIII (nº 1404).)

1883 1446

Stieda, Prof. Dr. Wilh. Die neuesten Forschungen über den Stand der Hausindustrie in Russland. *Russische Revue,* XXII.

1883 1447

Stieda, W. Arbeiten der Kommission zum Studium der Hausindustrie. *Jahrbücher für Nationalökomie und Statistik.* Neue Folge, VI, 414-436.

1883 1448

*Давыдова, С. А. Кружевной промыселъ въ Тверской и Ярославской губерніяхъ. См. Труды Коммисіи... Вып. X. (Davidova, S.-A. L'industrie dentellière dans les gouvernements de Tver et de Jaroslaw. Voir « Travaux de la Commission »..., X (nº 1404).)

1883 1449

*Давыдова, С. А. Кустарная промышленность Тульской губерніи. См. Труды Коммисіи... Вып. X. (Les Koustari dans le Gouvernement de Toula. Voir « Travaux de la Commission »..., X (nº 1404).)

[Principalement l'industrie dentellière.]

1883 1450

*Ягодинскій, И., Карповъ, А., Духовскій, С., Поповъ, М. Кустарна промышленность Нижегородской губерніи. См. Труды. Коммисіи... Вып. IX. (L'industrie des Koustari dans le district de Nijni-Novgorod. Articles de JAGODINSKI, J.; KARPOFF, A.; DOUKHOWSKY, S. et POPOFF, M. Voir « Travaux de la Commission »..., IX (nº 1404).)

[Notamment l'industrie des dentelles dans le district de Balakhna.]

1883 1451

*Кустарная промышленность Владимірской губерніи. См. Труды Коммисіи... Вып. X. (Les Koustari dans le Gouvernement de Vladimir. Voir « Travaux de la Commission »..., X (nº 1404).)

1883 1452

*Кустарная промышленность Пермской губерніи. См. Труды Коммисіи... Вып. X. (Les Koustari dans le Gouvernement de Perm. Voir « Travaux de la Commission »..., X (nº 1404).)

[Notamment, le travail du cuivre.]

1883 1453

*Нифантовъ, А. Ткачество полотен въ Шунгенской волости, Костромскаго уѣзда. См. Труды Коммисіи... Вып. IX. (NIPHANTOFF, A. Le tissage de la toile dans le canton de Chounga, district de Kostroma. Voir « Travaux de la Commission »..., IX (nº 1404).)

1883 1454

*Тилло, А. Народные промыслы Костромской губерніи. См. Труды Коммисіи... Вып. IX. (TILLO, A. Les industries populaires du Gouvernement de Kostroma. Voir « Travaux de la Commission »..., IX (nº 1404).)

1883 1455

Борисовъ, В, Каменевъ, Н. Кустарная промышленность Тульской губерніи. См. Труды Коммисіи... Вып. IX. (L'industrie des Koustari dans le Gouvernement de Toula. Articles de BORISSOFF, V. et de KAMENEFF, N. Voir « Travaux de la Commission »..., IX (nº 1404).)

1884 1456

*MATTHAEI, F. Die witschaftlichen Hilfsquellen Russlands. Dresden, Baensch, 2 Bde.

[Die ländliche Hausindustrie, I, 309-328].

1884 1457

*Кустарная промышленность Вятской губерніи. См. Труды Коммисіи... Вып. XII. (Les Koustari dans le Gouvernement de Viatka. Voir « Travaux de la Commission »..., XII (nº 1404).)

1884 1458

*Кустарная промышленность Вятской губерніи. См. Труды Коммисіи... Вып. XI. (Les Koustari dans le Gouvernement du Viatka. Voir « Travaux de la Commission »..., XI (nº 1404).)

[Cordonnerie. Pelleterie. Tissage du lin. Fabrication d'instruments de musique.]

1884 1459

Пругавинъ, В. Сельская община и кустарные промыслы Юрьевскаго уѣзда. (PROUGAVINE, V. La communauté de village et les industries domestiques du district de Iourief.)

1885 1460

*Клячко, О. Л. Мелкія металлическія мастерскія въ С. Петербургѣ. См. Труды Коммисіи... Вып. XIV. (KLIATCHKO, O. D. Les métiers de la petite métallurgie à St-Pétersbourg. Voir « Travaux de la Commission »..., XIV (nº 1404).)

1885 1461

*Тилло, А. Кустарная промышленность Костромской губерніи. См. Труды Коммисіи... Вып. XIII-XIV-XV. (TILLO, A. Les Koustari dans le Gouvernement de Kostroma. Voir « Travaux de la Commission »..., XIII-XIV-XV (nº 1404).)

1885 1462

*Андреевъ, Е. Н. Обзоръ дѣйствій коммисіи по изслѣдованію кустарной промышленности въ Россіи. См. Труды Коммисіи... Вып. XIV. (ANDRÉÏEFF, E.-N. Revue des travaux de la Commission pour l'étude de l'industrie des Koustari en Russie. Voir « Travaux de la Commission »..., XIV (nº 1404).)

1886 1463

STELLMACHER. Ein Beitrag zur Darstellung der Hausindustrie in Russland. Riga (Leipziger Promotionschrift).

[Analyse dans STIEDA, Litteratur, 1889, 20-22].

1886 1464

*Garbunoff, M. Ueber russische Spitzenindustrie. Ein Beitrag zur Geschichte der Hausindustrie. Wien, Pichler's Witwe, gr. in-8°, 51.

1886 1465

Гродзинскій, М. Условія существованія и развитія кустарной промышленности въ Россіи. (Grodzinsky, M. Conditions d'existence et de développement de l'industrie domestique en Russie.) Юридическій Вѣстникъ, 9-10.

1886 1466

*Давыдова, С. Кружевной промыселъ. См. Труды Коммисіи... Вып. XV. (Davidova, S. L'industrie dentellière dans différents districts. Voir « Travaux de la Commission »..., XV (n° 1404).)

1886 1467

В В. Очерки кустарной промышленности въ Россіи. Спб. (V. V. Aperçu de l'industrie domestique (Koustari) en Russie. St-Pétersbourg.)

1886 1468

*Альмедингенъ, А. Н. Кустарная промышленность въ Екатеринославской губерніи. См. Труды Коммисіи... Вып. XV. (Almedingen, A. N. Les Koustari dans le Gouvernement d'Ekaterinoslaw. Voir « Travaux de la Commission »..., XV (n° 1404).)

1887 1469

Василенко, В. Кустарные промыслы. (Vassilenko, V. Les industries domestiques.) Сѣверный Вѣстникъ, N° 10.

1887 1470

*Бѣловъ, В. Д. Кустарная промышленность въ связи съ Уральскимъ горнозаводскимъ дѣломъ. См. Труды Коммисіи... Вып XVI. (Biéloff, V.-D. L'industrie des Koustari dans ses rapports avec l'industrie métallurgique de l'Oural. Voir « Travaux de la Commission »..., XVI (n° 1404).)

1887 1471

*Бломквистъ, А. Кустарная промышленность въ Россіи. См. Труды Коммисіи... Вып. XVI. (BLOMQVIST, A. L'industrie des Koustari en Russie. Voir « Travaux de la Commission »..., XVI (nº 1404).)

1888 1472

ZAKRZEWSKI, ADAM. Przemysł włościański. (L'industrie rurale.) Varsovie.

1890 1473

Исаевъ. А. Городское и сельское кустарное производство. (ISSAÏEFF, A. Les Koustari dans les villes et les campagnes.) Юридическій Вѣстникъ, nºs 5-6.

1890 1474

Соколовскій. П. В. Къ вопросу о состояніи промышленности въ Россіи въ концѣ XVII и въ первой половинѣ XVIII столѣтія. « Ученыя записки Казанскаго университета », 3. (SOKOLOWSKY, J.-V. Contribution à la question de l'état de l'industrie en Russie à la fin du XVIIe et dans la première moitié du XVIIIe siècle. *Annales scientifiques de l'Université de Kazan*, nº 3.)

1891 1475

Пругавинъ, В. Кустарная промышленность, ея судьба и значеніе. (PROUGAVINE, V. L'industrie domestique, sa destinée, son importance.) « Вѣстникъ Европы », nº 5.

1892 1476

DAVYDOVA, SOPHIA. Die Spitzenindustrie und die darin beschäftigten Arbeiter Russlands in technischer und statistischer Beziehung (in russ. sprache), fol. St-Petersburg.

[Cité par STAMMHAMMER, Bibliographie der Sozialpolitik.]

1892 1477

*Отчеты и изслѣдованія по кустарной промышленности въ Россіи. I-VII. Спб. Типографія Киршбаума. 1892-1903. (Министерство государственныхъ имуществъ). (Rapports et études concernant l'industrie domestique en Russie, I-VII. Saint-Pétersbourg, Tipogr. Kirschbaum, 1892-1903. (Publication du Ministère des Domaines).)

[Les diverses régions de la Russie y sont étudiées au point de vue des industries à domicile. C'est, en somme, une continuation et un complément de l'enquête répertoriée sub nº 1404.]

1892 1478
Hausindustrie in Russland. *Zeitschrift für Handel und Gewerbe.* Jhrg V.

1892 1479
Рединъ. К. О Кустарничествѣ въ Россіи. (RÉLINE, K. Les Koustari en Russie.) Экономическій Журналъ nº 2.

1893 1480
*ISSAIÈW, A.-A. Le travail en famille en Russie. *Revue d'économie politique,* VII, 427-443.

1893 1481
Субботинъ. А. П. Поѣздка по кустарнымъ районамъ и кустарныя артели. Спб. (SOUBBOTINE, A.-P. Les Koustari et les artels de Koustari. Saint-Pétersbourg.)

1894 1482
*Плотниковъ, М. Кустарные промыслы Нижегородской губерніи. Нижній Новгородъ, Тип. Ройнскаго и Душина. (PLOTNIKOF, M. Les industries domestiques du Gouvernement de Nijégorod. Nijni-Novgorod, Tipogr. Roïnsky et Douchine, in-8º, x-278 et tableaux.)

1894 1483
*Левашовъ, И. И. Кустарные промыслы Тифлиской губерніи. См. " Отчеты и Изслѣдованія "... Томъ II. (LEVACHOF, J.-J. Les industries domestiques du Gouvernement de Tiflis. Voir « Rapports et tudes »... II (nº 1477).)

1894 1484
*Давыдова, С. А. Кустарная промышленность въ Средней Азіи. См. " Отчеты и изслѣдованія... " Томъ II. (DAVYDOVA, L.-A. L'industrie domestique en Asie centrale. Voir « Rapports et études »... II (nº 1477).)

1895 1485
В. В. Мелкое производство въ Россіи. I. Артель въ Кустарномъ промыслѣ. Спб. (V. V. La production en petit en Russie, I. L'artel dans l'industrie domestique. Saint-Pétersbourg.)

1896 1486
Погосская, А. Кустари на всероссійской выставкѣ. (POGOSKAÏA, A. Les Koustari à l'Exposition générale russe.) Новое Слово, 10. 11.

1896 1487
Пономаревъ, Н. В. Кустарная промышленность на нижегородской выставкѣ. (PONOMAREFF. Les Koustari à l'Exposition de Nijni-Novgorod.)

1896 1488
Каблуковъ, Н. Обще- экономическое значеніе женскихъ кустарныхъ промысловъ и способы содѣйствія имъ. (KABLOUKOF, N. Importance économique et sociale des industries domestiques des femmes et des moyens de leur venir en aide.) Новое Слово, n° 2.

1897 1489
Шавровъ, Н. Шелкомотальная промышленность въ Московской губерніи. (CHAVROF, N. Les fileurs de soie dans le Gouvernement de Moscou.) Русское экономическое Обозрѣніе. 3.

1897 1490
*Доливо-Добровольска, В. А. Кустарное ткачество на всероссійской нижегородской выставкѣ. См. " Отчеты и Изслѣдованія... „ Томъ IV. (DOLIVO-DOBROVOLSKA, V.-A. Les tisserands à domicile à l'Exposition générale russe de Nijni-Novgorod. Voir « Rapports et Études »..., IV (n° 1477).)

1897 1491
Туганъ-Барановскій, М. И. Историческая роль капитала въ развитіи нашей кустарной промышленности. (TUGAN-BARANOWSKY, M. J. Le rôle historique du capital dans le développement de notre industrie domestique.) Новое Слово, n° 3.

1897 1492
Туганъ-Барановскій, М. И. Борьба фабрики съ кустаремъ. (TUGAN-BARANOWSKY, M. J. La lutte entre la fabrique et le Koustar.) Новое Слово, 10.

1897 1493

*Кашкинъ, Н. Н. Выставка кустарныхъ издѣлій въ Калугѣ. См. " Отчеты и Изслѣдованія "... Томъ. IV. (KACHKINE, N. N. L'exposition des industries domestiques à Kalouga. Voir « Rapports et Études »..., IV (n° 1477).)

1898 1494

*KOVALEWSKY, MAXIME. Le régime économique de la Russie. Paris, Giard et Brière, in-8e, 363.

[La grande industrie et l'industrie domestique, 169-199.]

1898 1495

*Текущая статистика кустарныхъ промысловъ. См. " Отчеты и Изслѣдованія... " Томъ V. (Statistique des industries domestiques en Russie. Voir « Rapports et Études »..., V (n° 1477).)

1898 1496

Балогъ, I. Самопрялки и прядильные станки. II. Мотивы къ реформѣ кустарно-прядильнаго промысла въ Россіи. Спб. (BALOG. I. Rouets et métiers à filer. II. Considérations concernant la réforme du filage domestique en Russie. Saint-Pétersbourg.)

1898 1497

Красноперовъ, И. Женскіе промыслы въ Тверской губ. (KRASNOPÉROFF, I. Les industries féminines dans le Gouvernement de Tver.) Міръ Божій, n° 2.

1898 1498

Струве, П. Историческое и систематическое мѣсто русской кустарной промышленности. (STRUVE, P. De la place de l'industrie domestique russe au point de vue historique et systématique.) Міръ Божій, n° 4.

1899 1499

Бондаренко, И. О сѣтковязальномъ промыслѣ въ устьяхъ р. Дона. (BONDARENKO, I. Le tricotage de filets à l'embouchure du Don.) Начало, n° 3.

1899 1500

Боковъ. Древообрабатывающая промышленность Пермской губерніи. Пермь. (Bokof. La boissellerie dans le Gouvernement de Perm. Perm.)

1900 1501

*Die russische Hausindustrie. *Sociale Rundschau,* II, 322-330.

1900 1502

*Tugan-Baranowsky, M. Geschichte der russischen Fabrik. Berlin, Felber, in-8°, viii-626.

[Die Fabrik- und die Kustarhütte, 253-318. Der Kampf der Fabrik mit dem Kustari, 526-588. Nombreuses références bibliographiques.]

1900 1503

*Moratchevsky, V. Petites industries rurales dites de Koustari, dans « La Russie à la fin du XIX<sup>e</sup> siècle ». Ouvrage publié sous la direction de M. W. de Kovalewsky. Paris, Dupont et Guillaumin, 538-545.

1900 1504

*Ponomarew, N.-V. L'industrie domestique et rurale en Russie. Les Koustari. Paris, Chamerot, 8°, 44.

1900 1505

La petite industrie rurale. Notice sur les objets exposés au village russe. Exposition de Paris, 1900.

1900 1506

Указатель кустарно-промышленной и сельско-хозяйственной выставки и ея горнаго отдѣла 1900 г. въ г. Тулѣ. Тула. (Catalogue de l'Exposition de l'industrie domestique et de l'économie rurale et de sa section métallurgique à l'Exposition de Toula en 1900. Toula.)

1900 1507

Кустарное производство сельскохозяйственныхъ орудій и машинъ. М. З. и Г. И. Спб. (La fabrication à domicile d'instruments et de machines agricoles. Ministère de l'Agriculture et des domaines. Saint-Pétersbourg.)

1900 1508

Аловъ, А. А. Кустарное производство земледѣльческихъ орудій и машинъ. См. « Отчеты и Изслѣдованія »... Томъ VI. (Alof, A. A. La fabrication à domicile d'instruments et de machines agricoles. Voir « Rapports et Études »..., VI (n° 1477).)

1900 1509

Кустарные промыслы. Текущая статистика за 1895-96 сел.-хоз. годъ. Изданіе Министерства земледѣлія и государственныхъ имуществъ. Les industries domestiques. Statistique actuelle pour l'année 1895-96. Publication du Ministère de l'Agriculture et des domaines.

1900 1510

*Пономаревъ, Н. В. Выставки кустарныхъ издѣлій въ Калугѣ, Саратовѣ, Ромнахъ и Ригѣ. См. " Отчеты и изслѣдованія... " Томъ. VI. (PONOMAREFF, N. V. Les expositions des industries domestiques à Kalouga, Saratoff, Romny et Riga. Voir « Rapports et Études »..., VI (nº 1477).)

1900 1511

Пономаревъ, Н. Кустарные промыслы въ Россіи. Москва. (PONOMAREFF, N. Les industries domestiques en Russie. Moscou.)

1900 1512

*Кустарное производство сельскохозяйственныхъ орудій и машинъ. С. Петербургъ, Киршбаумъ. (Les Koustari fabricants de machines et d'instruments agricoles. Saint-Pétersbourg, Kirschbaum, 155 pp.)

[Publication du Ministère de l'Agriculture, section de l'économie rurale et de la statistique agraire.]

1900 1513

Бѣловъ, П. Картина кустарнаго производства въ селѣ Черкизовѣ, Московскаго уѣзда. (BIELOFF, P. Tableau de la fabrication domestique dans le village de Tcherkizowa, district de Moscou.) Міръ Божій, nº 6.

1901 1514

Погрузовъ, А. Кустарная промышленность Россіи, ея значеніе, нужды и возможное будущее. Спб. (POGROUZOFF, A. L'industrie domestique en Russie, son importance, ses besoins et sa destinée. Saint-Pétersbourg.)

1901 1515

Погрузовъ. Кустарная промышленность, ея судьба и значеніе. (POGROUZOFF. L'industrie domestique, sa destinée, son importance.) Вѣстникъ Европы, 6.

1901 1516

Косолаповъ. В. Кустарные промыслы Казанской губ. Вып. I. Казань. (KOSSOLAPOFF, V. Les industries domestiques du Gouvernement de Kazan. I. Kazan.)

1901 1517

Лисенко, С. Очерки домашнихъ промысловъ и ремеслъ Полтавской губ. Вып. 2. Роменскій уѣздъ. (LISSENKO, S. Aperçu des industries à domicile et des métiers du Gouvernement de Poltawa. II. District de Romen.)

1902 1518

*Ивановъ, И. М. Русскіе кустари. С. Петербургъ, Типографія И. Гольдберга. (IVANOFF, J. M. Les Koustari russes. Saint-Pétersbourg, Tipographie J. Goldberg, IV-106 pp.)

[Histoire des Koustari (pp. 22-38). Concurrence entre l'industrie domestique et la fabrique (pp. 39-59). Action des pouvoirs publics en faveur des Koustari (pp. 78-104). Bibliographie (p. 105).

1902 1519

В. В. Кустарные промыслы и организація ихъ въ Россіи. (V. V. Les industries domestiques, leur organisation en Russie.) Вѣстникъ Европы (n° 3).

1902 1520

*Указатель состоящей подъ Августѣйшимъ покровительствомъ ея Императорскаго Величества Государыни Императрицы Александры Өеодоровны всероссійской кустарно-промышленной выставки. С. Петербургъ, В. С. Балашевъ и К°. (Catalogue de l'Exposition générale russe des industries domestiques à Saint-Pétersbourg, en 1902. Saint-Pétersbourg, Balacheff), 523+XII.

1902 1521

*Шавровъ, Н. Н. Ковровое производство въ Малой Азіи. Тифлисъ, Тип. Козловскаго. (CHAVROFF, N. N. L'industrie des tapis en Asie mineure. Tiflis, Kozlovsky), in-8°, 48. Illust.

[Publication du Ministère de l'Agriculture, section de l'économie rurale et de la statistique agraire.]

1902 1522

*Кустарная промышленность на Кавказѣ. I. Ковровый промыселъ... Тифлисъ, Козловскій. (L'industrie des Koustari dans le Caucase. I. La tapisserie. Tiflis, Kozlofski), 71. Illustr.

[Publication de la Commission des Koustari pour le Caucase (Ministère de l'Agriculture).]

1902 1523

*Тимирязевъ, Д. А. Обзоръ кустарныхъ промысловъ Россіи. Спб. Тип. Пентковскаго. (Timiriazeff, D. A. Tableau des industries domestiques de la Russie. Saint-Pétersbourg. Impr. Pentkovsky), xxix-150-iii. Illustr. (30×24).

[Publication du Ministère de l'Agriculture.]

1902 1524

*Левитскій, В. проф. Значеніе кустарныхъ промысловъ въ народномъ хозяйствѣ. (Levitsky, V. Prof. Importance des industries domestiques dans l'économie nationale.) Народное Хозяйство, 2, 34-48.

1902 1525

Malinowski, M. Przemysł domowy w Królestwie Polskiem. (L'industrie à domicile dans le royaume de Pologne.) *Ekonomista*, nº 1, 86-106.

1903 1526

*Apostol, Dr Paul. La petite industrie rurale en Russie et les mesures prises pour l'encourager. *Revue internationale du commerce, de l'industrie et de la banque,* 5e année, 523-549, 761-777.

1903 1527

Кустарная промышленность на Кавказѣ. II. Ковровый промыселъ Курдовъ. Тифлисъ, Козловскій. (L'industrie des Koustari dans le Caucase. II. La tapisserie chez les Khurdes. Tiflis, Kozlovsky), 135.

[Publication de la Commission pour l'industrie des Koustari dans le Caucase (Ministère de l'Agriculture).]

1904 1528

*Cleinow, George. Beiträge zur Lage der Hausindustrie in Tula. Leipzig, Duncker und Humblot. (Staats- u. Socialwissenschaftliche Forschungen, 22.) 8º, ix-132.

1905 1529

*Koszutski, Stanislaw. Rozwój ekonomiczny Królestwa Polskiego w ostatniem trzydziestoleciu 1870-1900. Warszawa, Nakladem Księgarni Naukowej, 8°, iv-384-v. (Le développement économique du royaume de Pologne au cours des derniers 30 ans, 1870-1900. Varsovie.)

[La petite industrie; l'industrie domestique et à domicile, 310-330.]

1906 1530

*Hammerschmidt, Wilhelm. Geschichte der Baumwollindustrie in Russland vor der Bauernemanzipation. Strassburg, Trübner, xiv-124. Carte.

1906 1531

*Recueil de matériaux sur la situation économique des Israélites de Russie, d'après l'enquête de la Jewish Colonization Association. Paris, Alcan, I, in-4°, viii-440.

[IIIe partie. Les artisans et les manœuvres. La petite industrie, 235-440.]

1906 1532

*Караваевъ, В. Ф Библiографическiй обзоръ земской статистической и оцѣночной литературы со времени учрежденiя земствъ 1864-1903 г. С. Петербургъ Типо-лит. М. П. Фроловой, vii-427. (Karavaiev, V. F. Esquisse bibliographique de la littérature statistique et financière des zemstvos depuis leur fondation 1864-1903. 1re série. Saint-Pétersbourg.)

[Les publications des différents zemstvos renferment un grand nombre d'indications statistiques et de politique économique concernant les Koustari. Toutes ces publications ont été soigneusement analysées par M. Karavaiev, dont le Recueil constitue par là même une source de premier ordre.]

## Suède.

1897 1533
*LEFFLER, Dr JOHANN. Lebens- und Lohnverhältnisse industrieller Arbeiterinnen in Stockholm. Stockholm, Köerners Boktryckeri, in-8°, 136. Tableaux et diagrammes.

1898 1534
Доливо-Добровольска, В. А. Ручное ткачество въ Швеціи. См. „Отчеты и Изслѣдованія... „ Томъ V. (DOLIVO-DOBROVOLSKA, V. A. Le tissage à la main en Suède. Voir « Rapports et Études »..., V (n° 1477.)

1900 1535
*HAMILTON, A. M. The woman's Home sloyd in Sweden.
[Voir n° 1237, « Women in industrial life ».]

1902 1536
*Huisindustrie in Sweden. *Sociaal weekblad*, n° 29, 345-346.

1905 1537
*VERSCHOOR, A.-L. Huisindustrie in Sweden. *Sociaal weekblad*, n° 24, 186-188.

1907 1538
*MEYERSON, GERDA. Svenska hemarbetsförhållanden. En undersökning utförd som grund för Centralförbundets för socialt arbete hemarbetsutställning i Stockholm Oktober 1907. (Les conditions des industries à domicile en Suède. Enquête effectuée à l'occasion de l'exposition des industries à domicile ouverte à Stockholm en octobre 1907 par l'Union centrale pour le travail social.) Stockholm, Ekmans förlag, in-8°, 72+104.

# Suisse.

1837 1539

*Bowring, Dr John. Bericht an das englische Parlament über den Handel, die Fabriken und Gewerbe der Schweiz. Nach der offiziellen Ausgabe aus dem englischen übersetzt von Dr H...e. Zürich. Orell, Füssli C°, in-8°, 278.

[Horlogerie du canton de Neuchâtel, 68-89. Industrie de la soie du canton de Zürich, 148-164.]

1853 1540

*Dubois, Pierre. Lettres sur les fabriques d'horlogerie de la Suisse et de la France. Paris, à l'Administration du Moyen-Age, 5, rue du Pont-de-Lodi, et chez l'auteur, Faubourg Poissonnière, 13; in-12, xi-144.

1860 1541

*Emminghaus, C. B. Arwed. Die Schweizerische Volkswirtschaft. Leipzig, G. Mayer.

[I, 158, 254, 263, 267 et ss. Tissages, fabr. de dentelles, tressage de la paille, horlogerie, etc.]

1862 1542

Bachofen-Merian, J. J. Kurze Geschichte der Bandweberei in Basel, zusammengestelt nach den Urkunden. Als Manuskript gedruckt. Basel, C. Schultze.

1865 1543

Kinkelin, H. Die Bandweberei in Basel. Beitrag zur Statistik der schweizerischen Industrie. *Zeitschrift für schweizerische Statistik*, XI-XIV.

1868 1544

Statistik der Handwebstühle im Kanton Sankt-Gallen. *Zeitschrift für schweizerische Statistik*.

1868 1545

Salvisberg, F. Die Holzschnitzlerei des Berner Oberlands und ihre Entwicklung. Dargestellt im Auftrag der Direktion des Innern des Kantons Bern.

1872 1546
STRASBURGER, KARL. Die Uhrenindustrie im Juragebirge. *Jahrbücher für Nationalökonomie und Statistik*, XVIII, 212.

1873 1547
BÖHMERT. Arbeiterverhältnisse und Fabrikeinrichtungen der Schweiz. Zürich, Schmidt, 8°, x-452.

1874 1548
Zur Statistik der schweizerischen Uhrenindustrie. *Zeitschrift für schweizerische Statistik.*

1878 1549
SARASIN, K. Die Seidenbandindustrie in Basel. Separatabdruck aus der *Allg. Schweizer. Zeitung*, Oktober 1878. Basel, Wyss.

1878 1550
*LE PLAY, F. Horloger de la fabrique collective de Genève.

[*Les ouvriers européens*, VI, 34-83 (voir n° 16).]

1880 1551
Statistik der ostschweizerischen Stickereiindustrie im Jahre 1880, zum Teile verglichen mit 1872 und 1876. *Zeitschrift für schweizerische Statistik*, 142-150.

1882 1552
*SCHULER, F. Die schweizerischen Stickereien und ihre sanitärischen Folgen. *Deutsche Vierteljahrsschrift für öffentliche Gesundheitspflege*, XIV, 2. Heft, 246-290.

[Considérations historiques, géographiques, techniques, statistiques. Personnel, ateliers, durée du travail, salaires, genre de vie des ouvriers. Hygiène.]

1882 1553
*BOVET, P.-C. La petite industrie domestique dans le canton de Fribourg (Suisse). *La Réforme sociale*, I, 233-234.

1885 1554
KOECHLIN-GEIGY, A. Die Entwicklung der Seidenbandfabrikation in Basel (im *Basler Jahrbuch*, 1885).

[Cité par W. Sarasin-Iselin, n° 1583.)

1886 1555
GEERING. Handel- und Industrie der Stadt Basel, in-8°.
[Voir pp. 440, 592, 600 ss.]

1886 1556
*GFELLER, JULES. L'horlogerie suisse en 1886. *Journal de statistique suisse.* XXII, 75-112.

1887 1557
*WARTMANN, Dr HERMANN. Industrie und Handel des Kantons St-Gallen, 1867-1880. Herausgegeben vom Kaufm. Directorium in St-Gallen. St-Gallen, Huber et Cie, in-4°, 6-353.

1889 1558
*FURRER. Volkswirtschaftliches Lexikon der Schweiz. Bern, Schmid Francke, C°, in-8°.
[III, Stickerei, 187-196.]

1891 1559
*BAUMBERGER, GEORG. Geschichte des Zentralverbandes der Stickerei-Industrie der Ostschweiz und des Vorarlbergs und ihre wirtschafts- und sozialpolitischen Ergebnisse. St-Gallen, Hasselbrink, in-8°, 278.

1891 1560
*LAURENT, A. G. Die Stickerei-Industrie der Ostschweiz und des Vorarlberges mit besonderer Berücksichtigung der Hausindustrie. Eine sozialökonomische Studie. Basel, Schwenck, in-8°, XIV-53.

1891 1561
*BÉCHAUX, A. L'industrie horlogère en Suisse. *L'Économiste français*, n° 30, 25 juillet, 105-106.

1893 1562
*SARASIN-WARNERY, R. Die Entwicklung der Seidenindustrie. *Zeitschrift für schweizerische Statistik.* XXIX, 592-604.

1894 1563
LANDOLT. Methode und Technik der Haushaltsstatistik (nebst dem Budget einer St-Galler Arbeiterfamilie). Freiburg i. B. Mohr, in-8°.

1895 1564
*SWAINE, A. Die Arbeits- und Wirtschaftsverhältnisse der Einzelsticker in der Nordostschweiz und Vorarlberg. Strassburg, Trübner, in-8°, X-160.

1895 1565

Demme, K. Die Hausindustrien im Berner Oberland mit Vorschlägen zur Hebung derselben und zur Einführung neuer Hausindustrien. Verfasst im Auftrage der Direktion des Innern des Kantons Bern.

1896 1566

*Lehmann, Dr Hans. Die aargauische Strohindustrie mit besonderer Berücksichtigung des Kantons Luzern. Aarau, H. Bührer, in-4°, VIII-124.

1896 1567

*Dawson, William Harbutt. The Swiss house industries. *The Economic Journal*, 295-307.

1897 1568

*Märtens, Otto. Die Lage der schweizerischen Schuhmacher und des schweizerischen Schuhmacherverbandes. *Schweizerische Blätter für Wirtschafts- und Sozialpolitik*, n° 14, 393-400.

1897 1569

*Frey, J. Die Ueberbürdung von Kindern durch Stickarbeit und ihre Folgen für Schule und Haus. St-Gallen, Honegger, Verhandlungen der St-Gallischen gemeinnützigen Gesellschaft, XXVII, 33-63.

1898 1570

*Märtens, Otto. Das schweizerische Schneidergewerbe und die Lage und Organisation seiner Arbeiter. *Schweizerische Blätter für Wirtschafts- und Socialpolitik*, n° 5, 146-154 ; 191-195.

1898 1571

*De Borduurindustrie in Switserland. *Sociaal weekblad*, 281-283 et 286-288.

1899 1572

*Schuler, F. Die sozialen Zustände in der Seidenindustrie der Ostschweiz. *Archiv für soziale Gesetzgebung und Statistik*, XIII, 510-579.

1899 1573

*J. v. A. Uit Switserland. Zijdeindustrie. *Sociaal weekblad*, 426-429 et 450-452.

1900 1574

*Schwyzer, Eugen. Die jugendlichen Arbeitskräfte im Handwerk und Gewerbe, in der Hausindustrie und in den Fabriken. Schützende Massnahmen gegen Ueberanstrengungen, etc. *Schweizerische Zeitschrift für Gemeinnützigkeit*, XXXIX, 3, 193-283.

[Les pages 258-279 concernent spécialement l'industrie à domicile.]

1902 1575
*Dubois, Ernest, et Julin, Armand. Les moteurs électriques dans les industries à domicile. — I. L'industrie horlogère suisse. II. Le tissage de la soie à Lyon. III. L'industrie de la rubanerie à Saint-Étienne. Bruxelles, Office de Publicité et Société belge de Librairie, in-8°, 292.

[Publication de l'Office du Travail.]

1903 1576
*Sigg, Jean. L'enfant dans l'industrie domestique en Suisse. *La Revue socialiste,* XXXVIII, septembre, 346-369.

1903 1577
*Sester, Dr Franz. Die wirtschaftliche Lage der hausindustriellen Handmaschinensticker in der Ostschweiz. Bonn, Georgi, in-8°, 96.

[1. Umfang der Produktion. 2. Organisation der Hausindustriellen. 3. Löhne. Arbeitszeit und Arbeitsraum. 4. Arbeiterschutz und Krankenfürsorge. 5. Aufschwung der Stickereiindustrie. 6. Hausindustrie und Fabrikbetrieb. Bibliographie, 3-5.]

1903 1578
*Организація часового промысла въ Швейцаріи. См. " Отчеты и Изслѣдованія... „ Томъ VII. (L'organisation de l'industrie horlogère en Suisse. Voir « Rapports et Études » ..., VII (n° 1477).)

[D'après l'ouvrage de Dubois et Julin sur les moteurs électriques.]

1904 1579
*van Anrooy, Dr Josephine. Die Hausindustrie in der schweizerischen Seidenstoffweberei. Zürich, Rascher's Erben, 8°, 192. (*Zürcher volkswirtschaftliche Studien,* V.)

[Lohn- und Arbeitszeit, 56-79. Hausweberei und Landwirtschaft, 80-123.]

1904 1580
*Schuler, F. Die schweizerische Hausindustrie. *Zeitschrift für schweizerische Statistik,* I, 125-166.

1904 1581
*Die schweizerische Hausindustrie. *Soziale Rundschau,* I, 914-915.

1904 1582
*Brunhes, Henriette-Jean. Le premier historien du travail à domicile en Suisse, le Dr Fridolin Schuler. *L'Association catholique,* LVIII, 76-82.

1904 1583
*SARASIN-ISELIN, W. Hausindustrie und Elektrizität in der Basler Bandweberei. Basel, Verlag der Basler Nachrichten, 56.

1905 1584
*MÜHLEMANN, C. Untersuchungen über die Entwicklung der wirtschaftlichen Kultur und die Güterverteilung im Kanton Bern. Bern, Steiger, in-8°, VI-282. (Mittheilungen des Bernischen statistischen Bureaus, 1905. Lieferung II.)

[Spécialement le chap. X, 125-180.]

1905 1585
*ZINSLI, PH. Die Beschäftigung der schulpflichtigen Kinder in Hausindustrie und andern Erwerbsarten im Kanton Appenzell A/Rh. *Schweizerische Blätter für Wirtschafts u. Sozialpolitik*, 13. Jahrg., I, 1-17; 43 61.

1905 1586
ZINSLI, PH. Die Beschäftigung der schulpflichtigen Kinder in Hausindustrie und andern Erwerbsarten im Kanton Appenzell A. Rh. *Appenzellische Jahrbücher.* Vierte Folge. 2. Heft.

1905 1587
*STEINMANN, ARTHUR. Die Ostschweizerische Stickerei-Industrie. Rückblick und Ausschau. Eine volkswirtschaftlich-soziale Studie mit einem Anhang über die sanitärischen Verhältnisse in der ostschweizerischen Stickerei-Industrie. Zürich, Rascher, in-8°, VIII-209.

1905 1588
*PFLEGHART, A. Hausindustrie. Handwörterbuch der schweizerischen Volkswirtschaft... herausgegeben von Dr N. Reichesberg. Zweiter Band, 951-961.

1905 1589
OPPELT, F. Die schweizer. Holzgalanteriewaren-Industrie. *Zentralblatt für das gewerbliche Unterrichtswesen in Oesterreich.* XXIII, 4, 499-510.

[Fabrication de jouets en bois.]

1906 1590
*KÜNZLE, EMIL. Die zürcherische Baumwollindustrie von ihren Anfängen bis zur Einführung des Fabrikbetriebes. Inaugural-Dissertation... der Universität Zürich. Zürich, Druck von F. Rosenberger, IV-84.

[Organisation des Verlags, 25-34.]

1906 1591
*SCHWYZER, E. Erhebungen über der Umfang der Erwerbsarbeit schulpflichtiger Kinder in der Schweiz. *Schweizerische Zeitschrift für Gemeinnützigkeit.* XLV, 1, 3-15.

1906 1592
*Résultats provisoires du recensement fédéral des entreprises agricoles, industrielles et commerciales du 9 août 1905. Statistique de la Suisse. 147e livraison. Berne, Neukomm et Zimmermann, in-4°, VIII-148.

1906 1593
*Résultats du recensement fédéral des entreprises agricoles, industrielles et commerciales du 9 août 1905. Ier volume. Les entreprises et le nombre des personnes actives dans ces entreprises. Fascicule 1. Canton de Zurich. Fascicule 2. Canton de Berne, etc., Berne, Francke, 1907, in-4°.

1906 1594
*GIVSKOV, ERIK. Broderi som Husindustrie. (La broderie comme industrie à domicile.) *Nordisk Tidskrift*, n° 7, 513-528.

[La Broderie dans le canton de Saint-Gall.]

1907 1595
*Statistik der Stadt Zürich. N° 8. Eidgenössische Betriebszählung vom 9. August 1905. Heft I. Die Betriebe und die darin beschäftigten Personen in Zürich und Umgebung. Zürich, Rascher et Cie, 50.

1907 1596
*BOOS-JEGHER, ED. Bibliographie der schweizerischen Landeskunde. Gewerbe und Industrie. Heft II. Bern, Wyss, in-8°.

[Hausindustrie, 199-201.]

1908 1597
GESER-ROHNER, Dr A. Die Stickereiindustrie der Ostschweiz in Vergangenheit und Gegenwart. *Monatschrift für christliche Sozialreform.* XXX, 65-98.

## Autres pays.

1892 1598
DASZYNSKA, Dr SOPHIE. Die Hausindustrie in Persien. *Neue Zeit,* Jhrg 10.

1899 1599
GROTHE, L.-H. Hausindustrie in Marokko. *Mutter Erde,* II, 253. Illustr.

1901 1600
*STANEFF, Dr STOIL. Das Gewerbewesen und die Gewerbepolitik in Bulgarien. Leipzig, Wittrin, in-8°, 140.
[Die Hausindustrie in Bulgarien, 54 et ss. (Tapis.)]

1901 1601
WISCHIN, R. Hausindustrie in Japan. *Universum,* 2907-2912. Illustr.

1904 1602
*Костић, Коста, Н. Стара српска трговина и индустрија. (KOSTITCH, KOSTA, N. Le commerce et l'industrie dans la Serbie d'autrefois.) Београд, Штамп. Светозара Николића Обилићев Венац, in-8°, XVI-282.
[État du commerce et de l'industrie en Serbie au moyen âge. L'industrie domestique est exposée aux pages 104 à 121.]

1904 1603
*SAKAROFF, NIKOLA. Die industrielle Entwicklung Bulgariens. Berlin, Ebering, in-8°, 84.
[Die Entwicklung und Verfalltendenzen in der Hausindustrie.]

1906 1604
*Domestic weaving. *The textile Mercury,* December 29, 482.
[Perfectionnement de l'outillage mécanique des industries domestiques, notamment en Orient.]

1906 1605
*Списаревски, Д-ръ К. Д. Кустарната промишленость. София " Зилберъ ", II, 70 с. (SPISSAREWSKY, Dr K. D. L'industrie domestique. Sofia, Tipog. « Zilber », II-70 (11 1/2 × 15).)

1907 1606
*DOS SANTOS, V. Industrias madeirenses. Bordados, artefactos de verga e embutidos. (Les industries de Madère : la broderie, la fabrication de meubles en bois tressé et la vannerie, la marqueterie.) Boletim do trabalho industrial n° 4 (lisez n° 5). Lisboa, imprensa nacional. 8°, 31 p.

# TROISIÈME PARTIE

## Réforme de l'industrie à domicile. Encouragement et assistance de la part des pouvoirs publics et des particuliers.

---

### I

### *Réglementation du travail dans l'industrie à domicile. Assurance. Hygiène.*

1834 1607

*A return of the names of the inspectors appointed to superintend the factories of the United Kingdom; the salaries and districts assigned to each; copies of the reports presented by them to the Secretary of State, according to the provisions of the act of Parliament.

[Tel est le titre du 1er rapport des inspecteurs des fabriques en Angleterre. Le titre de ces rapports a varié dans la suite. De 1836 à 1877, on trouve *Reports of the inspectors of factories;* de 1878 à 1895, *Report of the Chief inspector of factories and workshops;* à partir de 1896, *Annual Report of the Chief inspector of factories and workshops...*]

1875 1608

*Jahresberichte der K. preussischen Fabrikinspektoren für das Jahr 1874. Berlin.

[Annuel. Le rapport pour 1888 porte « Jahresberichte der K. preussischen Gewerberäthe, nebst den Berichten der Bergbehörden. Amtliche Ausgabe ». A partir du rapport consacré à l'année 1891, le titre est « Jahresberichte der K. preussischen Regierungs- und Gewerberäthe und Bergbehörden für das Jahr... Amtliche Ausgabe ».]

1879 1609

*Berichte der eidgenössischen Fabrikinspektoren über ihre gemeinsame Inspektionsreisen. Bern, Stämpfli, in-8°, 71.

[Paraissent tous les deux ans. En 1884, les rapports sont publiés sous le titre « Berichte über die Fabrikspection in der Schweiz 1882-1883. Rapports sur l'inspection des fabriques en Suisse, 1882 et 1883. Aaarau, Sauerländer ». Actuellement, le titre porte : « Berichte der eigd. Fabrikinspektoren über ihre Amtsthätigkeit in den Jahren... und... ». Rapport des inspecteurs fédéraux des fabriques concernant leurs fonctions officielles dans les années... et.... Aarau, Sauerländer », in-8°.]

1880 1610

*Jahres-Bericht der Grossherzogl. badischen Fabrikinspektion für das Jahr 1880. Karlsruhe.

[Publication annuelle.]

1881 1611

*Jahresberichte der K. bayerischen Fabriken-Inspectoren für das Jahr 1880. München.

[Publication annuelle.]

1881 1612

*Amtliche Mittheilungen aus den Jahresberichten der mit Beaufsichtigung der Fabriken betrauten Beamten, 1879. Zusammengestellt im Reichsamt des Innern.

[Publication annuelle. A partir de 1892, le titre porte « Amtliche Mittheilungen aus den Jahresberichten der Gewerbe-Aufsichtsbeamten ». Aujourd'hui ces rapports ne sont plus publiés par extraits, mais bien in-extenso, l'un à la suite de l'autre, sous le titre : « Jahresberichte der Gewerbe-Aufsichtsbeamten und Bergbehörden für das Jahr... ». Un volume spécial renferme des « Tabellarische Uebersichten ». Berlin, Deckers's Verlag. La publication a lieu par les soins du Ministère de l'intérieur.]

1881 1613

COHN, GUSTAV. Fabrikgesetzgebung und Hausindustrie in der Schweiz. *Jahrbücher für Nationalökonomie und Statistik*, Neue Folge, III, 596-597.

1882 1614

*Jahresberichte der K. sächsischen Gewerbe- und Berg-Inspectoren für das Jahr 1881. Berlin.

[Ces rapports sont publiés annuellement à Dresde.]

1883 1615

*Zusammenstellung der Berichte der Kantonsregierungen über die Ausführung des Bundesgesetzes betr. die Arbeit in den Fabriken. Rapports des gouvernements cantonaux sur l'exécution de la loi fédérale concernant le travail dans les fabriques.

[Le 1er rapport concerne les années 1878 à 1882. Le 2e et les suivants ont été publiés à Aarau chez Sauerländer. Ils paraissent maintenant tous les deux ans.]

1883 1616

*Stieda, Wilhelm. Deutsche Fabrikzustände. *Preussische Jahrbücher,* LI, Januar, 48-63.

[La législation sur les fabriques et l'industrie à domicile, 54-63.]

1885 1617

Elster, Ludwig. Die Fabrikinspektionsberichte und die Arbeiterschutzgesetzgebung in Deutschland. *Jahrbücher für Nationalökonomie und Statistik,* Neue Folge, XI, 392-416.

1885 1618

*Bericht der K. K. Gewerbeinspektoren über ihre Amtsthätigkeit im Jahre 1884. Wien.

[Publ. annuelle.]

1888 1619

Merckel, G. Die Hygiene in Handwerk und Hausindustrie. *Gewerbeschau,* nr 15-17.

1888 1620

*Sombart, Dr Werner. Die deutsche Zigarrenindustrie und der Erlass des Bundesrats vom 9. Mai 1888. *Archiv für soziale Gesetzgebung und Statistik,* 107-128.

1888 1621

*Moore, Samuel. Das sweating system in England. *Archiv für Soziale Gesetzgebung und Statistik,* 642-646.

1888 1622

Harrington, G. Y. The Sweating Problem and its Solution. London.

1889 1623

Die Krankenversicherung und ihre Anwendung auf die Hausindustrie. *Zeitschrift für Handel und Gewerbe.*

1890 1624
*Ziegler, Franz. Die sozialpolitischen Aufgaben auf dem Gebiete der Hausindustrie. Berlin-Hamburg, Bruer Co, in-8°, 284.

1890 1625
Ausdehnung des Arbeiterschutzes auf Werkstätten und Hausindustrie. *Arbeiterwohl*, 7-8

1890 1626
*Fuld, Dr Ludwig. Hausindustrie und Arbeiterschutz. *Deutschland*, nr 22, 1. März, 369-370.

1890 1627
*Hitze, Franz. Schutz dem Arbeiter. Köln, Bachem, in-8°, VIII-264.

[Ausdehnung des Arbeiterschutzes auf Werkstätten und Hausindustrie, 230.]

1891 1628
*Taylor, R. Whately Cooke. The modern factory system. London, Kegan, Paul, in-8°, VII-476.

[Voir notamment le chapitre VIII. The sweating system. Home industry. Legislation and home-industry, etc.]

1891 1629
*Verslagen van de inspecteurs van den arbeid in het Koninkrijk der Nederlanden. Uitgegeven door het Department van Waterstaat, Handel en Nijverheid. 'S Gravenhage.

[Ces rapports paraissent tous les deux ans. Aujourd'hui c'est le « Departement van Landbouw, Nijverheid en Handel » qui est chargé de la publication.

1892 1630
*Potter Miss Beatrice. How best to do away with the sweating system. Co-operative Union Limited. Manchester, 16.

1892 1631
*Schloss, David, F. The present position of the « Sweating system » question in the United Kingdom. *The Economic Review*, 452-459.

1892 1632
*Gebhard, Herman. Die Invaliditäts- und Altersversicherung der Hausgewerbetreibenden der Tabakfabrikation. Berlin, Heymann, in-8°, IV-95.

[Quelles sont, dans l'industrie du tabac, les personnes qui peuvent-être rangées parmi les industriels à domicile? Commentaire de l'ordonnance du 16 décembre 1891.]

1893 1633
*WILKINS, W. H. « How long, O Lord, how long? » *The Nineteenth Century*, nº 198. August, 329-336.

[« Needlewomen of the East-End ». Comment améliorer leur situation.]

1893 1634
RIEDL, RICH. Hausindustrie und Sitzgesellenwesen im oesterreichischen Gewerberechte. *Deutsche Worte*, XIII.

1893 1635
*Verwaltungsberichte der Gewerbeaufsichtsbeamten in Elsass-Lothringen für das Jahr 1892. Amtliche Veröffentlichung. Strassburg.

[Publication annuelle.]

1893 1636
*POTTER, BEATRICE. Comment en finir avec le sweating system. *Revue d'économie politique*. VII, 963-974.

1894 1637
WOLFF, HENRY, W. A defence against « Sweating ». *Economic Review*, 166-176.

1894 1638
*HEATHER-BIGG, Miss ADA. The cry against home work. *The Nineteenth Century*, nº 214. December, 970-986.

1894 1639
Sweating : its cause and remedy. London. Fabian Society. Tract nº 50.

1894 1640
*Hausweber und Invaliditäts-bezw. Alterversicherung. *Sozialpolitisches Centralblatt*. III, nr 35, 28. Mai, 422-423.

1894 1641
SAMHAMMER. Der unlautere Wettbewerb in der Hausindustrie. *Zeitschrift für gewerblichen Rechtsschutz*, III.

1894 1642
*CAZAJEUX, J. Le sweating system en Nouvelle-Zélande. *La Réforme sociale*. II, 865-867.

1895 1643
*Rapports sur l'application pendant l'année 1894 des lois réglementant le travail. Rapport présenté à M. le Président de la République par MM. les Membres de la Commission supérieure du travail, etc. Paris, Imprimerie nationale.

[Publication annuelle. Ces rapports renferment des détails sur les ateliers de famille. Les principaux passages qui renferment des données de l'espèce ont été cités par M. FAGNOT dans son rapport sur la *Réglementation du travail en chambre*, 1904.

1895 1644
*POTTER (WEBB), BÉATRICE. Une nouvelle loi anglaise sur les fabriques. *Revue d'économie politique*, IX, 729-738.

1896 1645
*Verhandlungen der Handels- und Gewerbekammer in Brünn. Protokoll der 450. ordentlichen öffentlichen Sitzung vom 17. Juli 1896.

[Bericht über die Reform der Hausindustrie, 116-130.]

1896 1646
*LOEW, E., und SIMON, H. Die amerikanische Gesetzgebung zur Bekämpfung des Schwitzsystems. *Soziale Praxis*, I, nr 41, 1096-1101.

1896 1647
*Ueber Kategorien der Heimarbeit. Ein Wort zu dem Plane der oesterreichischen Regierung das Sitzgesellenwesen zu regeln. *Deutsche Worte*, XVI, 581-597.

1896 1648
*BRAUN, AD. Die nächsten Aufgaben der Reichskommission für Arbeiterstatistik. *Soziale Praxis*, V, 8. April, 765-769.

1896 1649
*VON SCHULZ. Schiedspruch des Gewerbegerichts Berlin im allgemeinen Ausstand der Berliner Herren- und Knabenkonfektionsindustrie. *Das Gewerbegericht*. Beilage, 77-80.

1896 1650
*TIMM, J. Die Arbeiterforderungen in der Berliner Konfektionsindustrie. *Soziale Praxis*, V, 20. Februari, 577-581.

1896 1651
*Der Kampf gegen das Schwitzsystem im deutschen Tischlergewerbe. *Soziale Praxis*, V, nr 29, 16. April, 797.

1896 1652
WEBB, BEATRICE. Der Beste Weg zur Beseitigung des Sweating-Systems. *Die Neue Zeit*, II, 368.

1896 1653
*SMITH, A. Das Sweating system in England. *Archiv für soziale Gesetzgebung und Statistik*, IX, 420-439.

1896 1654
*Rapports annuels de l'inspection du travail. 1re année (1895). Ministère de l'industrie et du travail. Office du travail. Bruxelles, Office de Publicité et Société belge de Librairie, 2 vol. in-8°.

[Publation annuelle.]

1896 1655
*LEVASSEUR, E. Le « Sweating system » aux États-Unis. *Revue d'économie politique*, 721-743.

1896 1656
Крыловъ, Н. Вліяніе русскаго законодательства на кустарную промышленность. (KRYLOFF, N. Influence de la législation russe sur l'industrie des Koustari.) " Наблюдатель ", n° 6.

1897 1657
*WEBER, ALFRED. Hausindustrielle Gesetzgebung und Sweating-System in der Konfektionsindustrie. *Jahrbuch für Gesetzgebung, Verwaltung und Volkswirtschaft im deutschen Reiche*, XXI, 271-305.

1897 1658
*VON SCHULZ, M. Die Stellung der Heimarbeiter im deutschen Gewerberecht. *Archiv für soziale Gesetzgebung und Statistik*, X, 721-749.

1897 1659
*BLANKENSTEIN, P. Die Ausdehnung der Krankenversicherung auf die Hausindustrie. *Archiv für soziale Gesetzgebung und Statistik*, X, 868-885.

1897 1660
*TIMM, JOHANNES. Der Arbeiterschutz in der Kleider und Wäschekonfektion. *Soziale Praxis*, nr 36, 3. Juni, 875-879.

1897 1661
*WEIGERT, O. Die Krankenversicherung in der Hausindustrie. *Soziale Praxis*, VI, nr 35, 857-861.

1897 1662
*SCHWIEDLAND, Dr EUGEN. Vorberichte über eine gesetzliche Regelung der Heimarbeit, erstattet an die niederösterreichische Handels- und Gewerbekammer. Wien, Verlag der niederösterr. Handels- und Gewerbekammer, in-4°, 52+68+18.

[Cette brochure renferme trois rapports à la Chambre de commerce et d'industrie de la Basse-Autriche. Le premier porte la date de 1896; les deux autres celle de 1897. Ces rapports ont aussi été publiés séparément.]

1897 1663
*SCHWIEDLAND, Dr. E. Die Heimarbeit und ihre staatliche Regelung. *Das Leben*, I, April, 123-133.

1897 1664
*WEBER, A. Das Sweating-System in der Konfektion und die Vorschläge der Kommission für Arbeiterstatistik. *Archiv für soziale Gesetzgebung und Statistik*, X, 493-518.

1897 1665
*SCHWIEDLAND, E. De la répression du travail en chambre. *Revue d'économie politique*, 566-597; 665-702; 787-816.

1897 1666
*L'industrie à domicile et la législation du travail. (Discussions au Congrès de Bruxelles.) *Musée social*, I, série A, circulaire n° 19, 415-417.

1897 1667
*LAMBRECHTS, HECTOR. Le travail des couturières en chambre et sa réglementation. Bruxelles, Société belge de Librairie, in-8°, 113.

1897 1668
*Le Congrès de la protection ouvrière à Zurich. *Musée social*, série B, circulaire n° 14, 424-430.

[Industrie à domicile.]

1898 1669
*Zur rechtlichen Stellung der Heimarbeiter. *Das Gewerbegericht*, IV, nr 1.

1898 1670
*Antrag auf Regelung der Heimarbeit in Oesterreich. *Soziale Praxis*, VIII, nr 5, 111.

1898 1671
*Der internationale Kongress für Arbeiterschutz in Zürich vom 23. bis 28. August 1897. Amtlicher Bericht des Organisations-Komitees. Zürich, Buchhandlung des schweizer. Grütlivereins, in-8°, VIII-280.

1898 1672
*DODD, Dr ARTHUR. Die Wirkung der Schutzbestimmungen für die jugendlichen und weiblichen Fabrikarbeiter und die Verhältnisse im Konfektionsbetriebe in Deutschland. Jena, Fischer, in-8°, VIII+236.

[Vergleichung der Lage der geschützten gegenüber den ungeschützten Arbeiterinnen an dem Beispiele des Konfektionsbetriebes, 146-234.]

1898 1673
*VON SCHULZ, M. Zur rechtlichen Stellung der Heimarbeiter. *Das Gewerbegericht.* IV, nr 3, 28-31.

1898 1674
*SCHILDER, SIGMUND. Die Regelung der Heimarbeit. *Die Gegenwart.* LIII, nr 21, 21. Mai, 321-326.

1898 1675
*GRÄTZER, RUD. Hausindustrie und Arbeiterschütz. *Soziale Praxis.* VII, nr 14, 6. Januar, 355-356.

1898 1676
*SCHWIEDLAND, Dr EUGEN. Arbeiterschutz und Heimarbeit. *Soziale Praxis.* VIII, nr 5, 105-111; nr 6, 129-135.

1898 1677
*SCHWIEDLAND, Dr EUGEN. Die Registrirung der Heimarbeiter. *Soziale Praxis.* VII, nr 39, 1009-1013.

1898 1678
*KELLEY, FLORENCE. Das sweating system in den Vereinigten Staaten. *Archiv für soziale Gesetzgebung und Statistik*, 208-232.

1898 1679
*SCHWIEDLAND, Dr EUGEN. Die Regelung der Heimarbeit und Graf von Posadowsky. *Soziale Praxis.* VII, n° 16, 401-405.

1898 1680
*Women workers. The official Report of the Conference held at Norwich... 1898. Norwich, Goose, in-8°.

[Miss IRWIN : Home work among women, 132-140. Mrs HOGG : Home industry and its bearing on child-life, 140-147.

1898 1681
*Brodu, Jules. Du marchandage. Thèse. Paris, Rousseau, in-8°, 140.

1898 1682
*Annuaire de la législation du travail publié par l'Office du travail de Belgique. 1re année. Bruxelles, Weissenbruch, in-8°.

[Paraît annuellement et renferme le texte (en français) des principales lois concernant l'industrie à domicile dans les différents pays. La 10e année a paru en 1907.]

1898 1683
*La réglementation de l'industrie à domicile, par le « Women's Industrial Council ». Congrès de la législation du travail. Bruxelles, 1897, 409-422.

1898 1684
Lambrechts, Hector. La réglementation de l'industrie à domicile. Congrès de la législation du travail. Bruxelles, 1897, 19-24.

1898 1685
*Legrand, Georges. La réglementation de l'industrie à domicile. Congrès de la législation du travail. Bruxelles, 1897, 25-31.

1899 1686
*Weber, Dr Alfred. Beschränkung der Heimarbeit in der Konfektionsindustrie. *Soziale Praxis*, VIII, n° 27, 721-727.

1899 1687
*Die Kinderausbeutung in der Hausindustrie und ihre Bekämpfung. Prämierte Preisarbeiten von Sektionen des schweiz. Grütlivereins. Herausgegeben vom Centralkomitee des schweiz. Grütlivereins in Luzern. Zürich, Buchdruckerei des schweiz. Grütlivereins, 26.

1899 1688
*Regelung der Heimarbeit in der Cigarrenindustrie. *Soziale Praxis*, n° 6, 152-153.

1899 1689
*Vorschläge des deutschen Tabakvereins, betreffend gesetzliche Regelung der Heimarbeit in der Cigarrenindustrie. *Soziale Praxis*, IX, n° 42.

1899 1690
*Tregear, E. Die Fabrikgesetzgebung in New-Seeland. *Schriften des Vereins für Sozialpolitik*, LXXXVII, 243-251.

1899 1691
*DYHRENFURTH, GERTRUD. Die gesetzliche Behandlung der Konfektionsindustrie. *Die Zukunft*, 22. April, nr 30, 150-157.

1899 1692
*JAFFÉ, E. Die gesetzliche Regelung der Cigarrenhausindustrie. *Soziale Praxis*, VIII, nr 36, 978-980.

1899 1693
*VON SCHULZ, M. Zur rechtlichen Stellung der Heimarbeiter. *Das Gewerbegericht*, IV, nr 4, 45-46.

1899 1694
*KÄHLER, Dr W. Materialien zur Beurteilung der rechtlichen Stellung der Hausindustrie in Deutschland. *Schriften des Vereins für Sozialpolitik*, LXXXVII, 1-20.

1899 1695
*FRANCKE, Dr E. Die Hausindustrie und ihre Regelung. *Neue deutsche Rundschau*, X, 12, 1233-1246.

1899 1696
*ANDERSON, Miss ADELAIDE MARY. Die Arbeitsbedingungen in Hausindustrie und Heimarbeit nach der Gesetzgebung Englands. *Schriften des Vereins für Sozialpolitik*, LXXXVII, 139-181.

1899 1697
*LONGHNAN, R. A. Die Fabrikgesetzgebung des Staates Victoria (Australien). *Schriften des Vereins für Sozialpolitik*, LXXXVII, 263-277.

1899 1698
*LONGHNAN, R. A. Die Fabrikgesetzgebung in Neu-Süd-Wales. *Schriften des Vereins für Sozialpolitik*, LXXXVII, 253-261.

1899 1699
*KELLEY, FLORENCE. Die gesetzliche Einschränkung der Heimarbeit in den Vereinigten Staaten von Nord-Amerika. *Schriften des Vereins für Sozialpolitik*, LXXXVII, 183-243.

1899 1700
*WEBER, Dr ALFRED. Die Arbeiterschutz in der Konfektion und verwandten Gewerben. *Soziale Praxis*, VIII, nr 26, 689-694.

1899 1701
*Wolff, Emil. Zur rechtlichen Stellung der Heimarbeiter. *Das Gewerbegericht*, IV, nº 7, 79-81.

1899 1702
*Weigert, O. Die obligatorische Krankenversicherung der Hausindustriellen. *Jahrbuch für Gesetzgebung, Verwaltung und Volkswirtschaft im deutschen Reiche*, XXIII, 467-489.

1899 1703
Mac Donald. The proposed bill for the better regulation of home work. *Ethical World*, 117.

1899 1704
Montefiore. The proposed home work bill. *Ethical World*, 85.

1899 1705
*Fauquet, Georges. Essai sur le travail en chambre, considéré au point de vue sanitaire. Paris, Jouve et Boyer, in-8º, 61. (Thèse.)

1899 1706
*Pittié, Marcel. Du salaire à la tâche et du marchandage. Thèse. Paris, Rousseau, in-8º, 199.

1899 1707
*Doublot, Camille. La protection légale des travailleurs de l'industrie du vêtement. (Thèse.) Paris, Larose, in-8º, 270.

[Législation française et législations étrangères. Efforts de l'initiative privée.]

1900 1708
Verhandlungen der am 25., 26. und 27. September 1899 in Breslau abgehaltenen Generalversammlung des Vereins für Socialpolitik über die Hausindustrie und ihre gesetzliche Regelung. Leipzig, Duncker und Humblot. *Schriften des Vereins für Sozialpolitik*, LXXXVIII, 12-101.

[Rapports de MM. Alfred Weber et E. von Philippovich.]

1900 1709
*Winter, Fritz. Zur Regelung der Heimarbeit. *Die Neue Zeit*, 301-308.

1900 1710
*White, Henry. Effects of New-York sweatshop law. *Gunton's Magazine*, I, 345-356.

1900 1711
*WILLOUGHBY, W. F. Regulation of the sweating system. Monographs on american social Economics, IX. (Departement of social Economy for the U. S. Commission to the Paris Exposition of 1900.) Boston, Wright and Potter, 23.

1900 1712
APPLETON, JEAN. Le marchandage et la jurisprudence. *Questions pratiques de législation ouvrière et d'économie sociale,* 66-72.

1900 1713
*SCHWIEDLAND, E. Travail en chambre et police sanitaire. *Revue d'économie politique,* 229-237.

1900 1714
*WILHELM. L'avenir de l'atelier de famille en France. *L'Économiste français,* n° 51, 22 décembre, 847-849.

1901 1715
*Bekämpfung der Heimarbeit in der deutschen Confectionsbranche. *Soziale Rundschau,* II, 540.

1901 1716
*WURM, EMMANUEL. Schutz den Heimarbeitern! *Die Neue Zeit,* I, 246-251.

1901 1717
*Maximalarbeitstag für kombinirte Fabrik- und Heimarbeit von Jugendlichen und Arbeiterinnen. *Soziale Praxis,* X, nr 17, 420.

1901 1718
BRAUN, LILY. Die Hausindustrie. *Die Zukunft,* XXXVII, 213-223.

1901 1719
*MUMM, LIC. REINHARD. Schutz der Heimarbeiterinnen. *Soziale Praxis,* XI, n° 5, 113-116.

1901 1720
LEWINS, CL. Ziele und Wege einer Heimarbeitsgesetzgebung. *Die Frauenbewegung,* Beilage 23.

1901 1721
*Schwiedland, Dr Eugen. Die Krankenversicherung in der Hausindustrie. *Schweizerische Blätter für Wirtschafts- und Socialpolitik*, Jahrg. 9., I, 111-124; 150-156.

1901 1722
*Webb, Mrs Sidney. The case for the factory Acts. London, Grant Richards, in-8o, xvi-233.
[Home work, 140-150.]

1901 1723
*Van Zanten, J. H. De huisindustrie en het ontwerp op de arbeids- en rusttijden. *Sociaal weekblad*, no 23, 269-270.

1901 1724
Озеровъ, И. Какъ борятся съ sweating system. (Ozéroff, J., Comment lutter contre le sweating system.) Русское экономическое Обозрѣніе, 8.

1902 1725
*Krankenversicherung der Hausindustrie-Arbeiter in Berlin. *Soziale Praxis*, XI, nr 14, 360-361.

1902 1726
*Schutz den Heimarbeitern. *Soziale Praxis*, XI, no 20, 513.

1902 1727
*Die Versicherung der Hausindustrie nach der Unfallversicherungsgesetzen. *Soziale Praxis*, XI, nr 38, 1001-1004.

1902 1728
*von Frankenberg. Gehören die Hausgewerbetreibenden in Betriebskrankenkassen? *Die Arbeiter Versorgung*, 1. August, nr 22, 455-456.

1902 1729
*Hahn. Ueber die Krankenkassenzugehörigkeit der Hausgewerbetreibenden und ihres Hilfspersonals. *Die Arbeiter-Versorgung*, 21. November, nr 33, 713-717.

1902 1730
Lill, Fr. Bekämpfung der Heimarbeit. *Die Gewerkschaft*, 74-76; 81-83.

1902 1731
NOETZEL, K. Zum Probleme der Heimarbeit. *Die Gegenwart*, nr 36.

1902 1732
SÄUBERLICH, H. Heimarbeit oder Fabrikarbeit. *Germania : Wissenschaftliche Beilage*, nr 48.

1902 1733
*Schutz den Heimarbeitern. Eine Denkschrift dem Bundesrat und Reichstage überreicht vom Verband der Schneider, Schneiderinnen und verw. Berufsgenossen. Mit einem Anhange : Die Lage der Arbeiter im Schneidergewerbe Deutschlands. Berlin, Buchhandlung Vorwärts, 306.

[L'annexe comprend les pages 133 à 306. La 1re partie (1-132) avait paru dès 1901 à Stuttgart, chez Holzhäuser. Le titre intérieur porte encore cette date.]

1902 1734
FULD. Gemeinden- und Krankenversicherung der Hausindustriellen. *Selbstverwaltung*, nr 35.

1902 1735
*Dangerous Trades. The historical, social and legal aspects of industrial occupations as affecting health, by a number of experts. Edited by THOMAS OLIVER. London, J. Murray, in-8°.

[Home work, by A. BALLANTYNE, 98-103.]

1902 1736
*REEVES, W. PEMBER. State experiments in Australia and New-Zealand. London, Grant Richards, II, in-8°.

[The minimum wage law in Victoria and South-Australia, II, 47-68.]

1902 1737
*Les ateliers de famille, les établissements de bienfaisance et l'inspection du travail. *Questions pratiques de législation ouvrière et d'économie sociale*, III, 351.

1902 1738
*Bescherming van de zgn. « Thuiswerkers ». *Katholiek Sociaal weekblad*, nr 6, 58.

1903 1739
*Invalidenversicherung und Hausweber. *Soziale Praxis*, nr 16, 427.

1903 1740
*Die Krankenversicherungspflicht der Heimarbeiter. *Soziale Praxis*, XII, nr 41, 1091-1092.

1903 1741
*JAFFÉ, Dr EDGAR. Die Heimarbeit in der Zigarrenindustrie und ihre gesetzliche Regelung. *Soziale Praxis*, XII, nr 51, 1321-1326.

1903 1742
*SCHWIEDLAND, Prof. Dr EUGEN. Ziele und Wege einer Heimarbeitergesetzgebung. 2te Auflage. Wien, Manz, in-8°, 350.

1903 1743
*SCHWIEDLAND, EUGEN. The sweat-shop and its remedies. *The international Quarterly*, VI, 408-430.

1903 1744
SCHWIEDLAND, E. Zu einer Gewerberechtsreform im Interesse der Heimarbeiter. *Volkswirtschaftliche Wochenschrift*, 26. Februar.

1903 1745
*SCHWIEDLAND, Prof. Dr. Mindestlohnsatzungen in der Heimarbeit. *Soziale Praxis*, XII, nr 19, 497-502.

1903 1746
SALOMON, A. Schutz der Heimarbeit. *Centralblatt des Bundes deutscher Frauenvereine*, IV, 146-148, 156.

1903 1747
FULD, L. Krankenversicherung der Hausgewerbetreibenden. *Zeitschrift für Versicherungswissenschaft*, 157-166.

1903 1748
KÜRZ, E. Krankenversicherung der Hausgewerbetreibenden. *Die Zeit*, nr 23.

1903 1749
*REISSHAUSS, PAUL. Der Heimarbeiterkongress. *Die neue Zeit*, I, 643-647.

1903 1750
*BRAUN, ADOLF. Der Heimarbeiterschutzcongress. *Die neue Zeit*, 1903-04, I, nr 25, 788-794.

1903 1751
*LÖSSER, Gewerbeinspektor. Die Einführung von Lohnbüchern in der Kleider- und Wäschekonfektion. *Soziale Praxis*, XII, nr 26, 688-689.

1903 1752

*HAHN. Nochmals zur Krankenkassenzugehörigkeit der Hausgewerbetreibenden. *Die Arbeiter-versorgung*, 11. April, nr 11, 241-244.

1903 1753

*KRAUSE. Die Versicherung der Heimarbeiter und Hausgewerbetreibenden in den Betriebskrankenkassen. *Die Arbeiter-Versorgung*, 13. Februar, nº 5, 97-103.

1903 1754

*ROHMER, Dr GUSTAV. Das Kinderschutzgesetz. Reichsgesetz vom 30. März 1903 betr. Kinderarbeit in gewerblichen Betrieben. München, Beck, kl. in-8º, IV-103.

1903 1755

*WILBRANDT, ROBERT. Die Wechselwirkung zwischen Arbeiterinnenschutz und Heimarbeit. *Jahrbuch für Gesetzgebung, Verwaltung und Volkswirtschaft im deutschen Reiche*, XXVII, 1339-1351.

[Der Arbeiterinnenschutz vermehrt die Heimarbeit, 1339-1344. Die Heimarbeit hemmt den Arbeiterinnenschutz, 1344-1347. Wie ist diese Wechselwirkung aufzuheben? 1347-1351.]

1903 1756

WILBRANDT, R. Arbeiterschutz in der Hausindustrie. *Die Zeit*, nr 26.

1903 1757

WILBRANDT, R. Arbeiterschutz und Heimarbeit in der Sozialpolitik der Gegenwart. *Deutsche Stimmen*, 59-62.

1903 1758

*WILBRANDT, Dr R. Der Staat und die Hausindustrie. *Soziale Praxis*, XII, nr 26, 684-687.

1903 1759

Ateliers de famille. *Questions pratiques de législation ouvrière et d'économie sociale*, 348.

1903 1760

*PIC, PAUL. Traité élémentaire de législation industrielle. Les lois ouvrières. Paris, Rousseau.

[Voir notamment les nos 567, 731 et ss., 793 et ss., 852 et ss., 1194 et ss. de cet ouvrage.]

[1903] 176

*ANDERSON, Miss ADELAÏDE MARY. Indiquer les mesures sanitaires prises en différents pays concernant la petite industrie et l'industrie à domicile. Discuter ces mesures : apprécier en quoi elles laissent à désirer et mériteraient d'être modifiées ou complétées. Congrès international d'hygiène et de démographie. Bruxelles, 1903. Hygiène, IVe section, 6e question, in-8°, 40 p. et carte. (Texte anglais.)

[1903] 1762

*VAN OVERSTRAETEN, L. Indiquer les mesures sanitaires prises en différents pays concernant la petite industrie et l'industrie à domicile. Discuter ces mesures : apprécier en quoi elles laissent à désirer et mériteraient d'être modifiées ou complétées. Congrès international d'hygiène et de démographie. Bruxelles, 1903. Hygiène, IVe section, 6e question, in 8°, 52.

[1903] 1763

*FONTAINE, ARTHUR. Indiquer les mesures sanitaires prises en différents pays concernant la petite industrie et l'industrie à domicile. Discuter ces mesures : apprécier en quoi elles laissent à désirer et mériteraient d'être modifiées ou complétées. Congrès international d'hygiène et de démographie. Bruxelles, 1903. Hygiène, IVe section, 6e question, in-8°, 16.

1903 1764

*MILHAUD, Mme CAROLINE. Nécessité d'une enquête sur le travail à domicile des femmes. *Revue politique et parlementaire,* XXXVIII, 579-588.

1903 1765

*BRU, ÉMILE. Essai sur la réglementation du travail à domicile. (Thèse.) Paris, Larose, in 8°, 334.

[La législation étrangère : Angleterre, États-Unis, Australie. Le mouvement ouvrier et le travail en chambre.]

1903 1766

*Le travail de nuit des femmes dans l'industrie. Rapports sur son importance et sa réglementation légale. Iéna, Fischer, in-8°, XLII-384.

[Publication de l'Association internationale pour la protection légale des travailleurs. Voir notamment les rapports de Mlle VON ARLT, 75-104; Mlle GATTI DE GAMOND, 182 et ss.; M. G. H. WOOD, 240 et ss.; M. F. SCHULER, 340 et ss.]

1904 1767

*KLEEIS, FRIEDRICH. Die Invalidenversicherung der Hausgewerbetreibenden der Textilindustrie. *Volkstümliche Zeitschrift für praktische Arbeiterversicherung*, X, nr 5, 65-67.

1904 1768
*Die Heimarbeit in New-York. *Correspondenzblatt der Generalkommission der Gewerkschaften Deutschlands.* XIV, nr 16, 262-263.

1904 1769
*Erweiterung des Arbeiterschutzes in der Konfektionsindustrie. *Soziale Praxis,* XIII, nr 22, 575-576; nr 25, 651-653.

1904 1770
LÜDERS, E. Der erste Heimarbeiterschutzkongress. *Die Frauenbewegung,* 41.

1904 1771
*ALTMANN, S. P. Der erste Heimarbeiterschutzkongress. *Volksthümliche Zeitschrift für praktische Arbeiterversicherung,* 81.

1904 1772
*Der allgemeine deutsche Heimarbeiterschutzkongress. *Correspondenzblatt der Generalkommission der Gewerkschaften Deutschlands,* XIV, nr 11, 179-183.

1904 1773
*WILBRANDT, Dr ROBERT. Der allgemeine Heimarbeiterschutzkongress. *Soziale Praxis,* XIII, nr 25, 641-646.

1904 1774
*WAGNER, Dr MORITZ. Die Heimarbeit und der Heimarbeiterschutzkongress. *Der Arbeiterfreund,* 15-29.

1904 1775
*Erster allgemeiner Heimarbeiterschutzkongress zu Berlin am 7. bis 9. März 1904. *Reichs-Arbeitsblatt,* nr 8, 743-744.

1904 1776
*Der Heimarbeiterschutzkongress. *Die Gleichheit,* XIV, nr 7.

1904 1777
WILBRANDT, R. Der erste Heimarbeiterschutzkongress. *Die Frau,* 393-395.

1904 1778
*WILBRANDT, ROBERT. Die Bedeutung des Heimarbeiterschutzkongresses. *Deutsche Monatschrift für das gesamte Leben der Gegenwart,* III, Mai, 265-272.

1904 1779
*SOMBART. Prof. Dr W. Zum allgemeinen Heimarbeiterschutzkongress. *Soziale Praxis*, XIII, nr 23. 593-597.

1904 1780
SOMBART, W. Der erste Heimarbeiterschutzkongress. *Die Woche*, nr 12.

1904 1781
*WAGNER, Dr M. Zum allgemeinen Heimarbeiterschutzkongress. *Die Arbeiter-Versorgung*, 2. April, nr 10, 196-197.

1904 1782
DOHRN, W. Der erste Heimarbeiterschutzkongress. *Die Nation*, nr 24.

1904 1783
SALOMON, ALICE. Der erste Heimarbeiterschutzkongress. *Centralblatt des Bundes deutscher Frauenvereine*, V, 185-187.

1904 1784
SCHREIBER, A. Der erste Heimarbeiterschutzkongress. *Beilage zur allgemeinen Zeitung* (München), nr 66.

1904 1785
*Protokoll der Verhandlungen des ersten allgemeinen Heimarbeiterschutzkongresses abgehalten zu Berlin am 7. 8. 9. März 1904. Berlin, C. Legien, in-8°, XVI-228.

[Monographies à partir de la p. 180 : Fleurs artificielles, EMMA IHRER; reliure, E. BRÜCKNER; vannerie, brosses et boutons, TH. LEIPART; porcelaine, WALLMANN; cordonnerie, F. KÖLLE; lingerie et confection, MARIE HOFMANN.]

1904 1786
*Die Verhandlungen des 15. ordentlichen Verbandstages der deutschen Gewerkvereine abgehalten zu Hannover vom 23. bis 30. Mai. Berlin, Selbstverlag des Verbandes.

[Discussion concernant le travail à domicile, 88-103. Réglementation légale.]

1904 1787
*HAHN. Zur Krankenversicherung der Hausgewerbetreibenden mit besonderer Berücksichtigung des Rixdorfer Ortsstatutenentwurfs. *Die Arbeiter-Versorgung*, 11. Juli, nr 20, 401-410.

1904 1788
*BRAUN, ADOLF. Die Forderungen des Heimarbeiterschutzkongresses an die Gesetzgebung. *Die Gleichheit*, XIV, nr 6.

1904 1789
*Hausindustrie und Heimarbeiterschutz. *Correspondenzblatt der Generalkommission der Gewerkschaften Deutschlands*, XIV, nr 6, 100-102; nr 9, 149-156; nr 11, 183-186.

1904 1790
SOMMERFELD, TH. Gesundheitliche Bedeutung der Hausindustrie. *Hygienisches Volksblatt*, 117, 126, 141.

1904 1791
WOLFF, H. Hausindustrie und soziale Frage. *Deutsche Stimmen*, V, 802-811.

1904 1792
WINTER, L., und BERNDT, F. Arbeiterschutz in der Heimarbeit. Verband der deutschen Gewerkvereine, Berlin, 20.

1904 1793
SCHREIBER, ADELE. Schutz der Heimarbeit. *Frauenrundschau*, 321-323.

1904 1794
Heimarbeiterschutz. *Neue Bahnen*, nr 5.

1904 1795
Hausindustrie. *Die Gleichheit*, 17, 25-26.

1904 1796
KATZ, E. Schutz den Heimarbeitern! *Die Hilfe*, nr 12.

1904 1797
*Hausgewerbebetrieb oder Heimarbeit bei der Zigarettenfabrikation. *Jahrbücher des K. sächsischen Oberverwaltungsgerichts*, IV, 3. Entscheidungen des I. Senates, 237-240.

[Cas de jurisprudence. Distinction entre *Hausgewerbetreibende* et *Heimarbeiterin*.]

1904 1798
*MAC DONALD, J. RAMSAY. Sweating. Its cause and cure. *The Independent Review*, II, n° 1. February, 72-85.

1904 1799

*Tenth special report of the commissioner of labor. Labor Laws of the United States with decisions of courts relating thereto. Washington, Government Printing Office, in-8°, 1413.

[Voir la table au mot « Sweating System » ]

1904 1800

*BRUNHES, HENRIETTE-JEAN. La protection légale du travail à domicile. *Association catholique,* LVII, 1er semestre, 49-60.

1904 1801

*BRUNHES, HENRIETTE-JEAN. Le travail à domicile. Le premier congrès pour la protection légale des travailleurs à domicile à Berlin (7-9 mars 1904). *Association catholique,* LVIII, 2e semestre, 414-424.

1904 1802

*BRESCIANI, CONSTANTIN. L'industrie domestique en Allemagne et le congrès de mars 1904. *Réforme sociale,* 1er décembre, n° 23, 818.

1904 1803

*FAGNOT, F. La réglementation du travail en chambre. *Association nationale française pour la protection légale des travailleurs,* 1re série. Paris, Alcan, 61.

1904 1804

*La protection légale des travailleurs. Discussions de la section nationale française. Paris, Alcan, in-16, XII-373.

[F. FAGNOT. La réglementation du travail en chambre. 239-299.]

1904 1805

*PAYEN, EDOUARD. L'industrie à domicile et la réglementation du travail. *L'Économiste français,* n° 31, 30 juillet, 161-163.

1904 1806

*ALFASSA, G. La réglementation du travail à domicile. *Revue populaire d'économie sociale,* n° 7, 201-205.

1904 1807

*SCHIRMACHER. Mlle KATHE. La réglementation du travail à domicile. *Le Musée social. Annales,* 287-289.

1904 1808

*VELDMAN, Dr H.-S. Studie over huisarbeid. Amsterdam, Versluys, in-8°, 169.

[...Uit de inspectie, 29-45. ...Buitenlandsche wetgeving, 116-164.]

1904 1809
*De afschaffing der huisindustrie. *Sociaal weekblad,* n° 36, 282.

1904 1810
*Het Heimarbeiterschutzcongress. *Sociaal weekblad,* n° 24, 181-183.

1904 1811
*Een regeling van de huisindustrie. *Sociaal weekblad,* n° 32, 245-246.

1904 1812
*Wettelijke regeling van de huisindustrie. *Sociaal weekblad,* n° 34, 261-262.

1904 1813
*Tegen de huisindustrie. *Sociaal weekblad,* n° 63, 489.

1904 1814
GRASSI, J. La difesa dei lavoratori a domicilio. *I problemi del lavoro,* Aprile.

1905 1815
*Resolution der Generalversammlung des Bundes schweiz. Frauenvereine zur Frage des Schutzes der Heimarbeiter. *Schweizerische Blätter für Wirtschafts- und Socialpolitik,* 14. Jahrg., I, 227.

1905 1816
BRAUN, L. Gesetzliche Regelung der Heimarbeit. *Die Neue Gesellschaft,* 91-93.

1905 1817
*Bestimmungen für die Hausindustrie in England. *Soziale Praxis,* XV, n° 9, 232-233.

1905 1818
*WILBRANDT. Wohnungsgesetzgebung und Heimarbeit. *Soziale Praxis,* n° 29, 764-766.

1905 1819
*VON PHILIPPOVICH, Dr EUGEN. Grundriss der politischen Oekonomie. 2. Band. Volkswirtschaftspolitik, 1. Theil, 3. Auflage. Tübingen, Mohr, in-8°.
[Die Hausindustrie, 108-115.]

1905 1820
*Drucksachen des Beiraths für Arbeiterstatistik. Berlin. Verhandlungen, nr 11.
[Lohnbücher in der Kleider- und Wäschekonfektion, 2-4, 9, 12, 14.]

1905 1821
*Drucksachen des Beiraths für Arbeiterstatistik. Berlin. Verhandlungen, nr 6.
[Lohnbücher in der Kleider- und Wäschekonfektion, 7-8, 47-53.

1905 1822
*AGAHD, KONRAD, und VON SCHULZ, M. Gesetz betreffend Kinderarbeit in gewerblichen Betrieben, vom 30. März 1903. Jena, Fischer, in-8°, XVI-408. (Dritte Auflage.) *Schriften der Gesellschaft für soziale Reform*, X.
[Voir la table au mot « Hausindustrie ».]

1905 1823
*NICZKY, WALTHER. Die Entwicklung des gesetzlichen Schutzes der gewerblich thätigen Kinder und jugendlichen Arbeiter in Deutschland. (Unter besonderen Berücksichtigung des Kinderschutzgesetzes vom 30. März 1903.) Borna-Leipzig. Noske, in-8°, VI-130.
[Industrie à domicile, 52, et *passim*.]

1905 1824
*VON PHILIPPOVICH, Dr EUGEN. Die Heimarbeitergesetzgebung im Staate New York. *Sociale Rundschau*, XVI Jahrg., I, 506-511.

1905 1825
*SCHAEFFER, A. Der Zehnstundentag und seine Einwirkung auf die Stickerei-Industrie. *Schweizerische Blätter für Wirtschafts- und Sozialpolitik*, XIII, 641-649.

1905 1826
PFLEGHART, A. Das Verhältnis der Hausindustrie zur Kranken- und Unfallversicherung. Zürich.

1905 1827
*VON PHILIPPOVICH, E. Heimarbeiterschutzgesetzgebung im Staate New York. *Sociale Rundschau*, I, 506-511.

1905 1828
*A Bill (n° 103) to provide for the better regulation of home industries presented by colonel Denny.... Ordered by the House of Commons to be printed 16 march. London, Wyman and sons, in-fol., 8.

1905 1829
*KELLEY, FLORENCE. Some ethical gains through legislation. New York, The Macmillan C°, in-12, x-341.
[Voir la table au mot « Sweating system ».]

1905 1830
*FAIRCHILD, FRED ROGERS. The factory legislation of the state of New-York. *Publications of the american economic Association*. Third series, vol. VI, nº 4. New York, The Macmillan Cº, in-8º, 218.

[The tenement house cigar law, 11-23.]

1905 1831
*CAVAILLÉ, J. Faut-il réglementer le travail des ateliers de famille? *Revue politique et parlementaire,* XLV, 481-499.

1905 1832
*FOURNIÈRE, EUGÈNE. La loi Millerand-Colliard et le travail à domicile. *Revue socialiste,* XLI, janvier, 6-23.

1905 1833
*BRUNHES, HENRIETTE-JEAN. Le travail à domicile dans l'État de Victoria et l'application du minimum de salaire. *Association catholique,* LIX, 267-271.

1906 1834
*WILBRANDT, Dr ROBERT. Arbeiterinnenschutz und Heimarbeit. Iena, Fischer, in-8º, 208. Mit einem Beitrag von DORA LANDÉ « Die Hausindustrie und ihre gesetzliche Einschränkung in den Vereinigten Staaten von Nord-Amerika » (140-193).

[I. Heimarbeit. II. Wechselwirkung zwischen Heimarbeit und Fabrikgesetz. III. Heimarbeiterschutz. Bibliographie.]

1906 1835
*Versicherung der Heimarbeiter. *Deutsche Arbeitgeber-Zeitung,* 18. März.

1906 1836
*ZIMMERMANN, Dr W. Das Heimarbeitsproblem in England. *Soziale Praxis,* XV, nº 43, col. 1109-1113.

1906 1837
*VON WIESE, Dr L. Was wird mit der deutschen Heimarbeits-Ausstellung in Berlin beabsichtigt? *Bilder aus der deutschen Heimarbeit* (nº 443), 1-5.

1906 1838
*Gezetzentwurf zum Schutz der Heimarbeiter. *Soziale Praxis,* XV, nº 23, 609-612.

1906 1839
*Beiträge zur Frage der Heimarbeit. II. Die rechtliche Stellung der Hausindustrie im deutschen Reich und im Auslande. *Reichs-Arbeitsblatt,* nº 4, 328-340.

1906 1840
*Heimarbeit und Wohnungsfürsorge. *Soziale Praxis,* Jahrg. XVI, nº 7, 174-175.

1906 1841
*KOLLENSCHER, MAX. Heimarbeit. *Sozialer Fortschrift,* nº 79. Leipzig. Dietrich, 20.

[Réglementation du travail à domicile. Généralités.]

1906 1842
*ELSTER, A. Wohrungsreform und Versicherungsgedanke beim Schutz der Heimarbeiter. *Reformblatt für Arbeiterversicherung.* 1. April.

1906 1843
*Antränge, betreffend Heimarbeiterschutz. *Reichs-Arbeitsblatt,* nr 3, 254-257.

1906 1844
*FLESCH, K. Der Arbeitsvertrag der Heimarbeiter. *Das Gewerbe-und Kaufmannsgericht,* XI, nº 8.

1906 1845
*Drucksachen des Beirats für Arbeiterstatistik. Berlin. Verhandlungen, nr. 15.

[Lohnbücher in der Kleider- und Wäschekonfektion, 2-8.]

1906 1846
*Drucksachen des Beirats für Arbeiterstatistik. Berlin. Verhandlungen, nr. 13.

[Lohnbücher in der Kleider- und Wäschekonfektion, 9-32.]

1906 1847
*Drucksachen des Beirats für Arbeiterstatistik. Berlin. Verhandlungen, nº 14.

[Lohnbücher in der Kleider- und Wäschekonfektion, 6-11.]

1906 1848
*KLEEIS, FRIEDRICH. Die Krankenversicherungspflicht der Hausgewerbetreibenden. *Die Neue Zeit,* XXIV, nº 17, 556-562.

1906 1849
*Tarifverträge. *Die Heimarbeiterin,* VI, nº 7.

1906 1850
*Die Lohnbücher in der Kleider- und Wäschekonfektion. *Soziale Praxis,* XV, nº 28, 736-738; nº 31, 798-799.

1906 1851
MERTEN. Heimarbeit und Kinderschutz. *Westdeutsche Lehrerzeitung,* nº 31.

1906 1852
*LÜDERS, ELSE. Lohntarife in der Heimarbeit. *Soziale Praxis,* XV, nº 52, 1357-1359.

1906 1853
*WAGNER, DR. M. Die Versicherung der Hausgewerbetreibenden. *Die Arbeiter-Versorgung,* 2 April, nº 10, 189-193.

[1906] 1854
*Ein Mahnwort an alle Bevölkerungskreise. Berlin, Vorwärts Buchdruckerei, 4.

[Publié à l'occasion de l'Exposition des industries à domicile, à Berlin, en 1906.]

1906 1855
*Auch ein Wörtlein zur Hausindustrie und Fabrikgesetz. *Die Stickerei-Industrie,* nº 23.

1906 1856
*JAFFÉ, EDGARD. Die Hausindustrie und ihre gesetzliche Regelung. *Süddeutsche Monatshefte,* 3. Jahrgang, Heft 5, Mai, 563-567.

1906 1857
*PAGENSTECHER, DR. Die Lohnbewegung in der südwestdeutschen Konfektionsindustrie vor dem Einigungsamt Frankfurt a. M. *Das Gewerbe- und Kaufmannsgericht,* nº 7, 1 April, 232-234.

1906 1858
*ERZBERGER, M. Geschichte des Heimarbeiterschutzes im Reichstage, 1873-1906. *Soziale Kultur,* Mai, 367-387.

[Liste de tous les projets déposés.]

1906 1859
*HAINISCH, Dr MICHAEL. Die Heimarbeit in Oesterreich. Bericht erstattet der internationalen Vereinigung für gesetzlichen Arbeiterschutz. Schriften der österr. Gesellschaft für Arbeiterschutz, X. Wien, Deuticke. 28.

1906 1860
*BRUNN, P. Hausgewerbetreibende und Versicherung gegen Invalidität und Alter. *Reformblatt für Arbeiterversicherung*, 369-371.

1906 1861
*Gesetzliche Regelung der Heimarbeit in Oesterreich. *Soziale Praxis*, XV, nº 41, 1073-1074.

1906 1862
*Reichstags-Anträge auf gesetzliche Regelung der Heimarbeit. *Soziale Praxis*, XV, nº 25, 653-654.

1906 1863
*Zur gesetzlichen Regelung der Heimarbeit. *Soziale Praxis*, XV, nº 26, 674-675.

1906 1864
TIMM, JOHANNES. Die Rechtsstellung der Heimarbeiter in der Versicherungsgesetzgebung. *Neue Gesellschaft*, 19 Dezember, 137-138.

1906 1865
STÜCKTEN, D. Die Gewerbeinspektion im Jahre 1904. Die Heimarbeit. *Neue Zeit*, XXIV, 1, 824-827.

1906 1866
BENDLER. Die Heimarbeiterfrage. *Der katholische Seelsorger*, 460-467.

1906 1867
*Lohntarife in der Hausindustrie. *Reichs-Arbeitsblatt*, nr. 12. 1143-1144.

1906 1868
*DYHRENFURTH, GERTRUD. Behördliche Listenführung. *Die Heimarbeiterin*, VI, nº 2.

1906 1869
*VON SCHULZ, M. Zur Heimarbeiterfrage. *Soziale Praxis*, XV, nº 26, 688-691.

[Minimum de salaire, contrat collectif de travail. Compétence des conseils de prud'hommes.]

1906 1870

Ballerstedt, Otto. Heimarbeit. *Deutsche Industrie-Zeitung*. 23. März.

1906 1871

*Francke, E. Die gesetzliche Regelung de Hausindustrie. *Soziale Praxis*, XV, n° 25, 642-645.

1906 1872

Gesetzlicher Schutz den Heimarbeitern. *Correspondenzblatt der Generalkommission der Gewerkschaften Deutschlands*. 10. März, 145-149.

1906 1873

*Reichesberg, N. Die IV. Delegierten-Versammlung der internationalen Vereinigung für den gesetzlichen Arbeiterschutz. (Genf vom 27.-29. September 1906.) *Schweizerische Blätter für Wirtschafts- und Sozialpolitik*, Heft 18. 563-577.

[Schutz der Heimarbeiter, 575-576.]

1906 1874

*Winter. Die Reform der Heimarbeit in Oesterreich. *Correspondenzblatt der Generalkommission der Gewerkschaften Deutschlands*. 24. März, 180-182.

1906 1875

*Francke, Dr. E. Was nun? Ein Nachwort zur deutschen Heimarbeit-Ausstellung. *Soziale Praxis*, XV, n° 22. Col. 562-566.

1906 1876

Sydow, Dr. Georg. Die Lohnbücher in der Kleider- und Wäschekonfektion. *Die Heimarbeiterin*, VI, n° 6.

1906 1877

Braun, Lily. Der sozialdemokratische Gesetzentwurf zum Schutz der Heimarbeiter. *Die neue Gesellschaft*, I, 114-115.

1906 1878

*Tuckwell, Gertrud. A minimum wage. *The Independent Review*, n° 39, December, 297-304.

[Concerne les différentes expositions du travail en chambre tenues en 1906 et la conférence pour le minimum de salaire.]

1906 1879
*Return as to the administration in each County and County Borough during 1904, by the Local authorities of the Homework provisions of the Factory and workshop Art 1901... London, Eyre and Spottiswoode, in-4°, 13.

1906 1880
*TUCKWELL, GERTRUDE. Preface. *Sweated Industries Exhibition* (Voir n° 1252), 10-17.

1906 1881
*TUCKWELL, GERTRUDE. The « Sweated Industries » Exhibition. *Progress,* July, 193-203.

1906 1882
*LEY, S. The economics of tailoring. London, R. Taylor C°, 56.

[Sweating and tailoring.]

1906 1883
*TOMPKINS, HENRY. Industrial Parasitism. *The Positivist Review,* October, n° 166, 230-236.

[Concurrence que le travail féminin fait au travail masculin. Remèdes. Minimum de salaire. Enregistrement des ateliers.]

1906 1884
*MAC DONALD, J. RAMSAY. Conditions of home work in the United Kingdom *in British Association for Labour Legislation. Reports... published... by the British Institute of social Service.* London.

[Détails sur la législation anglaise, 9-36.]

1906 1885
*MAC DONALD, M. E. Bill for the better regulation of home industries. *Sweated industries Exhibition* (Voir n° 1252), 26-27.

1906 1886
*MAC DONALD, MARGARET, E. MAC DONALD, J. RAMSAY. Sweated Home-Industries. *Independent Review,* vol. X, n° 35, August, 150-164.

1906 1887
*MONEY, L. G. CHIOZZA, M. P. Législation and the sweater. *Sweated industries Exhibition.* (Voir n° 1252.) 24-26.

1906 1888
*The minimum wage. *The cooperative News*. 3 November, 1307-1308.

1906 1889
*NASH, R. Sweated industries. What can be done? *Women's Co-operative Guild*. Kirkby Lonsdale, Westmorland, 15.

[Legislation actuelle et éventuelle. « Wages Boards. » Enregistrement des ateliers à domicile.]

1906 1890
*BLACK, CLEMENTINA Suggested Remedies. *Sweated industries Exhibition*. (Voir n° 1252.) 19-23.

1906 1891
*BROWNLIE, J.-T. The anti-sweating conference. *Amalgamated Engineers' monthly journal*. December, 35-37.

1906 1892
*Anti-sweating. *Amalgamated Engineers' monthly journal*. November, 4-7.

1906 1893
*HUTCHINS, B.-L. Proposed regulation for german home industries. *Sweated industries Exhibition*. (Voir n° 1252.) 85-87.

1906 1894
*A german home work regulation bill. *The Women's industrial News*. September, 568-570.

1906 1895
*The sweating evil. *The Cooperative News*. November 24, n° 47, 1391-1392.

1906 1896
*How to deal with home work. *Women's Industrial Council*. London, 4 p.

[Concerne le *bill* présenté à la Chambre des Communes en 1905 par le colonel Denny et consorts.]

1906 1897
*Factories and Shops Acts. Determination of the Saddlery Board. *Victoria Government Gazette*, October 8, n° 112, 4117-4161.

1906 1898
*Factories and shops Acts. Determination of the Clothing Board. *Victoria Government Gazette*, December 29, n° 145, 5519-5559.

1906 1899
*Barrault, Henry-Émile. La réglementation du travail à domicile en Angleterre. Paris, Larose et Tenin, in-8°, 293.
[Bibliographie, 281-291.]

1906 1900
*Barrault, Henry-Émile. La police sanitaire et la réglementation du travail dans l'industrie à domicile en Angleterre. *Bulletin de l'inspection du travail,* XIV, n° 6, 400-417.

1906 1901
*Genart, Ch. Note sur le travail à domicile en Belgique. Liége, Bénard. (Publication du Comité belge pour le progrès de la législation du travail.)
[Réglementation du travail.]

1906 1902
Verhart, A. La journée de huit heures et les travailleurs à domicile. *La Revue syndicaliste,* juillet.

1906 1903
Proposition de M. Albrecht et plusieurs de ses collègues — et de M. Hitze et plusieurs de ses collègues — concernant la réglementation du travail à domicile. *Bulletin de l'Office international du travail,* V, 72-76.

1906 1904
*Brunhes, H.-J. Le premier Congrès pour la protection légale des travailleurs à Berlin. *Bulletin de la Ligue sociale d'acheteurs,* 2e trimestre, 60-71.

1906 1905
*Pic, P. et Amieux, A. Le travail à domicile en France et spécialement dans la région lyonnaise. *Association nationale française pour la protection des travailleurs,* 3e série, 12.
[Législation. Effets économiques.]

1906 1906
*Huysmans, C. Le travail à domicile. *Journal des correspondances,* novembre, 55-57.

1906 1907
*Travail à domicile. Propositions de réglementation, etc., présentées au Reichstag. *Bulletin de l'office international du travail,* 5e année, 72-76.

1906 1908

*LEDIN et VIDON. Proposition de loi portant application de l'article 2 de la loi du 30 mars 1900 aux ateliers de famille énumérés à l'article premier de la loi du 2 novembre 1892. Chambre des Députés. Session extraordinaire de 1906. Annexe au procès-verbal de la 2e séance du 27 novembre 1906, n° 80. 2.

1906 1909

CAHEN, GEORGES. Misères sociales : l'ouvrière en chambre à Paris; les réformes nécessaires. *Revue bleue,* 19 mai, 16 juin.

1906 1910

*Een mislukte poging om tot een loonregeling in de kleedingindustrie te Amsterdam te komen. *Sociaal Weekblad,* XX, 10 Februari, 43-44.

1907 1911

*Entwurf eines Gesetzes betreffend die Herstellung von Zigarren in der Hausarbeit. Reichstag, 12. Legislatur-Periode. I. Session 1907. Anlagen, n° 329.

1907 1912

*Verhandlungsbericht der 4. Generalversammlung des Komitees der internationalen Vereinigung für gesetzlichen Arbeiterschutz abgehalten zu Genf vom 25.-29. September 1906. Iena. Fischer. 8°, XVI-157. (Schriften der internationalen Vereinigung für gesetzlichen Arbeiterschutz, n° 5.)

[Heimarbeit, 41-50.]

1907 1913

*DEUTSCH, JULIUS. Die Kinderarbeit und ihre Bekämpfung. Zürich, Rascher C°, 8°, XI-247.

[Le travail des enfants dans l'industrie à domicile (86 et ss.).]

1907 1914

*FRANCKE, E. Die gesetzliche Regelung der Heimarbeit in der Zigarrenindustrie. *Soziale Praxis,* 2 mai, n° 31, 809-813.

1907 1915

*KREBS, WERNER. Die Heimarbeit in der Schweiz. *Schweizerische Blätter für Wirtschafts- und Sozialpolitik.* Heft 9. 259-275.

[Réglementation éventuelle de l'industrie à domicile.]

1907 1916
*TIMM, J. Rechtlose Hausarbeiter. *Sozialistische Monatshefte*, Dezember, 996-1005.

1907 1917
*LISSNER, Dr. JULIUS. Die deutsche Tabaksteuerfrage. Leipzig. Deichert, 8°, x-305.

[Voir notamment le chapitre VIII sur les rapports entre le travail à domicile et la législation fiscale.]

1907 1918
*Entwurf eines Gesetzes, betreffend die Abänderung der Gewerbe-Ordnung. Reichstag. XII. Legislatur-Periode. I. Session 1907, n° 552.

[Artikel 4. VII*a*. Hausarbeit. Begründung.]

1907 1919
*Bericht über den Gesetzentwurf betreffend die Regelung der Arbeitsverhältnisse in der Heimarbeit der Kleider-Wäsche und Schuhwarenkonfektion. Handels- und Gewerbekammer in Eger. Protokoll der ordentlichen Sitzung am 28. November 1907, 25 42.

1907 1920
*Protokoll über die 386. ordentlich öffentliche Sitzung der Handels- und Gewerbekammer in Olmütz 24 Oktober 1907.

[V. Bericht des Präsidiums über das Ergebnis der Enquête in Angelegenheit der gesetzlichen Regelung der Arbeitsverhältnisse in der Heimarbeit der Kleider, Wäsche und Schuhkonfektion, 267-271.]

1907 1921
*Handels- und Gewerbekammer in Olmütz. Stenographisches Protokoll über die in der Handels- und Gewerbekammer in Olmütz am 7. Oktober 1907 durchgeführte Enquête betreffend die Regelung der Arbeitsverhältnisse in der Heimarbeit der Kleider. Wäsche- und Schuhwarenkonfektion. Olmütz, Druck von J. Groak, in-8°, 24.

1908 1922
*DYHRENFURTH, GERTRUD. Die Gewerbeordnungs-Novelle. *Die Heimarbeiterin*, n° 2, 1-3.

1908 1923
*DYHRENFURTH, GERTRUD. Lohnregelung in der Hausindustrie. *Soziale Praxis*, XVII, n° 19, 481-486.

1907 1924
*National anti-sweating League. Report of Conference on a minimum wage, held at the Guildhall, London. on Octobre 24th, 25th and 26th 1906. London, Cooperative Printing Society Limited, 97.

[SIDNEY WEBB : The economics of the minimum wage. GERTRUDE TUCKWELL : Sweating in relation trade-unions. L. G. CHIOZZA MONEY : Sweating in relation to the national dividend. W. PEMBER REEVES : Legislative experiments in New-Zealand. JOHN HOATSON : Victorian minimum wage system.]

1907 1925
GOOCH, G. P. Sweating and the minimum wage. *The Commonwealth*. March.

1907 1926
*BLACK, CLEMENTINA. Sweated industry and the minimum wage. London. Duckworth C°, XXIV-281.

1907 1927
*HUTCHINS, B. L. Home work and sweating. The causes and the remedies. Fabian tract, n° 130. London, the Fabian Society, 19.

1907 1928
*HENDERSON, ARTHUR. A Bill to improve the conditions of employment, including the establishment of a legal minimum wage, of persons employed in certain industries. Ordered by the House of Commons to be printed 15 february 1907. (Sweated industries Bill), 4+7.

[« The object of this Bill is to provide for the establishment of Wages Boards. with power to fix the minimum rate of wages to be paid to workers in particular trades ».]

1907 1929
*A bill to provide for the better regulation of home industries. Presented by Mr. Ramsay Macdonald... Ordered by the House of Commons to be printed 21 february. (Bill. 60), 8.

1907 1930
*A bill to provide for the better regulation of home industries, presented by Mr. BARNES... Ordered by the House of Commons to te printed 16 april 1907. (Bill. 158), 6.

1907 1931
*DILKE, Sir CHARLES. Sweating and Minimum Wage, *The international*, December, n° 1.

1907 1932
PEARCE, J. D. Women and Sweated industries. *Westminster Review*, n° 12, 622-624.

1907 1933
*Compte rendu de la quatrième assemblée générale du Comité de l'Assemblée internationale pour la protection légale des travailleurs tenue à Genève les 26, 27, 28 et 29 septembre 1906. Paris-Nancy, Berger-Levrault Cie, 8°.
[Quatrième Commission : travail à domicile, 45-54.]

1907 1934
*Annuaire de la législation du travail publié par l'Office du travail de Belgique. Tables décennales des volumes I à X (1897-1906). Bruxelles, Office de publicité et Société belge de librairie, in-8°, 164.
[Voir industries à domicile, 120-121.]

1907 1935
*MILHAUD, CAROLINE. L'ouvrière en France. Sa condition présente. Les réformes nécessaires. Paris, Alcan, 204, in-16.

1907 1936
*MARTIAL, le Dr. RENÉ. Hygiène individuelle du travailleur. (Étude hygiénique, sociale et juridique). Paris, Girard et Brière, in-12, XVII-351.
[L'atelier au logis ou atelier de famille, 190-197].

1907 1937
*NOIR, J. Les difficultés que l'on rencontre dans la protection efficace de la santé publique. Les inconvénients et les dangers du travail à domicile au point de vue sanitaire. *Le mouvement hygiénique*. Mai, 198-202.

1907 1938
*CARDYN, L'ABBÉ. L'industrie à domicile en Allemagne. Mesures législatives. *Revue sociale catholique*. 1er septembre, n° 11, 339-348.

1907 1939
*KLOOSTERHUIS, J. Huisindustrie. *Katholiek Sociaal Weekblad*, n° 3, 19. Januari, 28-31.
[Point de vue hygiénique.]

1907 1940
*BROOMÉ, EMILIA. Lagens skydd åt våra hemarbetare! (La protection légale de nos ouvriers à domicile.) *Social Tidskrift*, 11, 547-548.

1907 1941
*Marcus, M. Hemarbetet och lagstiftningen. (Le travail à domicile et la législation.) *Social Tidskrift*, nº 9, 422-430.

1908 1942
*Money, L. G. Chiozza. Sweating : Its cause and cure. The cooperative wholesale societies annual for 1908. Manchester, 270-294.

Voir aussi les nºs 38, 59, 63, 69, 70, 515, 1004, 1167, 1210, 1238.

## II

## *Réforme de l'industrie à domicile par l'initiative des intéressés.*

1886 1943
*Jahresbericht des Centralverbandes der Stickereiindustrie der Ostschweiz und des Vorarlbergs. St-Gallen, Ch. Wirth et Cie, in-8º, 31.

[Publication annuelle.]

1887 1944
Stickereigewerbe (das Ost-Schweizerische) und sein Kampf gegen den ungezügelten Wettbewerb. *Die Industrie*, 1887, 17-19.

1891 1945
*Trades unions conference for the Abolition of the Middleman Sweater. Verbatim Report. London. The Co-operative Printing Society.

1892 1946
Zur Krisis des schweizerischen Stickereiverbandes. *Neue Zeit*, Jhrg 10, II, 146-151.

1892 1947
*Herkner, Prof. Dr. Der Centralverband der Stickerei-Industrie der Ostschweiz und des Vorarlbergs. *Zeitschrift für Volkswirtschaft, Socialpolitik und Verwaltung*, 1, 188-191.

1893 1948
Sombart, W. Die Stickerei der Ostschweiz und ihr Verband. *Jahrbücher für Nationalökonomie und Statistik*, III. Folge. VI, 896-904.

1893 1949
BAUMBERGER, G. Aus der Geschichte einer modernen Industrieberufsgenossenschaft. *Arbeiterwohl*, 7-9, 121.

1893 1950
*JAY, RAOUL. Une corporation moderne. La fédération des brodeurs de la Suisse orientale et du Vorarlberg *in* Études sur la question ouvrière en Suisse. Paris, Larose, 213-265.

1894 1951
DYRENFURTH, G. Die gewerkschaftliche Bewegung unter den englischen Arbeiterinnen. *Archiv für soziale Gesetzgebung und Statistik*, VII, 166-214.

1894 1952
*SCHWIEDLAND, E. Aufhebung des Sitzgesellenwesens durch die Arbeiter. *Zeitschrift für Volkswirtschaft, Sozialpolitik und Verwaltung*, III, 150-160.

1894 1953
*HINTZE, OTTO. Die Schweizer Stickereiindustrie und ihre Organisation. *Jahrbuch für Gesetzgebung, Verwaltung und Volkswirtschaft im deutschen Reiche*, XVIII, 1251-1299.
[Bibliographie, 1253.]

1894 1954
*Der Centralverband der Stickereiindustrie der Ost-Schweiz und des Vorarlbergs. *Zeitschrift der Centralstelle für Arbeiterwohlfahrtseinrichtungen*, I, 15. Februar, n° 4, 37-40.

1895 1955
*SINZHEIMER, LUDWIG. Zur Bekämpfung der Hausindustrie durch die Gewerkvereine. *Sozialpolitisches-Centralblatt*, IV, n° 22, 25. Februar, 258-261.

1895 1956
*Кошко, И. Ф. Общественныя крестьянскія лавки для сбыта кустарныхъ издѣлій. См. “ Отчеты и изслѣдованія „... Томъ III. (KOCHKO, J. F. Magasins coopératifs ruraux pour la vente des produits de l'industrie domestique. Voir « Rapports et Études », III (n° 1477) )

1895 1957
*Воронцовъ, В. Артель въ кустарномъ промыслѣ. (VORONZOFF, V. Les artels dans l'industrie domestique.) Спб. Тип. Киршбаума, in-8°, 200.

1896 1958
*TIMM, JOHANNES. Bestrebungen der deutschen Schneider zur Herstellung von Betriebswerkstätten. *Soziale Praxis,* V, 3. September, 1288-1291.

1896 1959
*HIRSCHBERG, E. Die Verbesserung der Lage der Konfektionsarbeiter auf genossenschaftlichem Wege. *Soziale Praxis,* 17. September, 1330-1332.

1896 1960
*LEVASNIER, G. Syndicat de l'aiguille. Papiers de famille professionnels.

1899 1961
*SCHWIEDLAND, Dr EUGEN. Soziale Kampfmittel wider die Heimarbeit, *Soziale Praxis,* VIII, n° 43, 1137-1143.

1900 1962
*Werkstätten in der Konfektionsindustrie als Mittel gegen die Heimarbeit. *Soziale Praxis,* IX, n° 23, 589-590.

1900 1963
*Eine Hausweber-Genossenschaft. *Soziale Praxis,* IX, n° 52, 1330.

1900 1964
*MAY, MAX. Wie man Hausindustriellen helfen kann. *Schweizerische Blätter für Wirtschafts- und Socialpolitik,* VIII, 117-125.

1900 1965
*BÖHME, E. Christliche Arbeit unter den Heimarbeiterinnen. *Hefte der freien kirchlich-sozialen Konferenz.* Heft 9. Berlin, Buchhandlung der Berliner Stadtmission, in 8°, 44-66.

[Association. Action des consommateurs. Enseignement technique. Protection légale, etc., etc.]

1901 1966
*SCHWIEDLAND, Dr E. Die Gewerkschaftsateliers zur Bekämpfung der Heimarbeit. *Jahrbuch für Gesetzgebung, Verwaltung und Volkswirtschaft im deutschen Reich,* XXV, 611-622.

1901 1967
*MUMM, Der neue Gewerkverein der Heimarbeiterinnen für Kleider- und Wäschekonfektion. *Hefte der freien kirchlichsozialen Konferenz*, Heft 17, 42-49. Berlin, Berliner Stadtmission.

1901 1968
*MUMM. Ein Gewerkverein der Heimarbeiterinnen. *Soziale Praxis*, X, n° 18, 436-439.

1901 1969
*Begräbniscasse der Berliner Heimarbeiterinnen. *Soziale Rundschau*, II. Bd, 143-144.

1902 1970
WILBRANDT, R. Im Gewerkverein der Heimarbeiterinnen. *Die Hilfe*, n° 47.

1902 1971
*SCHWIEDLAND, E. Comment il est possible d'organiser les ouvrières en chambre. *Revue d'économie politique*, 657-667.

1903 1972
*Zur Unterstützung der Hausindustrie in Oesterreich. *Soziale Rundschau*, Vierter Jahrgang, I. Bd, 582-583.

1903 1973
WEYERMANN, M. R. Vergenossenschaftigung von Hausindustrie. *Deutsche Stimmen*, IV, 810-814.

1904 1974
*Der Gewerkverein der Heimarbeiterinnen der Kleider- und Wäschekonfektion. *Soziale Praxis*, XIII, n° 28, Col. 734.

1904 1975
*BRUNHES, HENRIETTE-JEAN. La grève des tailleurs de Lausanne. La renaissance de la dentelle en France : des moyens de protéger l'ouvrière rurale contre l'exploitation industrielle. *L'Association catholique*, 1904, t. LVII, 450-466.

1904 1976
*DU LAC, STANISLAS. Le fil et l'aiguille. Brochure de l'*Action populaire*, 1re série, n° 4. Paris, Retaux, 161-196.

[Syndicat parisien des couturières et modistes.]

1905 1977
*GRÜNEBERG, FRAU. Wie stärken wir unsere Organisation durch Agitation und durch die Presse? *Die Heimarbeiterin,* V, n° 6.

1905 1978
*PAWLOWSKI, FRAU. Wie stärken wir unsere Organisation durch inneren Ausbau? *Die Heimarbeiterin,* V, n° 5.

1905 1979
Die christlichen Gewerkschaften, 1904-1905. *Die Heimarbeiterin,* V, n° 7.

1905 1980
*GOYAU, G. Union de tous pour la même cause. *L'Aiguille à la campagne,* 2e année, n° 5, 37-40.
[Suppression des intermédiaires. OEuvre de « L'Aiguille à la campagne ».]

1907 1981
*BEHM, MARGARETE. Die Heimarbeiterinnenbewegung in der M.-Gladbacher Konfektionsindustrie. *Soziale Praxis,* 8. August, n° 45, 1200-1201.

1907 1982
BRUNNEMANN, ANNA. Schwedische Hausindustrie und ihre Wiederbelebung durch die Frauen. *Die Frau,* Nov., 109-116.

1907 1983
*SCHAEFFER, A. Die Organisation in der Stickerei-Industrie. *Schweizerische Blätter für Wirtschafts- und Sozialpolitik,* XV, 483-488.

1907 1984
*KOCH, P.-S.-J. Die Heimarbeiterinnenfrage *in* Jahrbuch des katholischen Frauenbundes. Köln, 99-115.

1907 1985
*Bericht über die Verhandlungen des zweiten deutschen Arbeiter-Kongresses. Cöln, Christlicher Gewerkschaftsverlag, 8°, 240.
[Gewerbliche Arbeiterinnenfrage und Arbeiterinnenorganisation, 198-227.]

1907 1986
*Hem för hemarbetare. (La maison des ouvriers à domicile.) *Social Tidskrift,* n° 9, 432.

1907 1987
*Hemarbete och kooperation. (Le travail à domicile et la coopération.) *Social Tidskrift,* n° 9, 430.

Voir aussi les nos 596, 1303, 1536.

## III

### *Enseignement professionnel et artistique dans les industries à domicile.*

1843 1988
*DUCPÉTIAUX, ED. De la condition physique et morale des jeunes ouvriers et des moyens de l'améliorer. Bruxelles, Meline-Cans et Cie, in-8°, 2 vol.

1851 1989
*Ateliers d'apprentissage subsidiés par l'État. Rapport sur la situation de ces ateliers présenté aux Chambres législatives par M. le Ministre de l'Intérieur, le 28 avril 1851. Bruxelles, Devroye, 119 (0.19 × 0.30).

1852 1990
Le travail industriel dans la Flandre orientale. Compte rendu des dispositions prises par le Gouvernement pour relever cette province de son état de décadence. Extrait de l'Exposé de la situation de la Flandre orientale pour l'année 1852. Gand. Vanderbranden-Deschuyter.

1853 1991
*VON STEINBEIS, Dr F. Die Elemente der Gewerbebeförderung, nachgewiesen an den Grundlagen der belgischen Industrie. Stuttgart, Ebner et Seubert, in-8°, 288.

1854 1992
*Province de la Flandre occidentale. Rapport sur les ateliers modèles d'apprentissage de la province. (Chambre des Représentants, séance du 5 mai 1854), 42.

1857 1993
*NEUMANN, Dr STANISLAUS. Ueber die Wirksamkeit des Central-Comité zur Unterstützung der nothleidenden Erz- und Riesengebirgsbewohner. *Jahrbuch des Erz- und Riesengebirges*, I, 527-560.

[Assistance et enseignement professionnel.]

1857 1994

Vilain XIII, le comte Ch. Discours sur les écoles dentellières à la Chambre des Représentants de Belgique, séance du 14 mai 1857, 1569.

1858 1995

De Grave, Amé-François-Jean, Rapport général sur les ateliers d'apprentissage de la Flande orientale. Bruxelles, Devroye, in-f°, 43.

1859 1996

*Annales parlementaires de Belgique. Chambre des Représentants, séances des 16 et 17 mars.

[Le droit de patente et les écoles dentellières. Discours de MM. Rodenbach, Tack, de Haerne, Frère-Orban.]

1862 1997

*Annales parlementaires de Belgique. Chambre des Représentants, séance du 6 juin.

[Les écoles d'apprentissage de dentelles et le droit de patente. Discours de MM. Vander Donckt, de Haerne, Tack, Frère-Orban, etc.]

1865 1998

*Meredith, Mrs. The lacemakers : Sketches of irish character with some account of the effort to establish lacemaking in Ireland. London, Jackson, Walford and Hodder, xvi-375.

[Les pages 1-52 et 371-375 de cet ouvrage sont seules consacrées à un aperçu de l'industrie dentellière en Irlande. Le reste de l'ouvrage est occupé par trois nouvelles qui mettent en scène des personnages empruntés au monde des ouvrières de la dentelle.]

1874 1999

Hushållnings-Sällskapens i riket afgifna yttranden i fråga om husslöjdens närvarande ståndpunkt samt ütgärder till densammas utveckling. (Rapport de la Société agricole nationale concernant la situation actuelle du travail manuel à domicile et les conditions de son développement.) Stockholm.

1877 2000

De Grave, Amé-François-Jean. Notice sur les ateliers d'apprentissage des Flandres, présenté au Congrès de bienfaisance de Londres (1862) à la demande de la Commission du Gouvernement belge. Gand, Van Dooselaere, in-8°, 16.

1878 2001

*Ett museum för konstindustri och slöjd i hufvudstaden. (Un musée pour les industries d'art et les travaux manuels dans la capitale.) Stockholm, Central-Tryckeriet, in-4°, 97 + 35.

1879 2002

Einführung von Musteruhren in die schwarzwälder Uhrmacherei. In zweiter Auflage auf Anordnung des Grossherzogl. Ministerium des Handels von C. H Schneider in Furtwangen bearbeitet, vom Gauverband des schwarzwälder Gewerbevereins herausgegeben.

[Cité par Loth, n° 287.]

1880 2003

*von Schenckendorff. Der praktische Unterricht. Breslau, Hirt, in-8°, 84.

1881 2004

*Lammers, A. Handbildung und Hausfleiss. Berlin, Habel, in-8°, 31.

1881 2005

*Gelshorn, Gustav. Die Clauson-Kaas'schen Bestrebungen bezüglich des Hausfleisses und der Emdener Handarbeitskursus. *Jahrbuch für Gesetzgebung, Verwaltung und Volkswirtschaft im deutschen Reiche,* V, 467-496.

1882 2006

Urban, C. Der Hausfleiss in Dänemark und seine Verpflanzung in die Oberschlesischen Notstandsdisdrikte. Oppeln, in-8°, 32.

1883 2007

Elm. Der deutsche Handarbeitsunterricht. Theorie und Praxis. Weimar, Voigt, in-8°, 208.

1883 2008

Meyer, J. Geschichtliche Entwicklung des Handfertigkeitsunterrichts. Berlin, Hofmann, in-8°, 113.

1883 2009

*De Ridder. De l'enseignement professionnel dans ses rapports avec l'enseignement primaire en Belgique. Bruxelles, Lebègue et Cie, 8°, 179.

1883 2010

*Aynard, Édouard. L'industrie lyonnaise de la soie au point de vue de l'art et de l'enseignement technique. *Bulletin de la Société d'économie politique de Lyon,* 1882-1883, 194-250.

1884 2011

*Chambre des Représentants (Annales parlementaires de Belgique), séance du 2 avril et des jours suivants. L'industrie dentellière, l'hygiène et l'enseignement professionnel.

[Discours de MM. DE HAERNE, COLAERT, TACK, SCAILQUIN.]

1884 2012

*Ministère de l'Instruction publique et des Beaux-Arts. Commission d'enquête sur la situation des ouvriers et des industries d'art instituée par décret en date du 24 décembre 1881. Paris, imprimerie de A. Quantin, in-4°, XL-517.

[Écoles dentellières (pages 191, 353, 424, 463).]

1884 2013

SCAILQUIN. Enquête scolaire. Rapport sur l'enseignement professionnel et littéraire donné dans les ateliers d'apprentissage et les écoles dentellières. Bruxelles, Documents parlementaires de la session 1883-1884 de la Chambre des représentants, n° 87, in-4°, 64.

1885 2014

GELBE. Handfertigkeitsunterricht. Dresden, Bleyl und Kämmerer, in-8°, 112.

1885 2015

A földmivelés-, ipar -és kereskedelemügyi miniszter jelentése az ipari szakoktatas és káziipar állásáról. Budapest.

1886 2016

*Rapport sur la situation de l'enseignement industriel et professionnel en Belgique. Années 1881 à 1884. Bruxelles, Gobbaerts, in-4°.

[Situation des ateliers d'apprentissage, pages 166-208. Suite des rapports précédents. Voir notamment *Documents parlementaires*, 1878-1879, n° 48.]

1887 2017

*LOVE, SAMUEL, G. Industrial education. A guide to manual training. New York, Kellogg C°, in-8°, XVIII-306.

1888 2018

HUBBUCH, F. ANTON. Vorschlag zur Hebung der Hausindustrie des Schwarzwaldes. Auf Anordnung Grossherzogl. Ministerium des Innern herausgegeben von der Grossherzogl. Badischen Uhrmacherschule.

1888 2019

*PAROLI, EUGENIO. La scuola popolare e il lavoro manuale educativo in alcuni stati d'Europa. Milano-Roma, Trevisini, 219.

[Le *Slöjd* danois (94-122).]

1889 2020

Rom. Praktische Einführung in die Knabenhandarbeit. Leipzig, Hobbing, in-8°, 316.

1891 2021

Rauscher. Handfertigkeitsunterricht. Wien, Pichler, in-8°, 501.

1891 2022

*von Schenckendorff. Der Arbeitsunterricht auf dem Lande. Görlitz, Vierling, in-8°, 32.

1891 2023

Stegemann, Dr R. Untersuchungen über die Lage der Katscher Weberei und Gutachten betr. die Errichtung einer Lehrwerkstätte für dieselbe, in-8°, Oppeln.

1892 2024

*Jebb, Miss. Home and Arts industries *in* Women workers. Papers read at a Conference at Liverpool 1891. Liverpool, Walmsley. 81-91.

1893 2025

Scherer. Handfertigkeitsunterricht in Volks- und Fortbildungsschulen. Bielefeld, Helmick, in-8°, 90.

1894 2026

Schranz und Bünker. Die erziehliche Knabenhandarbeit. Wien, Pichler, in-8°, 82.

1894 2027

*Scheven, Paul. Die Lehrwerkstätte. I. Technik und qualifizierte Handarbeit in ihren Wechselwirkungen und die Reform der Lehre. Tübingen, Laupp, in-8°, XXXI + 570 + Annexes.

[Abondante bibliographie. XI-XXII.]

1894 2028

*von Hankiewicz, Dr Clemens. Die Kilimweberei und die Kilimweberschule des Wladyslaw R. V. Fedorowicz in Okno. Wien, Gerold, in-8°, 107.

[Cf. Exner, n° 498 (121-124).]

1894 2029

*Морозовъ, П. О. Школы и музеи въ Германіи, Австріи, Швейцаріи и Франціи, имѣющіе цѣлію развитіе кустарной промышленности. См. " Отчеты и Изслѣдованія „... Томъ II. (Morozoff, P. O. Écoles et musées en Allemagne, en Autriche, en Suisse et en France, ayant pour but le développement de l'industrie domestique. Voir « Rapports et Études »..., II (nº 1477).)

1896 2030

Rissmann. Der Handarbeitsunterricht der Knaben. Langensalza, Beyer und Söhne, in-8º, 36.

1896 2031

*Pyfferoen, Oscar. Rapport sur l'enseignement professionnel en Angleterre. Bruxelles, Office de publicité et Société belge de librairie, in-8º, xvi-321.

[Publication du Ministère de l'Industrie et du Travail.]

1896 2032

*Nève, E. L'enseignement professionnel des industries artistiques en Europe. Bruxelles, Société belge de librairie, in-8º, 183.

1896 2033

Franke, J. N. Przemysł domowy i szkoły zawodowe. (L'industrie à domicile et les écoles spéciales.) Cracovie.

[Publié à l'occasion de l'Exposition universelle de Galicie à Léopol en 1894.]

1897 2034

*Pyfferoen, Oscar. Rapport sur l'enseignement professionnel en Allemagne. Bruxelles, Office de publicité et Société belge de librairie, in-8º, xii-354.

[Publication du Ministère de l'Industrie et du Travail.]

1897 2035

*Rapport sur la situation de l'enseignement industriel et professionnel en Belgique présenté aux Chambres législatives par M. le Ministre de l'Industrie et du Travail, années 1884-1896. Bruxelles, Office de publicité et Société belge de librairie, in-8º.

[Ateliers d'apprentissage (392-415).]

1899 2036

*Vachon, Marius. Pour la défense de nos industries d'art. L'instruction artistique des ouvriers en France, en Angleterre, en Allemagne et en Autriche. Paris, Lahure, in-8º, iv-287.

1899 2037
HAMANN, W. Ueber textilen Hausfleiss in der Bukowina. *Centralblatt für das gewerbliche Unterrichtswesen in Oesterreich,* 405-411.

1900 2038
*JACKSON, Mrs F. NEVILL. A history of hand made lace... with supplementary information by Ernesto Jesurum. London, Upcott Gill, in-8°, XII-245.

[Bibliographie, 98-105.]

1901 2039
*VIGNERON, PAULE. Les métiers de famille. *La Réforme sociale,* II, 824-829.

1902 2040
*Ireland, industrial and agricultural (Department of Agriculture and technical instruction for Ireland). Dublin, Cork-Belfast, Browne and Nolan, X-532.

[The modern irish lace industry (420-432). The marketing of irish-lace (433-435). Art and cottage industries (438-445).

1902 2041
ZUEBLIN, R. F. The arts and crafts movement. *Chautauquan,* October, November, December.

1902 2042
*VERHAEGEN, PIERRE. Nos écoles dentellières. *Revue sociale catholique,* décembre, 33-50.

1902 2043
VERHAEGEN, PIERRE. La restauration de la dentelle de Venise et l'école de Burano. Bruxelles, Goemaere, in-8°, 18.

1903 2044
*Le travail à domicile et les industries d'art (esquisse d'une politique sociale à l'égard du travail à domicile). *Questions pratiques de législation ouvrière et d'économie sociale,* 157.

1903 2045
*Rapport sur la situation de l'enseignement technique en Belgique présenté aux Chambres législatives par M. le Ministre de l'Industrie et du Travail. Bruxelles, Office de publicité et Société belge de librairie, in-8°, 2 vol.

[Ateliers d'apprentissage et cours professionnels de tissage (I, 776-807 et II, 297-318).]

1903 2046
ENGERAND, FERNAND. Proposition de loi relative à l'apprentissage de la dentelle à la main. Documents parlementaires. Chambre des Députés, n° 714.

1903 2047
*VIGOUROUX. LOUIS. Rapport fait au nom de la Commission du commerce et de l'industrie chargée d'examiner la proposition de loi de M. Fernand Engerand, relative à l'apprentissage de la dentelle à la main. Chambre des Députés, session de 1903, n° 998 (séance du 12 juin 1903).

1903 2048
*Loi du 5 juillet 1903, relative à l'apprentissage de la dentelle à la main. *Journal officiel* du 7 juillet 1903 et *Bulletin de l'Office du travail*, 1903, 599.

1903 2049
*ENGERAND, FERNAND. La dentelle à la main. Paris, Retaux. Tracts de l'*Action populaire*, 2e série, n° 5, 30.

1903 2050
*ZICKERMAN. LILI. Vår svenska hemslöjds utvecklingsmöjlighet. (Les possibilités du développement du travail à domicile en Suède.) Stockholm, Aftonbladets tryckeri, 11.

1904 2051
*WHITE, Miss H. M.; OAKSHOTT, Mrs; PYCROFT, Miss E. The need of technical education for girls *in* The Women Workers. The papers read at the Conference held at York, 1904. London, King and Son, 180-197.

1904 2052
*SALOMON, OTTO. The August Abrahamson Foundation Nääs. Göteborg, Zachrisson, 36.

[Enseignement du slöjd.]

1904 2053
*ZICKERMANN, LILI. Hemslöjdens ställning till der nutida uppfostran. (Le travail manuel à domicile vis-à-vis de l'éducation actuelle.) Stockholm, Aftontbladets tryckeri, 15.

1905 2054
*MINKUS, Dr FRITZ. Die Spitzenindustrie und das einschlägige Unterrichtswesen in Sachsen, Venedig, Holland, Belgien und Frankreich. *Zentralblatt für das gewerbliche Unterrichtswesen in Oesterreich*, XXIII, 2 Heft, 218-258.

1905 2055

*Charles, Marguerite. La dentelle à l'Exposition de Liége. Considérations pratiques sur l'enseignement du dessin de dentelle et sur les questions d'apprentissage et de fabrication de la dentelle. *Le travail de la femme et de la jeune fille,* décembre, n° 60.

1906 2056

*Exner, Dr Wilhelm. Die Tragödie der Hausindustrie. *Annalen des Gewerbe förderungsdienstes des K. K. Handelsministeriums,* I, 2 Heft, 69-118.

[Expériences et propositions personnelles, surtout au point de vue de l'enseignement professionnel.]

1906 2057

*von Sauter, Dr Hermann. Einführung der Spitzen-Hausindustrie in niederöst. Waldviertel. Handels- und Gewerbekammer in Wien. Beilage 5 (zum Protokolle der 793. Plenarsitzung am 22 Februar), 6.

1906 2058

*Lacher, Karl. Die Hausindustrie und Volkskunst in Steiermark *Zeitschrift des historischen Vereins für Steiermark,* IV, 1-2, 19-32.

[Art et éducation.]

1906 2059

Bicknell, George. Craftsmanship in village school. *Craftsmann,* October.

1906 2060

Priestman, Mabel, T. Art and Crafts movement in America. *House Beautiful,* October-November.

1906 2061

*Tougard de Boismilon, A. L'enfance ouvrière. Pour l'apprentissage des dentellières. *L'Enfant,* n° 143, 15 décembre, 413-417.

1906 2062

*Guicherd, Félix. École municipale de tissage et de broderie *in* Lyon et la région lyonnaise en 1906. (Lyon, Rey), I, 303-324.

1906 2063

*Bayzelon, Honoré. L'industrie de la dentelle à la main et les tentatives récentes de rénovation. Lyon, Delaroche et Schneider, in-8°, 214.

[Tentatives faites en France et à l'étranger pour rénover l'industrie de la dentelle.]

1906 2064
*PANTHIER, A. Enquête historique sur l'enseignement manuel dans les écoles non techniques. Paris, Imprimerie nationale.

[Le slöjd (80-124).]

1907 2065
*STOFFELS, ELISABETH. Die weibliche Fortbildungsschule in Deutschland. *Soziale Kultur,* Mai, 321-339.

1907 2066
*Die « Erste deutsche Konferenz zur Förderung der Arbeiterinnen-Interessen ». *Die Heimarbeiterin,* VII, n° 4.

1907 2067
*PABST, A. Die Knabenhandarbeit in der heutigen Erziehung. Leipzig, Teubner, in-8°, VIII-118.

[Bibliographie, 113-115.]

1907 2068
*VAN LOON, JHR ERNEST. De Kantindustrie in Frankrijk en Italië. S'Gravenhage, W. P. van Stockum en zoon, in-8°, XII-130.

[Causes de la décadence de l'industrie dentellière en France. Mesures destinées à en assurer le relèvement, 33. Concurrence du travail mécanique, 47. État actuel de cette industrie en France, 52; en Italie, 97. L'auteur avait été chargé par le Ministre de l'Intérieur des Pays-Bas, d'étudier les efforts faits en France et en Italie pour favoriser le relèvement de l'industrie dentellière.]

1908 2069
*LAMBRECHTS, H. La boissellerie artistique. Petite industrie familiale rurale. Rapport présenté à M. le Ministre de l'Industrie et du Travail. *Bulletin de l'Office des classes moyennes,* II, 65-87.

## IV

### *Amélioration technique du travail dans l'industrie à domicile.*

1878 2070
*DE VERGNIES, ADOLPHE. Distribution de force motrice aux ouvriers en chambre. Bruxelles, Muquardt, in-8°, 66.

1882 2071
*Une tentative pour favoriser le développement de la petite industrie. *Réforme sociale,* 1er semestre, 130-131.

1883 2072

MUSIL. Die Motoren für das Kleingewerbe. 2. Auflage. Braunschweig, Vieweg und Sohn, in-8°, 178.

1883 2073

*DENAYROUZE. La décentralisation des forces motrices et la reconstitution des ateliers domestiques. *Réforme sociale*, I, 613-618.

1884 2074

GROTHE, Dr HERMANN. Ueber die Bedeutung der Kleinmotoren als Hülfsmaschinen für das Kleingewerbe. *Jahrbuch für Gesetzgebung, Verwaltung und Volkswirtschaft im deutschen Reiche*, VIII, 899-913.

1885 2075

*BOUDENOOT. La force motrice à domicile. *Réforme sociale*, II, 129-139.

1888 2076

*LE PLAY, ALBERT. La compagnie parisienne de l'air comprimé. *Réforme sociale*, II, 36-37.

[La force motrice à domicile.]

1889 2077

*ALBRECHT. Die Volkswirtschaftliche Bedeutung der Kleinkraftmaschinen. *Jahrbuch fur Gesetzgebung, Verwaltung und Volkswirtschaft im deutschen Reiche*, XIII, 473-522.

1889 2078

*Étude sur les moteurs électriques et spécialement sur les avantages qu'ils peuvent procurer aux industries stéphanoises. Saint-Étienne, Impr. Théolier, 18. (Publié par la Chambre syndicale des tissus.)

[Point de vue technique].

1891 2079

Protokoll über die Sitzung der Gewerbekammer für die Provinz Schleswig-Holstein vom 18. Februar 1891, und Bericht der seitens der Gewerbekammer für die Provinz Schleswig-Holstein eingesetzten Kommission über die Motorenfrage. (Drucksachen der Gewerbekammer, nr 36.)

1892 2080
*Найденовъ, В. и Симоновъ. Русскій кустарь-ремесленникъ. Народный ручной трудъ. Москва. С. П. Леухинъ. 387+IV in-8°. (NAÏDENOFF, V. et SIMONOFF. Le Koustar russe. Le travail manuel du peuple. Moscou, S. J. Léoukhine, 387+IV, in-8°.

[Manuel technologique.]

1899 2081
*KNOKE, J. O. Die Kraftmaschinen des Kleingewerbes. Berlin, Springer, 8°, XII-529.

1899 2082
*BLONDEL, M. A. De l'utilité publique des transmissions électriques d'énergie. Paris, Dunod, 8°, 130.

1899 2083
*BOS, CHARLES et LAFFARGUE, J. La distribution d'énergie électrique en Allemagne. Paris, Masson Cie, 8°, VII-572.

1900 2084
*SOULÉ, D. L'industrie dans les Pyrénées par le travail familial au moyen de la distribution de la force motrice électrique à domicile. Bagnères-de-Bigorre, Impr. Bérot, 8°, 60.

1901 2085
*DUBOIS, ERNEST. Les moteurs électriques dans les industries à domicile. Bruxelles, Schepens Cie, 8°, 51.

1901 2086
*DE GHÉLIN, EDGAR. L'électricité à domicile. *Revue générale,* mai, 743-753.

1902 2087
MARTIN, GERMAIN. La petite industrie et le transport de la force motrice à domicile. *Musée social.* Janvier.

1902 2088
*BRANTS, VICTOR. La petite industrie contemporaine. 2e édition. Paris, Lecoffre, in-12, VIII-230.

[La force motrice à domicile, 150-156.]

1902 2089
*DUBOIS, ERNEST et JULIN, ARMAND. Les moteurs électriques dans les industries à domicile. I. L'industrie horlogère suisse. II. Le tissage de la soie à Lyon. III. L'industrie de la rubanerie à Saint-Étienne. Bruxelles, Société de librairie et Office de Publicité, 8°, 292.

[Publication de l'Office du travail de Belgique.]

1902 2090
*PAYEN, ÉDOUARD. Les moteurs électriques dans les industries à domicile. *Économiste français,* I, 683.

1902 2091
*JULIN, ARMAND. Les industries à domicile et les moteurs électriques. *Réforme sociale,* II, 309-332.

1902 2092
*JULIN, ARMAND. Les résultats économiques des transmissions d'énergie électrique dans les industries à domicile. *Écho de l'industrie,* n° 11, 102.

1902 2093
*DE BOISSIEU, H. L'usine au logis à Paris. *Questions pratiques de législation ouvrière et d'économie sociale.* Novembre, 321-326.

1902 2094
*LE GRAND, JULES. Le travail familial et le prêt à l'outillage ou une nouvelle œuvre sociale en Belgique. Gand, Impr. Huyshauwer et Scheerder, 11.

1902 2095
*DE LEENER, G. Le problème actuel de l'industrie à domicile. *Indépendance belge. Supplément économique,* 27 février et 6 mars.

1902 2096
*Een levenselixer voor een afgeleefd oudje? (electriciteit in de huisindustrie). *Sociaal Weekblaad,* nr 30, 349-350, nr 31, 361-363.

1903 2097
*CLAUSSEN, E. Die Kleinmotoren, ihre wirtschaftliche Bedeutung für das Kleingewerbe, ihre Konstruktion und Kosten. Berlin, Siemens, in-8°, 144. Illustr.

1903 2098
*ZOEPFL, Dr GOTTFRIED. Nationalökonomie der technischen Betriebskraft. Iena, Fischer, in-8°, 228.

[Die technischen Betriebskräfte und der gewerbliche Kleinbetrieb, 174-206.

1903 2099

*DE BOISSIEU, H. L'emploi du moteur mécanique dans la petite industrie parisienne. *La science sociale,* octobre, 314-333.

1903 2100

*L'application de l'électricité à l'industrie à domicile dans la région de Saint-Étienne de 1894 à 1902. *Bulletin de l'Office du Travail,* n° 10, 830-831.

1904 2101

*WILBRANDT, Dr ROBERT. Die Aufgaben der Gegenwart gegenüber der Handweberei. *Soziale Praxis,* XIV, n° 4, 81-86; n° 5, 105-109.

1904 2102

*WILBRANDT, ROBERT. Elektrischer Antrieb mit Maximal-Arbeitstag und Mindestlohntarif in der Hausweberei. *Jahrbücher für Nationalökonomie und Statistik.* November, 625.

1904 2103

*DE BOISSIEU, H. L'usine au logis à Lyon et à Saint-Étienne. *La Quinzaine.* Mai, n° 230.

1904 2104

*PYFFEROEN, O. Exposition internationale du petit outillage. Gand, juillet 1904. Rapports. Gand, Van Goethem, in-8°, 339. Portraits et gravures.

1904 2105

*VEILLON, JEAN. Le Sweating system et la houille blanche. Thèse pour le Doctorat (de la faculté de Droit de Paris). Librairie de la Société du Recueil général des lois et des arrêts, L. Larose et L. Tenin, Paris, in-8°, 118.

1904 2106

*SWYNGEDAUW. Conséquences économiques et sociales des transports d'énergie par l'électricité. *Bulletin de la Société industrielle du Nord de la France,* 1er trimestre, 45-54.

1904 2107

*AUDEBRAND, COMMANDANT. La houille blanche. *La Houille blanche,* 3e année, août, n° 8, 265 à 274.

[Voir notamment p. 271.]

1905 2108
*JULIN, ARMAND. L'outillage mécanique de l'atelier familial. *Revue sociale catholique*, IX, 289-316.

1905 2109
*AUDEBRAND. Au sujet de la transformation du travail par le moteur électrique de Marc Mangini. *La Houille blanche*. Août, 187.

1905 2110
*PICOT, GEORGES. Les ateliers de famille à Saint-Étienne, à Lyon et à Paris. *Séances et travaux de l'Académie des sciences morales et politiques*. Novembre, 429-442.

1905 2111
*MANGINI, MARC. La transformation du travail par le moteur électrique. *La Houille blanche*, février, 25.

1905 2112
*BELL, Dr LOUIS. Some economic aspects of electric power distribution. *The Engineering Magazine*, XXXIX, n° 1, 1-9.

1905 2113
*TASMAN, H. J. De electromotor in de huisindustrie. *Sociaal Weekblad*, n° 26, 203-205.

1905 2114
*JULIN, ARMAND. Il laboratorio meccanico in famiglia. *Rivista internazionale di scienze sociali*. Luglio, Agosto, 342-357; 507-521.

[Avec une bibliographie, 342-343, note.]

1906 2115
*JULIN, ARMAND. Les moteurs électriques dans les industries à domicile. *La Paix sociale*, XVIII, 25-37.

1906 2116
*GRAS, L.-J. Histoire de la rubanerie et des industries de la soie, à Saint-Étienne et dans la région stéphanoise. Saint-Étienne, Thomas et Cie, VIII-886 pages.

[Les moteurs mécaniques, 363-373.]

1906 2117
*REY, Dr ALBERT. Considérations sur l'hygiène du travail à domicile. Paris, Michalon, 68 pages.

[La force motrice à domicile, 41-52.]

1907 2118
BAUER, K. Die sozialpolitische Bedeutung der Kleinkraftmaschinen. Dissertatio. Berlin, in-8°, 90 pages.

1907 2119
*DUSAUGEY, E. Étude économique d'un transport d'énergie à grande distance. Grenoble, Gratier et Rey, in-8°, XIV+48.

1907 2120
*GIVSKOV, ERIK. Elektricitetens anvendelse i silkebåndsvaevning som husindustri. (Emploi de l'électricité dans la rubanerie à domicile.) *Nordisk Tidskrift*, 230-244.

## V

### *Encouragement et assistance des pouvoirs publics et des particuliers. Action de l'opinion publique.*

1686 2121
VON SCHRÖDER. Fürstliche Schatz- und Rentkammer.
[Cité par STIEDA. *Litteratur*, 1889, p. 131.]

1844 2122
Durch welche Mittel ist den Leinwebern zu helfen! Eine Bittschrift an alle deutschen Throne von R., ein Volksfreund. Minden, Essmann, in-8°.

1844 2123
*SCHNEER, ALEXANDER. Ueber die Noth der Leinen-Arbeiter in Schlesien und die Mittel ihr abzuhelfen. Ein Bericht an das Comité des Vereins zur Abhilfe der Noth unter den Webern und Spinnern in Schlesien, unter Benutzung der amtlichen Quellen des Königl. Ober-Präsidii und des Königl. Provincial-Steuer-Directorats von Schlesien, etc. Berlin, Veit C°, in-8°, 168+Tabelle.

1845 2124
KRIES, K. GUST. Ueber die Verhältnisse der Spinner und Weber in Schlesien und die Thätigkeit der Vereine zu ihrer Unterstützung. Breslau, G. P. Aderholz, in-8°.
[Cité par STIEDA, *Litteratur*, p. 27.]

1845 2125

*Aperçu des dispositions prises par M. le Ministre de l'Intérieur, les députations provinciales et les administrations communales en faveur de l'industrie linière et des classes ouvrières en souffrance. Bruxelles, *Moniteur belge*, nº 65, 521-542.

1847 2126

FUNKE, G. L. W. Ueber die gegenwärtige Lage der Heuerleute in Fürstentume Osnabrück mit besonderer Beziehung auf die Ursachen ihres Verfalls und mit Hinblick auf die Mittel zu ihrer Erhebung. Bielefeld, Velhagen und Klasing, in-8º, VIII-84.

1851 2127

VON MINUTOLI, ALEX. Die Lage der Weber und Spinner im Schlesischen Gebirge und die Massregeln der Preuss. Staatsregierung zur Verbesserung ihrer Lage. Unter Benutzung amtlicher Quellen zusammengestellt. Berlin, Hertz, in-8º, 127.

1862 2128

*MISCHLER, Dr PETER. Zur Abhilfe des Nothstandes im Erz- und Riesengebirge. Gutachten des Central-Comités zur Förderung der Erwerbsthätigkeit im Erz- und Riesengebirge, über Auftrag des h. k. böhm. Landesausschusses erstattet und bearbeitet. Prag, Carl Bellmann, in-8º, x-195.

[Les industries à domicile sont étudiées pp. 151-184. Fabrication d'armes, d'instruments de musique. Ebénisterie. Jouets. Horlogerie. Tissage. Bonneterie. Tressage de la paille. Ganterie. Dentelles, etc.]

1882 2129

Исаевъ, А. А. О мѣрахъ къ развитію артельнаго производства. Спб. (ISSAÏEFF, A. A. Des mesures propres à assurer le développement des artels de production. Saint-Pétersbourg.)

1884 2130

*GROTHE, Dr HERMANN. Der Einfluss des Manchesterthums auf Handwerk und Hausindustrie gezeigt an dem Ergehen der Hand- und Hausweberei. Eine Studie. 2. Abdruck. Berlin, F. Luckhardt, 1884, in-8º, (8)+XLVIII +352.

1886 2131

В. В. Кредитъ въ кустарномъ производствѣ. (V. V. Le crédit dans l'industrie domestique. Article de la revue Наблюдатель, 1886, I.

1890 2132

Исаевъ, А. А. О мѣрахъ къ поддержанію и развитію кустарной промышленности. (Issaïeff, A. A. Des mesures propres au soutien et au développement de l'industrie domestique.) Русская Мысль, n° 2.

1891 2133

Каменскій. О земскомъ содѣйствіи кустарнымъ промысламъ. (Kamensky. Le concours des provinces aux industries domestiques.) Сѣверный Вѣстникъ, XI.

1892 2134

Бѣлоконскій, И. Дѣятельность земства въ сферѣ сельскихъ промысловъ. (Bielokonsky, J. L'activité du zemstvo dans la sphère des industries rurales.) Сѣверній Вѣстникъ (n° 11); 1893 (n° 2).

1894 2135

Chorat, J. Un mot sur la décentralisation de l'industrie dans les campagnes. *La Réforme sociale,* II, 190-194.

[Polissage de verres pour longues-vues.]

1894 2136

Кривенко, С. Н. Къ вопросу о нуждахъ народной промышленности. (Krivenko, S. N. Contribution à la question des besoins de l'industrie populaire.) Русское Богатство (n° 11).

1895 2137

*Bericht des K. K. Handelsministeriums über die Verwendung des zur Förderung des Kleingewerbes bewilligten Credites während der Jahre 1892-1894. Wien, Hof- und Staatsdruckerei, in-8°.

[Publication annuelle.]

1896 2138

*Филиповъ, Н. А. О снабженіи кустарей лѣсными матеріалами изъ казенных дачъ. Спб. Тип. Киршбаума. (Philippoff, N. A. De la fourniture aux Koustari de produits forestiers des domaines. Saint-Pétersbourg. Impr. Kirschbaum), in-8°, 50.

1897 2139
Бирюковичъ, В. Земская помощь кустарямъ. Обзоръ дѣятельности земства по кустарной промышленности 1865-97. изд. М. З. и. Г. И. Спб. (BIRÏOUKOVITCH, V. L'assistance des zemstvos aux industries domestiques. Revue de l'activité des zemstvos en faveur de l'industrie domestique de 1865 à 1897. Saint-Pétersbourg. Publication du Ministère de l'Agriculture.)

1898 2140
Погосская, А. О сбытѣ русскихъ кустарныхъ издѣлій заграницей. (POGOSKAÏA, A. De l'écoulement à l'étranger de la production de l'industrie domestique russe.) Труды Импер. В. Экономическаго Общества, 5.

1899 2141
*DUCHESS OF SUTHERLAND. The revival of home industries. *The Land Magazine*, June.

1900 2142
BÖHME. Christliche Arbeit unter den heimarbeiterinnen. Berlin.

1900 2143
*Protokoll der am 23. Oktober 1899 . . . abgehaltenen Enquète für die Hilfsaction im Interesse der nothleidenden Hausweber in Mähren. Brünn, W. Burkart's Buchdruckerei, 26, (31+24).

[Voir FLÖGL, n° 523.]

1900 2144
*Маноцковъ, В. Пермскій кустарный банкъ. (MANOTSKOFF, V. La banque des Koustari de Perm.) Народное Хозяйство, 5, 41-68; 6, 99-124.

1901 2145
*L'opinion de la presse parisienne sur la reconstitution du petit atelier familial à l'Exposition de 1900. Lyon, veuve Delaroche, in-8°, 67.

1902 2146
SABATH, G. Die Stellung der Heimarbeiter zur Errichtung von Betriebswerkstätten. Hamburg.

1902 2147
*Verein « Erholungshaus fur Heimarbeiterinnen ». *Soziale Praxis*, XI, n° 30, 790-791.

1902 2148

*Sohnrey, Heinrich. Wegweiser für ländliche Wohlfahrts- und Heimatpflege. Berlin, Meyer und Wunder, 458.

[Industrielle Nebenerwerbszweige, Hausindustrie, 85-89.]

1902 2149

Wood, E. The Home Arts and Industries Association Exhibition 1902. *The Studio*, July.

1902 2150

Davies, Rev. Gerald S. Peasant Art : Exhibition at Chaterhouse Museum. *Architectural Review*, August.

1902 2151

Froment, P. La reconstitution des ateliers familiaux. *La Corporation*, n° 39.

1902 2152

*Бехли, Д. Ю. Мѣропріятныя нижегородскаго губернскаго земства по воспособленію кустарной промышленности 1895-1902 гг. Спб. Тип. Бернштейна 74 с. (Bekhli. D. J. Mesures prises par le zemstvo de Nijni-Novgorod pour venir en aide à l'industrie domestique. Saint-Pétersbourg, Bernstein, in-8°, 74.)

1902 2153

*Обзоръ дѣятельности правительства на пользу кустарной промышленности. 1888-1902. С. Петербургъ, Тип. Киршбаума. (Ce que l'administration a fait pour les Koustari. Saint-Pétersbourg. Impr. Kirschbaum, v-167. Publication du Ministère de l'Agriculture. Section de l'économie rurale et de la statistique agraire.)

1902 2154

*Труды Съѣзда дѣятелей по кустарной промышленности въ С. Петербургѣ 1902 г. Спб. Тип. В. Ѳ. Куршбаума. I-II. (Travaux de l'Assemblée des délégués pour l'étude de l'industrie à domicile. Saint-Pétersbourg, 1902. Typogr. V. F. Kirschbaum, 2 vol.)

[Cette assemblée siégea du 12 au 21 mars 1902 Le compte rendu de ses travaux renferme, dans le tome I, les rapports présentés à l'examen de l'Assemblé; dans le tome II, les travaux des sections et des assemblées générales.]

1902 2155
*Zickerman, Lili. Några ord om hemslöjden. (Quelques mots sur le travail manuel à domicile.) Stockholm, Wilhemssons Boktryckeri, 16.

1903 2156
*Ascher. Hausindustrie *in* Handbuch der Arbeiterwohlfahrt. II, 1-33.

1903 2157
*Erholungshaus für Heimarbeiterinnen. *Soziale Praxis,* XII, n° 34, col. 917.

1903 2158
*Brunhes, Mme Jean. Ligue sociale d'acheteurs. L'exemple des américaines. Paris, au siège social de la L. S. A., 32.

[Douze ans de travail : à quoi ont abouti les ligues? La lutte contre le sweating system. (22-32.)]

1903 2159
Julin, Armand. Le problème de la grande et de la petite industrie. *L'Écho de l'industrie*, n° 14, 93-94.

1903 2160
Lippestad, J. A. Husflidens gjenreisning i landdistrikterne; statistiske meddelelser. (La renaissance de l'industrie domestique dans les districts ruraux. Statistique.) Christiania.

1903 2161
*Zickerman, Lili. Hemslöjden som medhjälp. (Le travail manuel à domicile comme ressource accessoire.) Stockolm, Aftonbladets tryckeri, 11.

1904 2162
Bernstein, E. Das Konsumenteinteresse und der Heimarbeiterschutz. *Sozialistische Monatshefte,* I, 190-194.

1904 2163
*Liese, Dr Wilhelm. Handbuch des Mädchenschutzes. Freiburg i. B. « Charitasverband », in-8°, vii-313.

[Die Heimarbeiterinnen. 118-125.]

1904 2164
*Ihrer, Emma. Die Aufgabe der Frau im Kampf gegen die Heimarbeit. *Sozialistische Monatshefte,* I, 194-199.

1904 2165
*DRESCHER, Dr KARL. Die Wiedererlebung der Handspinnerei in Baden. Karlsruhe, A. Bielefeld, in-8°, VIII-156. Illustr. et carte.

1904 2166
*COLE, ALAN S. Recent development in Devonshire Lace-making. *Journal of the Society of Arts,* April.

1904 2167
*LÉVY, GEORGES. Le travail à domicile. Des moyens de l'améliorer. Lyon, Storck et Cie, in-8°, 175.

[L'industrie à domicile : ses avantages, ses inconvénients. De la suppression ou du maintien de l'industrie à domicile. Des moyens d'améliorer les conditions du travail à domicile. Action de la loi. Action de l'initiative privée.]

1904 2168
*La protection légale des travailleurs. Discussions de la section nationale française. Paris, Alcan, in-16, XII-373.

[P. CAUWÈS. La ligue sociale d'acheteurs, 119-155.]

1904 2169
*BRUNHES, Mme JEAN. La ligue sociale d'acheteurs. *Association nationale française pour la protection légale des travailleurs,* 1re série. Paris, Alcan, 37.

[Notamment p. 17-24.]

1904 2170
*DE GOURLET, APOLLINE. L'atelier de lingerie de la maison sociale. *L'Association catholique,* LVII, 271-274.

1904 2171
*Голицынъ, Князь Ѳ. С. Кустарное дѣло въ Россіи. Томъ I. Часть первая. Историческій ходъ развитія кустарнаго дѣла въ Россіи. Дѣятельность Правительства, Земствъ и частныхъ лицъ. Спб. Типографія В. Ѳ. Киршбаума. (GOLITZINE, Comte, F. S. Les industries domestiques en Russie, t. I, 1re partie. Développement historique des industries domestiques en Russie. Activité de l'administration centrale, des zemstvos et des particuliers. Saint-Pétersbourg, Typographie Kirschbaum.) 8°, IV-256.

1904 2172
*ZICKERMAN, LILI. Om hemslöjdmagasin. (Les magasins de vente d'articles faits à domicile.) Stockholm, Aftonbladets tryckeri, 7 p. sur deux col.

1905 2173
*HILLNER, H. Die Wiedererlebung der Handspinnerei in Baden. *Das Land*, 13. Jahrg, nr 16, 300-302.

1905 2174
Home Arts and Industries Association Exhibition. *Arts and Crafts*, July.

1905 2175
BRINCARD, B. Le prix des « bonnes occasions ». *Le Correspondant*, 25 juin.

[La ligue française des consommateurs et son action éventuelle.]

1905 2176
*TURMANN, MAX. Initiatives féminines. Paris, Lecoffre, VII-430.

[Une industrie rurale et féminine (la dentelle à la main), 230-240. — Couvents et dentelle, 241-250. — Le devoir des acheteuses. La ligue sociale des consommateurs, 281-303.]

1905 2177
*LANDRY, J.-B. Dans les campagnes. *Le travail de la femme et de la jeune fille*, juin, n° 54, 1641-1647; juillet, n° 55, 1730-1732.

[Introduction de la dentelle à la main dans les campagnes.]

1905 2178
*CLERGET, P. Le rôle social du consommateur. *Questions pratiques de législation ouvrière et d'économie sociale*, n° 10, 265-271.

1905 2179
*Une question sociale. Fabrication et vente de la dentelle. *L'aiguille à la campagne*, 2e année, n° 3, 21-23.

[Suppression des intermédiaires.]

1906 2180
*WITTMAYER, Dr LEO. Ein Gemeindeatelier für Heimarbeiter der Schneider in Bern. *Soziale Praxis*, XV, nr 17, 429-431.

1906 2181
*HELLER, MARIE. Heimarbeit oder gewerbliche Arbeit auf dem Lande. *Das Land*, XIV, 177-178.

1906 2182
*Die Kaiserin in der deutschen Heimarbeit-Ausstellung. *Soziale Praxis*, XV, 8. Februar, 484-485.

1906 2183
GARDNER, INEZ J. Home weaving. *Suburban Life*, November.

1906 2184
*Model homes for sweated women. *Industrial Progress*, n° 4, October, 309.

1906 2185
*Sweated industries or fiscal reform? *The textile Mercury*, October 13, 277-278.

[A propos de l'Exposition des industries à domicile à Manchester. « The fundamental cause of our English sweated industries is the unrestricted entry into England of cheap foreign goods. »]

1906 2186
*DE LA RIVE, RACHEL. Les ligues de consommateurs aux États-Unis. *Bulletin de la Ligue sociale d'acheteurs*, 3e trimestre, 98-109.

[Renferme un chapitre sur la fabrication d'aliments à domicile.]

1906 2187
TURPEAU, JULES. Une ligue sociale d'acheteurs. *Le monde économique*, 1er juillet.

1906 2188
TOUGARD DE BOISMILON. Un exemple d'initiative féminine en matière sociale. *La Revue hebdomadaire*, 1er septembre, n° 35, 100-113.

[« Œuvre du travail au foyer dans les campagnes de France ». Dentelles.)]

1906 2189
*BERGERON, J. La lutte contre la mauvaise hygiène des travailleurs et le rôle des consommateurs. *Bulletin de la Ligue sociale d'acheteurs*, 2e trimestre, 50-58.

1906 2190
*CAMBON, C. La caisse de prêts aux tisseurs. *Lyon et la région lyonnaise en 1906*, Lyon, Rey, 333-335.

1906 2191
*DE MORSIER, AUGUSTE. La responsabilité du consommateur dans la question du salaire. *Bulletin de la Ligue sociale d'acheteurs*, 1er trimestre, 1-17.

1907 2192

Jahrbuch des katholischen Frauenbundes. Köln.

[Die Heimarbeiterinnenfrage, 99. Ligue de consommateurs proposée par le P. Koch.]

1907 2193

Talbot, Arnold G. The Revival of Hand-weaving. *Ladies' Home Journal*, May.

1907 2194

Holmes, Thomas. London Home Industries and the sweating of women's labour. *The Church Quarterly Review*, April.

1907 2195

Smedley, Constance. The revival of the spinning-wheel and hand-loom. *World's work and play*, April, 535-538.

# SUPPLÉMENT A LA DEUXIÈME PARTIE (1).

## Allemagne.

1901 2196

*Die soziale Lage der Pforzheimer Bijouteriearbeiter. Bearbeitet von dem Grossherz. Fabrikinspektor FUCHS. Bericht, erstattet an das Grossherz. Ministerium des Innern und herausgegeben von der Grossherz. Badischen Fabrikinspektion. Karlsruhe, Thiergarten, in-8°, VI-248.

1907 2197

*GRETZSCHEL. Wohnungs- und Einkommenverhältnisse der Heimarbeiter. *Zeitschrift für Wohnungswesen*, 102-4.

1907 2198

*JÄCKEL, HERMANN. Zur Elendsgeschichte der schlesischen Textilarbeiter. *Die neue Zeit*, XXVI, 1, 409-416.

1907 2199

*DILTMANN, WILHELM. Die Heimarbeitausstellung in Frankfurt a. M. 1908. *Die neue Zeit*, XXVI, 1, 136-140.

1908 2200

*ARQUÉ, LOUIS. La civilisation de l'étain. II. Les faiseurs de jouets en Franconie. *La Science sociale*, XXIII^e année, 43^e fasc., 131-216.

[I. La fabrication des jouets. II. L'exportation des jouets et le grand commerce.]

(1) On a cru utile d'insérer dans ce supplément les documents publiés au cours de l'impression de la deuxième partie de la présente bibliographie, ainsi que ceux qui auraient dû figurer dans la deuxième partie, mais sur lesquels il n'avait pas été possible d'obtenir des renseignements bibliographiques précis avant le commencement de l'impression.

## Autriche.

1907 2201

*JESSER, FRZ. Die Beziehungen zwischen Heimarbeit und Boden. Dargestellt an den Siedlungen. der Heimarbeiter des Bezirkes der Handels- u. Gewerbekammer Reichenberg (ausschlieblich der Bezirke Teplitz u. Dux). Eine wirtschaftsgeographische Studie. Mit 20 Karten als Beilagen und 3 Textkarten. (Beiträge zur deutschböhmischen Volkskunde. Im Auftrage der Gesellschaft zur Förderg. deutscher Wissenschaft, Kunst u. Literatur in Böhmen geleitet v. Adf. Hauffen. VII Bd.) Prag, J. G. Calve, in-8°, VII-136.

1907 2202

*LEMBERGER, HEDWIG. Die Wiener Wäscheindustrie. Wien und Leipzig, Deuticke, in-8°, VI-235.

[Die Betriebsformen. 1. Kaufmännischer verlag. 2. Zwischenmeistereien. 3. Fabriksbetriebe, 23-62. Heimarbeiterinnen, 89-150. Organisationen. Lebenshaltung.]

## Belgique.

2203

Statistique du Département de la Dyle. S. l. n. d.

[Manufactures du Département de la Dyle actuellement en activité, 129-130 : les dentelles à Bruxelles.]

1802 2204

Statistique du Département de la Meuse inférieure par le citoyen CAVENNE. approuvée pour être présentée au Ministre de l'Intérieur par le citoyen Loysel, préfet. Maestricht, de l'imprimerie de Th. Nypels, rue Grand-Staat, n° 20. Thermidor an X.

[Commerce et manufactures. Fabriques de dentelles de Tongres, 55-56.]

1802 2205

PERÈS. Statistique du Département de Sambre et Meuse. Paris, an X.

[Chapitre III. Arts et Métiers. § 1er, Coutellerie, 88-90. Filatures, 102-104. § III, Etoffes de laine, 105-106.]

1804 2206

Mémoire statistique du Département de la Lys adressé au Ministère de l'Intérieur, d'après ses instructions, par M. C. VIRY, Préfet du département. Paris, an XII.

[Voir notamment le chapitre V. Industrie, arts et commerce : toiles et dentelles. 144-157.]

1805 2207

FAIPOULT. Statistique générale de la France. Mémoire statistique du Département de l'Escaut adressé au Ministre de l'Intérieur, d'après ses instructions, par M. FAIPOULT, Préfet de ce département. A Paris, de l'Imprimerie impériale, an XIII.

[Chapitre IV. Agriculture, 76, 93, 94, 126. Chapitre V. Industrie, arts et commerce. Manufactures de toiles, 127-131. Dentelles, 131.]

1879 2208

*THOMASSIN, LOUIS-FRANÇOIS. Mémoire statistique du Département de l'Ourthe. Liége, L. Grandmont-Donders. Édité sous la direction de la Société des *Bibliophiles Liégeois*.

[Clouterie, 439-442. Manufacture d'armes de guerre, 443-445. Chapeaux de paille, 461. Dentelles, 463.]

1907 2209

*GIVSKOV, ERIK. Knyppelindustrien i Flandern. (L'industrie dentellière en Flandre.) *Dagny*, Ny följd, X, 388-392.

1907 2210

*GIVSKOV, ERIK. Kurvemagerne i Belgien. (La vannerie à domicile en Belgique.) *Gads danske Magasin*, September, 990-998.

1907 2211

*GIVSKOV, ERIK. Handsksömmerskorna i Flandern. (Les couseuses de gants en Flandre.) *Finsk Tidskrift*, LXIII, 223-236.

1907 2212

*GIVSKOV, ERIK. Husmandsdrift og husindustri i Belgien. (La petite agriculture et l'industrie à domicile en Belgique.) *Samtiden*, 285-300, 347-362.

1908 2213

*JULIN, A. Les industries à domicile en Belgique vis-à-vis de la concurrence étrangère. Liége, Bénard, in-8°, 150.

[Publication du Comité belge pour le progrès de la législation du travail. En annexe (p. 136 et suiv.) figure une communication sur l'industrie du tissage de la paille en 1907.]

## États-Unis.

1907 2214

*NOTTEBOHM, FR. Rapport sur la situation des ouvriers aux États-Unis. Recueil des rapports des secrétaires de légation de Belgique, XIV, 5; in-8°, 88.

[Le sweating-system, 24-28.]

## France.

1900 2215

*Exposition universelle de 1900. L'économie sociale et l'histoire du travail à Lyon. Rapport présenté par le Comité départemental du Rhône. Lyon, Rey et Cie, in-4°, XXVIII-661.

[E. PARISET. La fabrique lyonnaise au XIXe siècle, 365-400. — V. PELOSSE. Le tissage rural des soieries dans le Rhône, 401-412.]

1907 2216

*BRESSAC, A. L'industrie du tissage au métier en Auvergne. *Le Musée social. Annales*, XII, novembre, 353-363.

[Tissage du chanvre, du coton, de la laine.]

1907 2217

*LAFOSSE. De la condition de l'ouvrière et spécialement de l'ouvrière dans l'industrie textile. *Bulletin de la Société industrielle de Rouen*, XXXV, 3, mai-juin, 289-306.

[La femme dans l'industrie (industrie à domicile et fabrique).]

1907 2218

*Enquête sur le travail à domicile dans l'industrie de la lingerie. Paris, Imprimerie nationale, I, in-8°, XIV-768.

[Publication de l'Office du travail au Ministère du Travail et de la prévoyance sociale.]

## Grande-Bretagne.

1907 2219

*West Ham. A study in social and industrial problems. Being the report of the outer London Inquiry Committee. Compiled by EDWARD G. HOWARTH and MONA WILSON. London, Dent C°, in-8°, XIX-423.

[Chap. III Relation of casual labour to home work. Irregularity of the work. Evasion of responsabilities by employers who give out work. Disadvantages of the system for the workers. Particulars of work and wages in separate trades, 255-302.]

1907. 2220

*Fourth Exhibition of the Clarion Guild of Handicraft. Saturday September 21, to Saturday October 5, 1907. London, The Clarion Press, in-4°, 56.

[Sweated industries section, 30-31.]

## Russie.

1907 2221
*Strenngell, Anna. Spetsknypplingen i Raumo. (La dentelle aux fuseaux à Raumo, Finlande.) *Nutid*, 403-409.

1908 2222
*Gorowitz, Élisabeth, geboren Willenz. Beiträge zur Geschichte und gegenwärtigen Lage der Kleineisenindustrie in Russland. *Jahrbuch für Gesetzgebung, Verwaltung und Volkswirtschaft im deutschen Reiche*, XXXII, 93-160.

## Suède.

1903 2223
*Cassel, Johanna. Stockholms sömmerskor. (Les couturières de Stockholm.) *Social Tidskrift*, III, 162-165.

---

# SUPPLÉMENT A LA TROISIÈME PARTIE.

---

### 1. *Réglementation, etc.*

1907 2224
Henderson, Arthur. Wages boards. *The Woman's trade union Review*, n° 67, 8-16.

1907 2225
Behr-Pinnow. Die Fürsorge der Frauenhilfe in der Heimarbeit. *Frauenhilfe*, nr 4-5, 56-60.

1907 2226
*Graux, Dr Lucien. Le sweating system et la protection de la santé publique. *La technique sanitaire*, nos 9-10, 219-230.

1907 2227
*Badiou, C. Essai sur la réglementation du travail dans l'atelier de famille (Thèse). Lyon, Imprimerie Legendre et Cie, in-8°. 232.

1908 2228
*MOLKENBUHR, BERMANN. Bülows Regierung und die Hausarbeiter. *Die neue Zeit*, XXVI, 1, 720-728.

1908 2229
*A Bill to provide for the better regulation of Home industries. Presented by Mr Ramsay-Macdonald. Ordered by the House of Commons to be printed 17 February 1908. (Bill 90). 8.

1908 2230
*Sweated industries. A bill to improve the conditions of employment including the establishment of a legal minimum wage, of persons employed in certain industries. Presented by Mr TOULMIN... (Bill 2). Ordered by the House of Commons to be printed 3 February 1908. 6.

1908 2231
*Sweated industries Bill. House of Commons, Friday, February 21st 1908. Second reading of the Bill.

1908 2232
*ROUFF, F. La question du travail à domicile en Allemagne. Paris, Giard et Brière. In-8o, 294.

1908 2233
*SCHIAVI, ALESSANDRO. Lavoro a domicilio e minimo di salario. *Critica sociale*, XVIII, 4, 58-61.

## IV. *Amélioration technique, etc.*

1907 2234
*GREGERSEN, GUNNAR. Om Haandvaerkets og den mindre industris Forsyning med Motorer. (De l'introduction des moteurs dans les métiers et la petite industrie.) *Tidskrift for Industri*, no 8, 171-177.

# TABLE

DES

# INDUSTRIES ÉTUDIÉES DANS LA BIBLIOGRAPHIE [1]

---

### ALLUMETTES (FABRICATION D').

*Allemagne,* 124, 142, 392, 458, 848.

### ARMURERIE.

*Allemagne,* 112, 117.
*Autriche,* 480, 626, 686, 2128.
*Belgique,* 904, 905, 908, 912, 925, 2208.

### BIJOUTERIE.

*Allemagne,* 170, 309, 330, 341, 458, 464, 2196.
(Voir *Métaux précieux.*)

### BOIS (TRAVAIL DU BOIS EN GÉNÉRAL).

*Allemagne,* 256, 412, 441, 458, 461.
*Autriche,* 483, 511, 526, 570, 578, 600, 645, 663, 688, 692, 694, 742, 749, 761, 763, 764, 774, 777.
*Grande-Bretagne,* 1211.
*Russie,* 1404, 1415, 1423, 1424, 1429, 1435, 1441, 1443, 1455, 1461, 1477, 1482
(Voir *Boissellerie, Meubles,* etc.)

---

[1] Les chiffres renvoient aux numéros de la bibliographie.

BROSSERIE.



CHANVRE (FILAGE ET TISSAGE DU).



CLOUTERIE.



CONFECTION.

CORDERIE.



CORDONNERIE.



COTON (FILAGE ET TISSAGE DU).

*Grande-Bretagne,* 1149, 1150, 1151, 1152, 1153, 1154, 1155, 1156, 1173, 1302.
*Russie,* 1404, 1477, 1530.
*Suède,* 1537.
*Suisse,* 1590.
[Voir *Toile (Tissage de la).*]

### COUTELLERIE.

*Allemagne,* 81, 117, 168.
*Autriche,* 569, 725.
*Belgique,* 901, 911.
*France,* 1030, 1036, 1057.
*Grande-Bretagne,* 1169, 1170.
*Russie,* 1477, 1482.
[Voir *Métallurgie (Petite).*]

### CRAYONS ET ARDOISES (FABRICATION DE).

*Allemagne,* 124, 142, 318, 343.

### CUIR (TRAVAIL DU) AUTRE QUE LA CORDONNERIE.

*Allemagne,* 168, 179, 300, 406, 434, 442, 444, 458.
*Autriche,* 511, 608, 616, 668, 817, 830.
*Grande-Bretagne,* 1174, 1260, 1262, 1897.
*Russie,* 1404, 1450.
(Voir *Cordonnerie*).

### DENTELLES (FABRICATION DE).

*Généralités,* 2, 18, 71, 76, 2038, 2063.

*Allemagne,* 79, 92, 105, 185, 273, 325, 379, 2054.

*Autriche,* 479, 480, 481, 490, 532, 541, 612, 628, 636, 643, 810, 877, 885, 889, 2057, 2128.

*Belgique,* 895, 897, 898, 899, 903, 906, 916, 918, 929, 930, 934, 935, 936, 937, 938, 945, 950, 951, 1384, 1994, 1996, 1997, 2009, 2011, 2013, 2042, 2054, 2055, 2203, 2204, 2206, 2207, 2208, 2209, 2213.

*Danemark,* 966.

*France,* 1025, 1031, 1035, 1050, 1054, 1067, 1070, 1078, 1087, 1091, 1099, 1100, 1105, 1109, 1111, 1116, 1127, 1975, 2012, 2046, 2047, 2048, 2054, 2061, 2063, 2068, 2176, 2177, 2179, 2188.

*Grande-Bretagne,* 1143, 1165, 1166, 1177, 1186, 1196, 1200, 1204, 1207, 1211, 1215, 1217, 1229, 1232, 1239, 1255, 1312, 1998, 2040, 2166.

*Hongrie,* 1320.

*Italie,* 1328, 1329, 1330, 1331, 1338, 1347, 1348, 1349, 1350, 1353, 1354, 1358, 1359, 1361, 1362, 2043, 2054, 2068.

*Pays-Bas,* 1384, 2054.

*Russie,* 1404, 1411, 1428, 1430, 1448, 1449, 1450, 1464, 1466, 1476, 2221.

### Drap (Fabrication du).



### Écume de mer (Travail de l').



### Encartage de boutons et d'autres objets.



### Épingles, Broches, Aiguilles et autres objets en fil métallique.



### Éventails (Fabrication d').



### Feutre (Fabrication d'objets d'habillement en).



### Filets et réseaux (Fabrication de).



### Fleurs naturelles et artificielles (Fabrication et travail des).

### Ganterie.

*Allemagne*, 176, 185, 194, 277, 289, 329, 406, 446, 458.
*Autriche*, 479, 480, 511, 529, 542, 553, 585, 588, 630, 655, 697, 703, 766.
*Belgique*, 903, 920, 2211.
*France*, 1025, 1051, 1052, 1098, 1128.
*Grande-Bretagne*, 1263.
*Suède*, 1538.

### Horlogerie.

*Allemagne*, 80, 82, 85, 86, 88, 94, 95, 107, 119, 166, 171, 202, 236, 264, 287, 317, 353, 411, 458, 464, 2002.
*Autriche*, 695.
*France*, 1094.
*Suisse*, 1539, 1540, 1541, 1546, 1548, 1550, 1556, 1561, 1575, 1578.

### Images religieuses (Peinture et décoration d').

*Russie*, 1404, 1451, 1477.

### Instruments de musique (Fabrication d').

*Allemagne*, 109, 133, 135, 178, 230, 366, 406, 458.
*Autriche*, 479, 480, 561, 770, 789, 852, 867.
*Russie*, 1429, 1458, 1477, 1528.

### Instruments et machines agricoles (Fabrication d').

*Russie*, 1507, 1508, 1512.

### Jouets (Fabrication de).

*Allemagne*, 110, 113, 120, 124, 125, 126, 134, 139, 141, 142, 149, 194, 261, 274, 305, 306, 310, 314, 318, 327, 336, 387, 406, 417, 424, 451, 458, 462, 2200.
*Autriche*, 479, 480, 489, 493, 508, 531, 560, 598, 606, 644, 647, 734, 759, 824, 879, 883.
*France*, 1058, 1063, 1064, 1065, 1066, 1068, 1135.
*Russie*, 1400, 1404, 1477, 1482.
*Suisse*, 1589.

### Jute (Tissage du).

*Autriche*, 522, 523, 572, 637.
*Grande-Bretagne*, 1225.
*Pays-Bas*, 1386.

### LAINE (FILAGE ET TISSAGE DE LA).



### LIÈGE (TRAVAIL DU).



### LIN (FILAGE ET TISSAGE DU).



### LINGERIE.

*Grande-Bretagne*, 1164, 1221, 1247, 1268, 1270, 1276, 1279, 1280, 1281, 1282, 1315, 1633, 2219.
*Norvège*, 1368.
*Suède*, 2223.
(Voir *Confection*.)

### MARQUETERIE.

*Portugal*, 1606.

### MÉTALLURGIE (PETITE).

*Allemagne*, 117, 127, 150, 151, 197, 277, 298, 333, 406, 421, 458.
*Autriche*, 480, 599, 619, 654, 757, 758, 851.
*France*, 1025, 1113.
*Grande-Bretagne*, 1168, 1181, 1188, 1293, 1309.
*Russie*, 1404, 1414, 1420, 1429, 1432, 1433, 1435, 1443, 1450, 1451, 1455, 1460, 1461, 1477, 1482, 1528, 2222.
(Voir *Clouterie*, *Coutellerie*, *etc.*).

### MÉTAUX PRÉCIEUX (TRAVAIL DES).

*Autriche*, 698.
*Pays-Bas*, 1393.
*Russie*, 1404, 1477, 1528.

### MEUBLES (FABRICATION, POLISSAGE, ETC., DE).

*Allemagne*, 256, 281, 307, 328, 412, 461, 1651.
*Autriche*, 511, 566, 634, 653, 661, 685, 728, 760, 761, 762, 814, 815, 819.
*Belgique*, 952.
*France*, 1059, 1060, 1078, 1135.
*Grande-Bretagne*, 1207, 1230, 1249.
*Italie*, 1352.
*Portugal*, 1606.
*Russie*, 1400, 1404, 1477.

### NACRE (TRAVAIL DE LA).

*Allemagne*, 131, 406.
*Autriche*, 488, 501, 507, 511, 544, 607, 694, 722, 844.

### PAILLE (TRESSAGE DE LA).

*Allemagne*, 107, 176, 194, 202, 211, 220, 288, 290, 362, 458.
*Autriche*, 479, 480, 517, 648, 711, 743, 765, 768, 776, 798, 803, 827, 831.
*Belgique*, 919, 2208, 2213.
*Grande-Bretagne*, 1228.
*Italie*, 420, 1327, 1339, 1342, 1343, 1345.
*Suisse*, 1541, 1553, 1566.

### POTERIE.

*Allemagne,* 124. 142. 280.
*Autriche,* 755, 756, 788, 837.
*Russie,* 1415. 1443. 1445, 1450, 1451, 1457, 1468, 1482.

### RELIURE.

*Allemagne,* 201. 319. 335, 406, 448, 1785.
*Autriche,* 702, 865.

### RUBANERIE.

*Allemagne,* 117, 197, 354, 371, 458, 464, 2120.
*Autriche,* 523, 555, 642, 732, 736.
*France,* 1020, 1040. 1043, 1097, 1102, 1129, 2100, 2116, 2120.
*Grande-Bretagne,* 1145, 1153.
*Suisse,* 1542, 1543, 1549, 1554, 1555, 1583.

### SABOTERIE.

*Allemagne,* 168, 458.
(Voir *Bois*).

### SOIE (FILAGE ET TISSAGE DE LA).

*Allemagne,* 83, 107, 117, 204, 216. 220, 270, 320, 344, 354, 390, 458, 1024, 1152.
*Autriche,* 505, 523, 548, 563, 677, 682, 729, 842, 845.
*France,* 1019, 1020, 1022, 1024, 1025, 1031, 1032. 1041. 1043, 1046, 1055. 1067, 1075, 1077, 1078, 1084, 1085, 1088, 1089, 1092, 1095, 1129, 2010, 2062, 2100, 2103, 2116, 2120, 2190, 2215.
*Grande-Bretagne,* 1149, 1151, 1152, 1153, 1154, 1155, 1156, 1207, 1299.
*Italie,* 1334, 1337, 1340, 1344, 1357.
*Russie,* 1399, 1400, 1404, 1451, 1477, 1489.
*Suisse,* 1539, 1562, 1572, 1573, 1579.
(Voir *Rubanerie, Velours,* etc.).

### SPARTERIE.

*Autriche,* 567, 574.
*Russie,* 1404, 1477.

### TABAC (TRAVAIL DU).

*Allemagne.* 176, 177, 189, 191, 194, 283, 383, 384, 406, 417, 422, 434, 435, 458, 464, 1620. 1688, 1689, 1692, 1741, 1797, 1911, 1914, 1917.
*États-Unis d'Amérique,* 972, 981, 991, 995, 1012, 1830.
*Grande-Bretagne,* 1207, 1249.
*Pays-Bas,* 1391, 1393, 1632.

# INDEX ANNOTÉ DES PÉRIODIQUES

## CITES DANS LA BIBLIOGRAPHIE (1).

### Revues allemandes

### (Allemagne, Autriche, Russie, Suisse).

*Annalen des Gewerbeförderungsdienstes des K. K. Handelsministeriums*, herausgegeben von der Direktion des Gewerbeförderungsdienstes des K. K. Handelsministeriums. 1906.

[Die Annalen wollen der sozialpolitischen Praxis sowohl der staatlichen Behörden wie jener der Selbstverwaltungskörper auf dem engeren Gebiete der Gewerbeförderung Anregungen bieten, aber auch die Wissenschaft veranlassen, sich mehr als bisher damit zu befassen. Daraus ergbit sich ihr Inhalt : Sie werden Mitteilungen über die Veranlassungen des Gewerbeförderungsdienstes und der Gewerbeförderungsanstalten in den Königreichen und Ländern bringen, Berichte über die Ergebnisse der fachlichen Untersuchungen technischer und wirtschaftlicher Art, über den Verlauf, das Schicksal und die Erfolge der grösseren Unternehmungen der Gewerbeförderungsanstalten des In- und Auslandes, endlich Abhandlungen über den Zustand der Gewerbe oder eines bestimmten Gewerbes an einzelnen Orten oder in grösseren Gebieten und wissenschaftliche Arbeiten über Fragen der gewerblichen Mittelstandspolitik überhaupt.].

---

(1) Dans cet index, les périodiques cités dans la bibliographie sont classés par groupes de langues, avec quelques notes permettant au lecteur de se faire une idée du contenu ou des tendances de ces périodiques, de façon à préciser les recherches actuelles et à orienter les recherches ultérieures en déterminant, au moins en partie, les sources auxquelles on pourra recourir pour suivre le mouvement des périodiques.

La date qui suit l'indication du titre est celle de la fondation du périodique.

*Annalen des Deutschen Reichs für Gesetzgebng, Verwaltung und Volkswirtschaft.* Rechts- und staatswissenschaftliche Zeitschrift und Materialiensammlung. Begründet von Dr Georg Hirth und Dr Max von Seydel. Herausgegeben von Dr Karl Theodor von Eheberg und Dr Anton Dyroff, München, 1868.

*Deutsche Alpenzeitung.* 1901.

[Redacteur : E. Lankes, à Munich. Cette revue se publie à la fois à Munich et à Vienne et étudie les intérêts régionaux des Alpes.]

*Der Arbeiterfreund.* Zeitschrift für die Arbeiterfrage. Organ des Central-Vereins für das Wohl der arbeitenden Klassen. Herausgegeben von Professor Dr Viktor Böhmert in Dresden. Berlin. 1863.

*Die Arbeiter-Versorgung.* Zentralorgan für das gesamte Kranken, Unfall, und Invalidenversicherungswesen im deutschen Reiche. Berlin. 1884.

*Arbeiterwohl.* Voir *Soziale Kultur.*

*Die Deutsche Arbeitgeberzeitung.* Red. W.-G.-H. Frh. r. Reiswitz. Berlin, 1902.

*Archiv für soziale Gesetzgebung und Statistik.* (Voir *Archiv für Socialwissenschaft.*)

*Archiv für Sozialwissenschaft und Sozialpolitik.* Neue Folge des Archivs für soziale Gesetzgebung und Statistik begründet von Heinrich Braun. Berlin, 1888.

*Das Ausland.* Ein Tageblatt für Kunde des geistigen und sittlichen Lebens der Völker mit besonderer Rücksicht auf verwandte Erscheinungen in Deutschland. München, 1828.

[Voyages, explorations; mœurs et coutumes des différents peuples. Cette revue s'est fusionnée en 1894 avec « Globus ».]

*Neue Bahnen.* Organ des allgemeinen deutschen Frauenvereins. Berlin, 1866.

*Berichte des Forstvereines für Oesterreich o. d. E.* (Aujourd'hui — *für Oberösterreich und Salzburg*). Gmunden, 1862.

[Intérêts forestiers de la Haute-Autriche. Cultures des Alpes, etc.].

*Gemeinnützige Blätter für Gross-Frankfurt.* (Voir *Gem. Blätter für Hessen und Nassau*).

*Gemeinnützige Blätter für Hessen und Nassau.* Zeitschrift für soziale Heimatkunde. Herausgeber : Dr W. Kobelt. Frankfurt a. M.

[Revue générale régionale. Elle a commencé à paraître en 1899 sous le titre de « Gemeinnützige Blätter für Gross-Frankfurt »].

*Schweizerische Blätter für Wirtschaft-und Sozialpolitik.* Red. Pr. Dr N. Reichesberg. Berne, 1893.

*Sozialpolitisches Centralblatt.* Berlin, 1891.

[Cette revue a été fusionnée en 1895 avec les *Blätter für soziale Praxis* pour constituer la *Soziale Praxis*].

*Centralblatt des Bundes deutscher Frauenvereine.* Dresden, 1899.

*Centralblatt für das gewerbliche Unterrichtswesen in Oesterreich.* Wien, 1883.

*Die neue Christoterpe.* Halle, 1880.
[Leipziger Zeitung : « Die Christoterpe soll in erster Linie dem deutschen Hause und der deutschen Familie dienen und in ihr christlichen Sinn und christlichen Weltanschauung pflegen und stärken. »]

*Concordia.* Zeitschrift für die Arbeiterfrage.
[Le premier numéro paru en 1871 chez le libraire O. Enslin, à Berlin.]

*Correspondenzblatt der Generalkommission der Gewerkschaften.* Berlin, 1891.
[Étudie tout ce qui intéresse le mouvement ouvrier en Allemagne.]

*Deutschland.* Monatsschrift für die gesamte Kultur. Red. Graf P. v. Hoensbroeck. Berlin, 1902.

*Dingler's Polytechnisches Journal.*
[Le premier numéro de ce journal technique a paru vers 1820, chez le libraire Cotta, à Stuttgart; il parait actuellement chez R. Dietze, à Berlin.]

*Dokumente der Frauen.* Wien, 1899.
[Défense des intérêts féministes.]

*Export.* Organ des Centralvereins für Handelsgeographie und Förderung deutscher Interessen im Auslande. Berlin, 1878.

*Fabrikanten- und Färbezeitung.*
[Le premier numéro de ce journal technique a paru en 1840, chez le libraire B. Fr. Voigt, à Weimar. Il n'a plus paru après 1860.]

*Die Frau.* Monatschrift für das gesamte Frauenleben unserer Zeit. Red. Helene Lange. Berlin, 1893.

*Die Frauenbewegung.* Revue für die Interesse der Frauen. Red. Frau M. Cauer. Berlin, 1895.

*Die Frau im gemeinnützigen Leben.* Archiv für die Gesamtinteressen des Frauen- Arbeits-, Erwerbs- und Vereinslebens im deutschen Reiche und im Auslande. Stuttgart, 1886. (A cessé de paraitre.)

*Frauen-Rundschau.* Illustrirte Wochenschrift für die gesamte Kultur der Frau. Berlin, 1900.
[Revue bi-mensuelle de très grande vulgarisation.]

*Die Gartenlaube.* Familienblatt. Leipzig, 1853.

*Die Gegenwart.* Wochenschrift für Literatur, Kunst und öffentliches Leben. Berlin, 1872.

*Germania.* Wissenschaftliche Beilage. Berlin, 1871.

*Hansische Geschichtsblätter*. Herausgegeben vom Verein für hansische Geschichte. Leipzig, 1871.
[Revue historique consacrée à l'histoire de la Hanse.]

*Die neue Gesellschaft*. Sozialistische Wochenschrift. Berlin, 1905.

*Das Gewerbe- und Kaufmannsgericht*. Red. J. Jastrow. Berlin.
[Fonctionnement et jurisprudence des Conseils de prud'hommes industriels et commerciaux en Allemagne. Créé en 1895 sous le titre « Das Gewerbegericht ». A paru pendant quelque temps comme supplément à *Soziale Praxis*.]

*Berliner Allgemeine Gewerbezeitung*.
[Le premier numéro a paru en 1873. La revue n'a plus paru après 1883.]

*Die Gewerkschaft*. Organ der Gewerkschaftskommission Oesterreichs. Wien, 1899.
[Organe des syndicats ouvriers socialistes en Autriche.]

*Die Gleichheit*. Zeitschrift für die Interessen der Arbeiterinnen. Red. Frau Kl. Zetkin. Stuttgart, 1890.

*Die Grenzboten*. Zeitschrift für Politik, Wissenschaft und Kunst. Leipzig, 1842.
[Revue générale hebdomadaire très répandue en Allemagne].

*Das Handels-Museum*. Wien, 1885.
[Organe du Musée commercial de Vienne. Information commerciale, industrielle, etc.].

*Bayerische Handelszeitung*, 1871.
[Publication de la Chambre de commerce de Munich. S'occupe des questions économiques actuelles en Allemagne].

*Die Heimarbeiterin*. Organ der christlichen Heimarbeiterinnen-Bewegung. Berlin, 1901.

*Die Hilfe*. Wochenschrift für Politik, Literatur und Kunst. Berlin, 1895. Red. Fr. Naumann.
[Revue politique et sociale].

*Historisch-politische Blätter* für das Katholische Deutschland. München, 1838.
[Revue générale].

*Die Industrie*. Berlin, 1882.
[A paru d'abord sous le titre : « *Deutsche Consulatszeitung*. Zeitschrift für Handels- und Colonialpolitik » ; puis de 1888 à 1897, sous celui de « *Die Industrie*. Zugleich : Deutsche Konsulatszeitung. Zeitschrift für die Interessen der deutschen Industrie und des Ausfuhrhandels » ; enfin, depuis 1897, sous le titre : « *Deutsche Industriezeitung*. Organ des Zentralverbandes zur Förderung und Wahrung nationaler Arbeit ».]

*Jahrbuch des Erz- und Riesengebirges* Prag. 1867. (A cessé de paraitre).

*Jahrbuch für Gesetzgebung, Verwaltung und Volkswirtschaft im deutschen Reiche*. Red. Prof. G. Schmoller. Leipzig, 1871.

*Preussische Jahrbücher*. Red. Prof. H. Delbrück. Berlin, 1858.
[Revue générale, l'une des plus importantes de l'Allemagne].

*Jahrbücher für Nationalökonomie und Statistik*. Red. Prof. J. Conrad. Iéna, 1863.

*Württembergisehe Jahrbücher für Statistik u. Landeskunde*. Stuttgart, 1863.
[Cette revue a paru précédemment sous le titre de : « Württ. Jahrb. für vaterländische Geschichte, Geographie, Statistik und Topographie »].

*Ethische Kultur*. Wochenschrift für ethisch-soziale Reformen. Berlin, 1893.

*Soziale Kultur*. Red. Prof. D[r] Fr. Hitze. München-Gladbach.
[Cette revue a été constituée, en 1905, par la fusion de *Arbeiterwohl* (fondé en 1881) et de *Christlichsoziale Blätter*].

*Das Land*. Zeitschrift für die sozialen und volksthümlichen Angelegenheiten auf dem Lande. Red. H. Sohnrey. Berlin, 1893.

*Die Landindustrie*. Red. Dr G. Fischer. Berlin, 1904.

*Das Leben*. Vierteljahrsschrift für Gesellschaftswissenschaften und sociale Cultur. Wien und Leipzig, 1898. (A cessé de paraître.)

*Westdeutsche Lehrerzeitung*. Köln, 1893.
[Journal hebdomadaire. Questions d'enseignement].

[*Fahnenbergs*] *Magazin für die Handlung und Handelsgesetzgebung Frankreichs und der Bundesstaaten*. Heidelberg. Mohr. 1810. (Ne parait plus.)

*Mittheilungen des mährischen Gewerbemuseums in Brünn*. Brünn, 1883.
[Organe de l'Union des musées industriels en Autriche.]

*Forstliche Mittheilungen*. Herausgegeben vom K. Bayerischen Ministerial-Forstbureau.
[Le premier numéro de ce Recueil a paru en 1850, chez le libraire Grubert, à Munich. N'a plus paru après 1870.]

*Mittheilungen des Vereins für Geschichte der Deutschen in Böhmen* Redigirt von Dr. Ludwig Schlesinger. Prag, 1873. Im Selbstverlage des Vereins. Leipzig. In Commission bei J. A. Brockhaus, 1863.

*Mitteilungen des historischen Vereins für Steiermark*, Graz. 1850.
[A cessé de paraitre en 1899. Suite sous le titre : *Steirische Zeitschrift für Geschichte*, Herausgegeben vom historischen Verein für Steiermark, 1903.]

*Sozialistische Monatshefte.* Berlin, 1895.

*Süddeutsche Monatshefte.* Stuttgart, 1904.
[Revue générale.]

*Deutsche Monatsschrift für das gesamte Leben der Gegenwart.* Berlin, 1902.
[Revue générale.]

*Monatsschrift für christliche Sozial-Reform.* Red. Prof. J. Beck. Bâle, 1879.

*Mutter Erde.* Wochenschrift : Technik, Reisen und nützliche Naturbetrachtung. Berlin, 1898. (A cessé de paraître.)
[Publication hebdomadaire de très grande vulgarisation].

*Die Nation.* Wochenschrift für Politik, Volkswirtschaft und Literatur. Berlin, 1883.

*Soziale Praxis.* Zentralblatt für Sozialpolitik. Red. Prof. E. Francke. Berlin, 1891.

*Reclams Universum.* Moderne illustrierte Wochenschrift. Leipzig, 1884.
[Revue de vulgarisation scientifique.]

*Reformblatt für Arbeiterversicherung.* Frankfurt a. M. 1905.
[Revue bi-mensuelle consacrée aux assurances sociales en Allemagne.]

*Reichs-Arbeitsblatt.* Berlin, 1903.
[Publication de l'Office impérial de statistique. Division de la statistique du travail.]

*Russische Revue.* Monatsschrift für die Kunde Russlands. Saint-Petersburg, 1871. (A cessé de paraître après 1890.)

*Soziale Revue.* Essen a. R. 1901.
[Revue sociale catholique.]

*Neue deutsche Rundschau.* Berlin, 1890.
[Suite de *Freie Bühne.* Aujourd'hui *Die neue Rundschau.* Berlin, S. Fischer. Revue générale à tendances littéraires prédominantes.]

*Oesterreichische Rundschau.* Herausgegeben von Dr. Alfred Freiherrn v. Berger, Leopold Freihernn v. Chlumecky, Dr. Karl Glossy. Verlagsbuchhandlung Friedr. Irrgang, Brünn, Wien, Leipzig, 1902.
[Revue générale.]

*Sociale Rundschau.* Wien, 1900.
[Publication de l'Office de statistique du travail au Ministère I. et R. du commerce.]

*Der Katholische Seelsorger.* Paderborn, 1889.

*Die Selbstverwaltung*. Volkstümliche Wochenschrift für alle bei der Kommunal- und Polizeiverwaltung der Kreise, Amtsbezirke und Gemeinden Beteiligten. Magdeburg. 1874

*Die Stickerei-Industrie*. Offizielles Organ des Centralverbandes der Stickerei-Industrie. St-Gallen, 1885.

*Deutsche Stimmen*. Berlin, 1899.
[Organe hebdomadaire du parti national-libéral].

*Der Türmer*. Monatsschrift für Gemüt und Geist. Stuttgart, 1898.
[Revue générale à tendances surtout littéraires]

*Deutsche Vierteljahrsschrift für öffentliche Gesundheitspflege*. Braunschweig, 1869.

*Vierteljahrshefte zur Statistik des deutschen Reichs*. Berlin, 1892.
[Publication de l'Office impérial de Statistique].

*Vierteljahrsschrift für Volkswirtschaft und Kulturgeschichte*. Red. J. Faucher. Berlin, 1863. (A cessé de paraitre).

*Hygienisches Volksblatt*. Berlin.
[Suite de « Blaetter zur Bekaempfung des Kurpfuschertums ». A cessé de paraître après le 1er juillet 1904].

*Die Wage*. Politisch-literarische Wochenschrift Wien. 1897.

*Die Woche*. Berlin, 1899.
[Revue hebdomadaire de grande circulation : variétés scientifiques, artistiques, littéraires, etc.].

*Deutsches Wochenblatt*.
[Le premier numéro de ce périodique a paru en 1887, chez les libraires Gose et Tetzlaff, à Berlin. Il n'a plus paru après le 1er décembre 1899, et a été fusionné avec la *Deutsche Zeitschrift*].

*Oesterreichische Wochenschrift für Wissenschaft und Kunst*. Wien, 1872. (Seule année parue).

*Volkswirtschaftliche Wochenschrift*. Wien, 1883.
[Études et Informations économiques et financières].

*Wochenschrift des Niederösterreichischen Gewerbe-Vereins*. Wien, 1840.

*Deutsche Worte*. Monatshefte herausgegeben von Englebert-Pernerstorfer. Wien, 1881.
[Revue générale à tendances économiques et sociales. A cessé de paraitre].

*Volkstümliche Zeitschrift für praktische Arbeiterversicherung*. Kottbus, 1894.
[Revue bi-mensuelle consacrée à l'étude des assurances sociales en Allemagne].

*Die Zeit*. Wien, 1894.
[Revue hebdomadaire de politique générale].

*Die Neue Zeit*. Wochenschrift der deutschen Sozialdemokratie. Stuttgart, 1883.

*Zeitschrift für Agrarpolitik*. Organ zur Förderung und Vertretung landwirtschaftlicher Interessen auf den Gebieten der Gesetzgebung, Verwaltung und Volkswirtschaft. Herausgeg. v. K. Frankenstein.
[N'a plus paru après 1890].

*Zeitschrift des deutschen und österreichischen Alpenvereins*. Wien, 1870.

*Zeitschrift der Centralstelle für Arbeiter-Wohlfahrtseinrichtungen*. Berlin, 1894.
[Aujourd'hui « Concordia », avec le titre ci-dessus comme sous-titre.]

*Zeitschrift für Handel und Gewerbe*. Organ für die deutschen Handelskammern. Bonn, 1888.

*Zeitschrift für gewerblichen Rechtsschutz*. München, 1892.
[Remplacé depuis 1896 par : « Gewerblicher Rechtsschutz u. Urheberrecht. »]

*Zeitschrift des K. sächsischen statistischen Bureaus*. Dresden, 1855.

*Schweizerische Zeitschrift für Gemeinnützigkeit*. Organ der schweizerischen gemeinnützigen Gesellschaft. Zürich-Selnau, 1862.
[OEuvres sociales. Assistance et prévoyance.]

*Zeitschrift des preussischen statistischen Landesamts*. Berlin, 1860.
[A paru d'abord sous le titre de *Zeitschrift des K. preussischen statistischen Bureaus*.]

*Zeitschrift für Sozial- und Wirtschaftsgeschichte*. Freiburg, i. B. und Leipzig, J. C. B. Mohr, 1893.

*Zeitschrift für die gesamte Staatswissenschaft*. Ed. Prof. K. Bücher. Tübingen, 1844.

*Zeitschrift für schweizerische Statistik. Journal de statistique Suisse*. Berne, 1865.
[Publication de la Commission centrale de la Société suisse de statistique avec le concours du Bureau fédéral de statistique. Ce recueil contient : 1° un compte rendu des travaux de la société; 2° les résultats de ses enquêtes; 3° les travaux particuliers de ses membres ou de ses sections; 4° une revue sommaire des progrès de la statistique dans les divers pays et l'indication des publications nouvelles qui s'y rapportent. Ces travaux sont publiés chacun dans sa langue originale (allemand, français ou italien).]

*Zeitschrift des Vereins für Geschichte und Altertum Schlesiens*. Namens des Vereins herausgegeben von Dr. Colmar Grünhagen. Beslau, J. Max und Komp. 1867.

*Zeitschrift der Vereins für österreichische Volkskunde*. Wien, 1895.
[Revue d'ethnographie et de folk-lore.]

*Zeitschrift für die gesamte Versicherungswissenschaft*. Red. Dr. A. Manes. Berlin, 1900.
[Organ du « Deutscher Verein für Versicherungs-Wissenschaft ». Économie et technologie des assurances en général.]

*Zeitschrift für deutsche Volkswirtschaft*.
[Le premier numéro de cette revue économique a paru en 1886 à la librairie Puttkammer et Mühlbrecht, à Berlin. Elle a cessé de paraître après 1890.]

*Zeitschrift für Volkswirtschaft, Sozialpolitik uud Verwaltung*. Wien, 1892.
[Organe de l'Association des économistes autrichiens. Étudie toute les questions d'économie politique et de politique sociale, financière, etc.]

*Zeitschrift für Wohnungswesen*. Berlin, 1902.
[Étude des conditions hygiéniques relatives à l'habitation en Allemagne.]

*Wiener landwirthschaftliche Zeitung*. Illustrirte Zeitung für die gesammte Landwirthschaft, 1851.

*Zentralblatt für das gewerbliche Unterrichtswesen in Oesterreich*. Im Auftrage des k. k. Ministeriums für Kultus und Unterricht redigirt von Dr. A. Müller. Wien, 1883.

*Die Zukunft*. Berlin, 1892.
[Revue générale de politique contemporaine, de littérature, etc.]

## Revues anglaises (Grande-Bretagne et Colonies anglaises. États-Unis d'Amérique).

*The annals of the american academy of political and social science*. Issued Bi-Monthly by the American Academy of Political and Social Science, Philadelphia, 1890.

*Arena*. New-York and London, 1889.
[Étude des problèmes économiques et sociaux contemporains.]

*Bulletin of the Department of Labor*. Washington D. C., 1895.
[Aujourd'hui, le titre de ce périodique porte « Bulletin of the Bureau of Labor ». C'est une publication du *Department of Commerce and Labor*.]

*Industrial Canada*. Toronto, 1901.
[« Issued monthly as the official publication of the Canadian Manufacturers' Association and devoted to the advancement of the industrial and commercial prosperity of Canada. »]

*Cassel's Family Magazine.* London, 1867.
[Articles de vulgarisation, romans et nouvelles.]

*The Nineteenth Century and after.* London, 1877.
[Revue générale.]

*Chambers's Journal.* London and Edinburgh, 1832.
[Articles de vulgarisation sur des sujet variés. Romans et nouvelles.]

*The Chautauquan.* The Magazine of System in reading. New-York, 1880.
[Organ of the American Chautauqua Literary and Scientific Circle. Revue générale.]

*The Church Quarterly Review.* London, 1875.

*Collier's Weekly.* New-York, 1877.
[Un des nombreux hebdomadaires américains illustrés renfermant des « variétés » et des articles de grande vulgarisation sur des objets à l'ordre du jour.]

*The Commonwealth.* A Christian social Magazine. London, 1896.
[Publié mensuellement par « The Christian social Union ».]

*The Cosmopolitan.* New-York-London, 1887.
[Revue générale.]

*Craftsman.* New-York, 1901.
[Art et industries artistiques.]

*The Engineering Magazine.* London, 1891.
[Technologie et organisation des entreprises industrielles.]

*Amalgamated Engineers' Monthly Journal.* London, 1895.
[Questions économiques et technologiques au point de vue trade-unioniste.]

*The Girl's own Paper.* London, 1888.
[Articles de vulgarisation pour les jeunes filles.]

*Gunton's Magazine.* New-York, 1891. (A cessé de paraitre.)
[Études des questions économiques et sociales contemporaines et spécialement des questions ouvrières aux États-Unis.]

*House beautiful.* Chicago, 1896.
[Revue illustrée de la famille.]

*The International.* A Review of Worlds progress, 1907.
[Paraît aussi en français et en allemand. C'est un centre d'information alimenté par la collaboration de nombreux correspondants régionaux, où l'on étudie les expériences sociales réalisées dans tous les pays. Chaque numéro comprend trois parties : 1° La première est réservée aux personnalités éminentes qui y exposent leurs idées et les progrès accomplis par leur nation; 2° Uue vue sociologique du progrès mondial; 3° De brèves notices sur les voies que suit le progrès dans les divers pays.]

*Economic Journal.* Edited by Prof. F.-Y. Edgeworth and Henry Higgs. London, 1891.
[Organ of the british economic Association.]

*The Journal of political economy.* Chicago, 1892.

*Journal of social science.* Containing the Proceedings of the American Association. Boston, 1869.

*Journal of the Royal Society of Arts.* London, 1852.
[Revue de technologie dans tous les domaines scientifiques.]

*The American Journal of Sociology.* Editor Albion W. Small. The University of Chicago Press. Chicago and New-York, 1895.
[« *The American Journal of Sociology* is not the « organ » of any school of sociological opinion. It serves as a clearing-house for the best sociological thought of all schools. The responsible editors hold certain very positive opinions about sociological methods and principles, but the pages of the *Journal* are open to the exposition of contradictory views, whenever the latter have sufficient foundation to deserve the attention of competent thinkers. »]

*The Labour Record and Review.* London, 1905.
[Organe du Parti Ouvrier.]

*Ladies' home Journal.* Philadelphia, 1883.
[Revue de la famille.]

*The Lady's Realm.* London, 1896.
[Revue des familles, romans, articles de très grande vulgarisation, etc.].

*The Lancet.* London, 1823.
[Journal médical.]

*The Land Magazine.* London, 1897. (Ne paraît plus.)

*Suburban Life.* Boston, 1902.
[Revue de la famille. Agriculture, horticulture, métiers et travaux domestiques, etc.].

*The english illustrated Magazine.* London, 1883.
[Articles généraux de très grande vulgarisation.]

*Macmillan's Magazine.* London, 1857.
[Revue de grande vulgarisation.]

*The Textile Mercury.* A Representative Weekly Journal for Spinners, Manufacturers, Machinists, Bleachers, Colourists, and Merchants in all Branches of the Textile Industries. With which is incorporated « The Hosiery and Lace Trades Review ». Manchester, 1889.

*The Millgate Monthly.* A Magazine of progress. Manchester, 1905.
[Revue générale de vulgarisation sociale.]

*The Month.* London, 1864.
[Revue générale catholique.]

*The Cooperative News* and Journal of associated industry. Manchester, 1870.
[Bien que consacré spécialement à défendre les intérêts de la coopération, ce journal publie aussi des articles plus généraux sur des questions économiques et sociales.]

*The Pall Mall Magazine*. London, 1893.
[Grande vulgarisation.]

*Pearson's Magazine*. London, 1896.
[Grande vulgarisation.]

*Progress*. Civic, social, industrial. London, 1906.
[Organ du British Institute of social service.]

*Quarterly publications of the American statistical Association*. Boston, 1888.

*The International Quarterly*. Burlington (Vermont), 1900.
[Revue trimestrielle consacrée à l'étude de questions actuelles dans les principaux pays. A cessé de paraître.]

*Architectural Review*. Boston, 1891.

*The Contemporary Review*. Horace Marshall and Son. London, 1866.
[Questions politiques, sociales, religieuses, surtout de l'époque contemporaine.]

*The Economic Review*. Published Quarterly for the Oxford University Branch of the Christian social Union. London, 1891.

*The Fortnightly Review*. Edited by W. L. Courtney. London : Chapman and Hall, 1865.
[Revue générale.]

*The Homiletic Review*. New-York and London, 1877.
[Philosophie religieuse.]

*The Independent Review*. London, 1903.
[Transformée en 1907 en *Albany Review*. Articles généraux de politique, d'histoire, de littérature.]

*The Monthly Review*. London, 1900.
[Revue générale de politique contemporaine.]

*The National Review*. Edited by J. L. Maxse. London, 1883.
[« Unionist Review of Contemporary Politics, etc. »]

*The New Review*. Edited by Archibald Grove. London : Longmans. Green and Co, 1889.
[Revue générale des questions contemporaines. A cessé de paraître.]

*The positivist Review*. London, 1895.
[Revue philosophique.]

*The Studio*. London, 1893.
[Revue d'art.]

*The Westminster Review*. London, 1824.
[« Liberal Review ».]

*Women's industrial News*. London, 1899.
[Revue trimestrielle consacrée à l'étude des questions de protection des ouvrières.]

*The Women's Trade Union Review*. The Quarterly Report of the Women's Trade Union League. London, 1892.

*The World To-Day*. Shailer Mathews, Editor. Chicago, 1901.
[*The World To-Day* is issued on the twenty-second of the month preceding date and contains a record of the world's progress for the preceding thirty days.]

*The catholic World*. New-York, London, 1865.
[Illustrated catholic magazine. Edited by the Paulist Fathers.]

*Ethical World*. London, 1898.
[Ce périodique est successivement devenu *Democracy*, *Ethics* et *Ethical Review* (1906).]

*World's Work and Play*. New-York, 1900; London, 1902.
[Revue des questions actuelles de technologie, de politique sociale, d'économie appliquée.]

## Revue espagnole.

*Revista Social*. Publicación mensual de economia social y cuestiones obreras. Barcelona, 1902.
[Revue de vulgarisation économique et d'œuvres sociales.]

## Revues françaises (Belgique, France, Suisse).

*Annales des sciences politiques*. Revue bimestrielle publiée avec la collaboration des professeurs et des anciens élèves de l'École libre des Sciences politiques.
[Les *Annales des sciences politiques* sont la suite des « Annales de l'École libre des Sciences Politiques », fondées en 1885. Elles paraissent tous les deux mois (en janvier, mars, mai, juillet, septembre et novembre), par fascicules grand in-8° et traitent principalement des questions politiques, économiques, financières, diplomatiques, etc.].

*Annuaire des cinq départements de la Normandie*. Publié par l'Association normande. Caën : Henri Delesques, rue Froide, 2 et 4; Rouen : Lestringant, successeur de Ch. Métérie, 1834.
[Histoire et intérêts régionaux.]

*L'Association catholique.* Revue du mouvement catholique social. 1876.
[Questions économiques. sociales, religieuses.]

*L'Avenir social.* Revue du Parti Ouvrier belge. Bruxelles, 1895.
[Politique, économie sociale, sociologie.]

*Bulletin du Comité des travaux historiques* (Section des sciences économi- et sociales.) Ministère de l'Instruction publique et des Beaux-Arts. Paris, 1883.
[Renferme les rapports présentés chaque année au Congrès des Sociétés savantes.]

*Bulletin de l'Enseignement technique.* Paris, 1898.
[Documents officiels et études privées.]

*Bulletin de l'Inspection du travail et de l'hygiène industrielle.* Paris, 1893
[Publication du Ministère du travail et de la prévoyance sociale.]

*Bulletin des Ligues sociales d'acheteurs.* France et Suisse, Paris-Berne. (Suite du Bulletin de la Ligue sociale d'acheteurs.) 1905.
[« Les membres de la Ligue Sociale d'Acheteurs prennent l'engagement de se préoccuper et de s'assurer, dans la mesure du possible, des conséquences pratiques de leurs commandes et de leurs achats. Ils veulent savoir quelles sont leurs responsabilités vis-à-vis du monde du travail, de façon à développer le sentiment et la responsabilité de tout acheteur vis-à-vis des conditions faites aux travailleurs et de susciter des améliorations dans les conditions du travail. »]

*Bulletin de l'Office des classes moyennes.* Bruxelles, 1907.
[Publication du Ministère de l'Industrie et du Travail.]

*Bulletin de l'Office du travail.* Paris. 1894.
[Publication du Ministère du Travail et de la prévoyance sociale.]

*Bulletin de l'Office international du travail.* Paris-Berne-Iéna, 1902.
[Publication de l'Office international du travail à Bâle.]

*Bulletin de la Société d'économie politique de Lyon.* Lyon, 1866.

*Bulletin de la Société industrielle du Nord de la France.* Lille, 1873.
[Économie industrielle et technologie.]

*Bulletin de la Société industrielle de Rouen.* Rouen, 1873.
[Économie industrielle et technologie.]

*La Corporation.* Paris, 1904.
[Aujourd'hui « Bulletin de l'œuvre des Cercles catholiques d'ouvriers ».]

*Le Correspondant.* Paris, 1829.
[Revue générale : religion, philosophie, histoire, politique, littérature, sciences et beaux-arts.]

*L'Écho de l'industrie.* Publication hebdomadaire, industrielle, commerciale et économique. Charleroi, 1901.

*L'Économiste français.* Paris, 1873.

*L'Enfant.* Revue mensuelle illustrée consacrée à l'étude des questions relatives à l'Enfance. Paris, 1892.

*La Houille blanche.* Revue générale des forces hydro-électriques et de leurs applications. Grenoble, 1902.
[Hydrologie et hydraulique générale. Travaux de captage et de dérivation. Aménagement des usines hydrauliques. Transport et distribution de l'énergie : éclairage, force motrice, chauffage. Physicochimie, métallurgie, électrochimie. Économie industrielle.]

*Journal des Correspondances.* Bruxelles, 1903.
[Organe de la Commission syndicale du Parti Ouvrier belge.]

*Journal des Economistes.* Revue de la science économique et de la statistique. Réd. en chef, M. G. de Molinari. Paris.
[La 1re série (1842-1853), forme 37 vol.; la 2e série (1854-1865), 48 vol.; la 3e série (1866-1877), 48 vol.; la 4e série (1878-1889), 48 vol.; la 5e série commence avec le numéro de janvier 1890.]

*Lectures pour Tous.* Revue universelle illustrée. Paris, 1898.
[Revue de grande vulgarisation.]

*Messager des sciences et des arts.* Recueil publié par la Société royale des Beaux-Arts et des Lettres et par celle d'Agriculture et de Botanique de Gand. Gand, 1823.

*Le Monde économique.* Paris, 1891.
[Économie politique et financière.]

*Le Mouvement hygiénique.* Bruxelles, 1884.

*Le Musée social.* Paris.
[Le Musée social, reconnu d'utilité publique par décret en date du 31 août 1894, a pour but de mettre gratuitement à la disposition du public, avec informations et consultations, les documents, modèles, plans, statuts, etc., des institutions et organisations sociales qui ont pour objet et pour résultat d'améliorer la situation matérielle et morale des travailleurs. En 1896, il a entrepris la publication de circulaires dont il a paru 5 volumes. Depuis 1902, il publie : 1° des *Annales*, paraissant par fascicules mensuels et donnant des informations périodiques documentaires sur le mouvement social en général et sur l'activité du Musée; 2° des *Mémoires et documents* paraissant par fascicules numérotés et qui sont des monographies scientifiques consacrées aux matières et aux institutions diverses de l'économie sociale.]

*Pages libres*. Paris, 1901.
[Revue générale du mouvement contemporain. Articles, enquêtes, informations.]

*La Paix sociale*. Organe de l'Union des Patrons en faveur des employés. Liége, 1889.

*Questions pratiques de législation ouvrière et d'économie sociale*. Réd. P. Pic, Prof. à l'Université de Lyon. Paris-Lyon, 1899.

*La Quinzaine*. Paris, 1894.
[Revue générale catholique.]

*La Réforme économique*. Paris, 1893.
[Revue des questions économiques et financières.]

*La Réforme sociale*. Bulletin de la Société d'économie sociale et des Unions de la paix sociale. Paris, 1881.
[Fondée par F. Le Play.]

*La Grande Revue*. Paris, 1897.
[Revue générale de critique, d'art, de littérature, d'histoire, etc.]

*La Revue*. (Ancienne Revue des Revues). Paris, 1890.

*Revue d'économie politique*. Réd. M. Ch. Gide. Paris, 1887.

*Revue générale*. Bruxelles, 1865.

*La Revue hebdomadaire*. Paris, 1892.
[Variétés artistiques, littéraires, historiques, économiques.]

*Revue internationale du commerce, de l'industrie et de la banque*. Organe trimestriel des Congrès internationaux du commerce et de l'industrie Réd. J. Hayem. Paris, 1899.

*Revue de Deux-Mondes*. Paris, 1829.

*Revue politique et littéraire*, ou *Revue bleue*. Paris, 1863.
[Revue générale, plutôt littéraire et artistique.]

*Revue politique et parlementaire*. Paris, 1894.

*Revue populaire d'économie sociale*. Paris, 1902.

*Revue sociale catholique*. Louvain, 1897.
[Revue économique et sociale. Articles de doctrine et chroniques de faits, sociologie générale, etc.]

*Revue socialiste*. Paris, 1885.

*Revue syndicaliste*. Paris, 1905.

*Séances et travaux de l'Académie des sciences morales et politiques.* Institut de France. Compte rendu par MM. Vergé et de Boutarel. Paris, 1839.

*La Science sociale.* Suivant la méthode d'observation. Paris, 1886.

[Organe de la « Société de Science sociale ». Celle-ci a pour but de favoriser les travaux de Science sociale par des bourses de voyage ou d'études, par des subventions à des publications ou à des cours, par des enquêtes locales en vue d'établir la carte sociale des divers pays. Elle crée des comités locaux pour l'étude des questions sociales. Il entre dans son programme de tenir des Congrès sur tous les points de la France ou de l'étranger, les plus favorables pour faire des observations sociales, ou pour propager la méthode et les conclusions de la science. Elle s'intéresse au mouvement de réforme scolaire qui est sorti de la Science sociale et dont l'*École des Roches* a été l'application directe. *La Science sociale* a été fondée par M. E. Demolins.]

*Le Travail de la femme et de la jeune fille.* Lyon, 1902.

[Publication mensuelle. Variétés littéraires, artistiques. Travaux féminins. Enseignement et éducation.]

## Revues hongroises.

*Erdélyi Gazda.* Kolozsvár, 1869.

[Organe de la Société d'agriculture de la Transsylvanie.]

*Magyar Ipar.* Budapest, 1887.

[Organe de la Société des industriels hongrois.]

## Revues italiennes.

*Annali di Agricoltura.* Roma, 1878.

[Publication du Ministère de l'Agriculture, de l'Industrie et du Commerce.

*Annali del l'Industria e del Commercio.* Ministero di Agricultura, Industria e Commercio. Divisione industria e commercio, Roma, 1879.

*Nuova Antologia.* Rivista di Lettere, Scienze ed Arti. Direttore : Maggiorino Ferraris. Roma, 1866.

*Critica sociale.* Rivista quindicinale del socialismo. Milan, 1891

*Emporium.* Rivista mensile illustrata d'arte, letteratura, scienze e varieta. Bergamo, 1885.

*I problemi del lavoro.* Rivista internazionale di questioni pratiche operaie. Roma, 1902.

[A cessé de paraître.]

*La Riforma sociale.* Rassegna di scienze sociali et politiche. Torino, 1894.

*Rivista d'Italia,* Lettere, scienze ed arti. Roma, 1899.
[Revue générale.]

*Rivista internazionale di scienze sociali e discipline ausiliarie.* Publicazione periodica della società cattolica italiana per gli studi scientifici. Roma, 1893.

*Rivista marchigiana illustrata.* Roma, 1906.
[Revue d'histoire et de littérature régionale.]

## Revues néerlandaises.

*Belang en Recht.* Orgaan van het Komité tot verbetering van den maatschappelijken- en den rechtstoestand der vrouw in Nederland, enz. Redactie : Henriette van der Mey. Rotterdam, 1896.

*Elsevier's geïllustreerd Maandschrift.* Redactie : Herman Robbers en Ph. Zilken. Amsterdam, 1891.
[Revue d'art.]

*De Nieuwe tijd.* Sociaal-demokratisch Maandschrift. Amsterdam, 1896.

*Tijdschrift van het centraal Bureau voor de Statistiek.* 'S Gravenhage, 1902.
[Publication du Bureau central de statistique des Pays-Bas. Parait aujourd'hui sous le titre de « Maandschrift van het centraal Bureau voor de statistiek », avec des résumés en français.]

*Tijdschrift voor sociale Hygiene en hygiënische Bladen.* Uitgaven van het Nederl. Congres voor openbare gezondheidsregeling. Zwolle, 1899.

*Vragen des tijds.* Haarlem, 1873.
[Revue générale des questions actuelles de politique sociale, principalement dans les Pays-Bas.]

*Sociaal Weekblad.* Haarlem, 1886.
[Questions économiques et sociales.]

*Katholiek sociaal Weekblad.* Redacteur : M. P.-J.-M. Aalberse. 'S Hertogenbosch, Maatschappij de Katholieke illustratie, 1902.

## Revues polonaises.
## (Allemagne, Autriche, Russie.)

*Ekonomista.* Kwartalnik poświęcony nauce i potrzebom życia. Varsovie, 1901.
[« Revue trimestrielle consacrée à l'étude de la science économique et des intérêts matériels. »]

*Ekonomista polsky.* Leopol, 1883.
[A cessé de paraître.]

*Ruch Chrześciańsko-Społeczny*. Dwutygodnik poświęcony sprawom społecznym i gospodarczym, Wychodzi 1 i 15 każdego miesiaca w Poznaniu pod redakcya X. dr. Kaz. Zimmermanna, 1903.

[« Le mouvement social-chrétien. Revue bi-mensuelle des questions économiques et sociales », publiée à Posen.]

## Revues russes.

Сѣверный Вѣстникъ. Ежем. журн. Изд. Спб.

[Le messager du Nord. Revue mensuelle publiée à Saint-Pétersbourg. Revue générale.]

Юридическій Вѣстникъ.

[Le messager juridique. Rédigé par des professeurs de l'Université de Moscou. Droit, politique et sociologie.]

Вѣстникъ Европы. Ежем. журн. Изд. въ Спб.

[« Le messager d'Europe ». Saint-Pétersbourg. Revue politique, littéraire, économique ]

Жизнь, литературный, научный и политическій журналъ. Изд. Спб.

[« La vie. Revue littéraire, scientifique et politique. Saint-Pétersbourg, de 1897 à 1901.]

Міръ Божій. Ежемѣсячн. журн. Изд. въ Спб.

[« Le monde de Dieu ». Saint-Pétersbourg. Littérature et vulgarisation scientifique.]

Наблюдатель. Журналъ литературный, политическій и ученый. Изд. Спб.

[« L'Observateur. Revue littéraire, politique et scientifique ». Saint-Pétersbourg, de 1882 à 1904.]

Начало. Журналъ литературы, науки и политики. Изд. Спб. 1899. (ne paraît plus).

[« Le commencement. Revue de littérature, de sciences et de politique ». Saint-Pétersbourg.]

Русское экономическое Обозрѣніе. Ежемѣсячный экономическій журналъ. Изд. Спб. 1897.

[« Revue économique russe, journal économique mensuel ». Saint-Pétersbourg. Économie politique et financière.]

Новое Слово. Журналъ научно-литературный и политическій. Изд. Спб.

[« La nouvelle parole. Revue scientifique, littéraire et politique ». Saint-Pétersbourg, de 1894 à 1897.]

Народное Хозяйство.

[Revue d'économie politique publiée par le professeur Khodsky, à Saint-Pétersbourg, depuis 1900.]

## Revues scandinaves.
## (Danemark, Norvège, Suède, Finlande.)

*Dagny*. Tidskrift for sociala och litterära intressen. Utg. of Fredrika Bremerförbundet. Stockholm, 1888.
[« L'Aurore ». Organe féministe suédois.]

*Gads danske Magasin*. Copenhague, 1897.
[Suite de « Dansk Tidsskrift ».]

*Nutid*. Tidskrift för sociala frågor och hemmets intressen. Helsingfors, 1907.
[« Notre temps ». Organe féministe finlandais.]

*Samtiden*. Christiania, 1900.
[« Le Contemporain ». Revue générale, arts, littérature, science, politique.]

*Ekonomisk Tidskrift*. Upsal, 1899.
[Publié par le Prof[r] D. Davidson, à l'Université d'Upsal. Articles économiques et sociaux.]

*Nationaløkonomisk Tidskrift* for Samfundsspørgsmaal, Økonomi og Handel. Udgivet af Nationaløkonomisk Forenings Bestyrelse. Copenhague.
[Revue d'économie politique et sociale. La 3e série a commencé en 1893.]

*Nordisk Tidskrift* för Vetenschap Konst och Industri. Utgiven af letterstedtska föreningen. Red. Oscar Montelius. Stockholm, 1877.
[« La Revue scandinave ». Sciences, arts, industrie. Publiée par la Société littéraire.]

*Social Tidskrift*. Stockholm, 1901.
[Théorie et pratique des questions sociales.]

*Tidskrift for industri*. Udgivet af Industriforeningen i Kjøbenbavn. Copenhague, 1900.
[Revue de l'Industrie, éditée par l'Association industrielle de Copenhague. Articles économiques, technologiques et d'histoire industrielle.]

## Revues tchèques.

*Naše Doba*. Revue pro vědu, uměni a život sociálnf. Red. T.-G. Masaryk. Prague, 1882.
[« Notre temps ». Revue scientifique, artistique et sociale.]

*Obzor Národnohospodářský*. Casopis věnovaný otázkám narodnohospodářským a socialě-politickým. Prague, 1896.
[Revue tchèque d'économie politique, consacrée aux questions économiques et de politique sociale.]

# TABLE ALPHABÉTIQUE DES AUTEURS

## CITÉS DANS LA BIBLIOGRAPHIE.

(Les chiffres renvoient aux numéros.)

## E



## F

## G

## J



## K

## L



## M

## N



## O

**P**



**Q**



**R**

T

**Y**



**Z**

# ERRATA ET ADDENDA

Le nº 211 doit être reporté à sa date en *Autriche*.

Au nº 316, au lieu de *1900*, lire *1902*.

» 407, au lieu de *Niederrheim*, lire *Niederrhein*.

» 663, au lieu de *Waldirertel*, lire *Waldviertel*.

» 753, au lieu de *Zeiler*, lire *Seiler*.

» 801, indication de la tomaison, au lieu de III, lire II.

» 818, au lieu de *Burstenmachern*, lire *Bürstenmachern*.

» 842, au lieu de *Tusor*, lire *Tusar*.

» 854, au lieu de *Mühlreitel*, lire *Mühlviertel*.

» 994 et 998, au lieu de *Commission*, lire *Commissioner*.

» 1211, au lieu de in-4º, lire in-8º, XVI-184.

» 1219, au lieu de *Irvin*, lire *Irwin*.

» 1396, 4e ligne, au lieu de « Имнерія », lire « Имперія ».

Nº 2227. L'édition ordinaire porte, sur la couverture, après les mots *l'atelier de famille*, les mots *du tisseur de soie*.

Page 265. SOIE (FILAGE ET TISSAGE DE LA). *France*. Ajouter le nº 2227.

www.ingramcontent.com/pod-product-compliance
Ingram Content Group UK Ltd.
Pitfield, Milton Keynes, MK11 3LW, UK
UKHW020202250726
13967UKWH00003B/1226

9 782011 950949